口絵 I

◀口絵1 メロカンナ林における一斉開花に非同調のパッチ（第1章参照）

一斉開花・枯死したメロカンナ林（写真左右の茶色の部分）に混ざり込んで存在する非開花（非同調）のパッチ（写真中央の緑色の部分）。このような開花タイミングの「ずれ」は，地域集団間レベルでも集団内レベルでも観察された。

◀口絵2 樹に登るオオミズナギドリ（第2章参照）

繁殖地から飛び立つため樹に登り，そこから飛び降りることで繁殖地を飛び立つ。

▼口絵4 交尾中のクロテンフユシャクのオスとメス（第9章参照）

オス（右下）には翅があるが，メス（左上）には翅がない。

▲口絵3 マングローブスズの雌成虫（第3章参照）

▲口絵5 アズキゾウムシと産卵されたアズキ（第5章参照）
a：アズキゾウムシのメス成虫（左）とオス成虫（右）．**b**：卵を産み付けられた小豆．**c**：成虫が脱出し，脱出孔のあいた小豆．

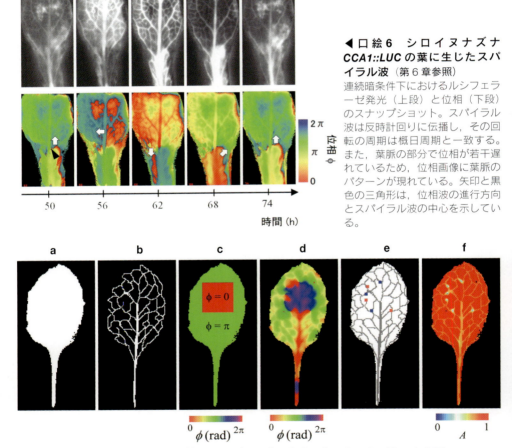

◀口絵6 シロイヌナズナ *CCA1::LUC* の葉に生じたスパイラル波（第6章参照）
連続暗条件下におけるルシフェラーゼ発光（上段）と位相（下段）のスナップショット．スパイラル波は反時計回りに伝播し，その回転の周期は概日周期と一致する．また，葉脈の部分で位相が若干遅れているため，位相画像に葉脈のパターンが現れている．矢印と黒色の三角形は，位相波の進行方向とスパイラル波の中心を示している．

▲口絵7 葉におけるスパイラル波のコンピュータ・シミュレーション（第6章参照）
a：アクティブ細胞の層．**b**：非アクティブ細胞の層．**c**：初期条件．**d**：約4日経過後における位相．**e**：**d**におけるスパイラルの中心（位相特異点）．赤色と青色の点はそれぞれ時計回りと反時計回りのスパイラルの中心を表す．**f**：約4日経過後における振幅．

生物時計の生態学
―リズムを刻む生物の世界―

種生物学会　編
責任編集　新田 梢・陶山 佳久

文一総合出版

Biological Clocks in Ecology
-Studying life under biological rhythms-

edited by
Kozue NITTA and Yoshihisa SUYAMA
The Society for the Study of Species Biology (SSSB)

Bun-ichi Sogo Shuppan Co.
Tokyo

種生物学研究　第 38 号
Shuseibutsugaku Kenkyu No. 38

責任編集	新田　梢	（横浜国立大学）
	陶山　佳久	（東北大学）

種生物学会 和文誌編集委員会
（2013 年 1 月～ 2015 年 12 月）

編集委員長	陶山　佳久	（東北大学）
副編集委員長	藤井　伸二	（人間環境大学）
編集委員	石濱　史子	（国立環境研究所）
	奥山　雄大	（国立科学博物館）
	川北　篤	（京都大学）
	川窪　伸光	（岐阜大学）
	川越　哲博	
	工藤　洋	（京都大学）
	富松　裕	（山形大学）
	永野　惇	（龍谷大学）
	西脇　亜也	（宮崎大学）
	細　将貴	（京都大学）
	安元　暁子	（チューリヒ大学）
	矢原　徹一	（九州大学）
	吉岡　俊人	（福井県立大学）

はじめに：時とリズムと生態学

　昼と夜，満潮と干潮，夏と冬，雨季と乾季，さらには氷期と間氷期。地球上の環境は周期に満ちている。なぜならば，地球は自転と公転およびその他の天文学的な運動によって周期的に動いているからである。したがって，地球上の生物に何らかのリズム・周期性が見られるのはごく自然の成り行きであろう。それらは地球の環境サイクルに対する生物の適応であると考えられており，当然，生物の進化や生態においても重要な要素となる。生物活動におけるこのような周期性を，生物リズムという。

　このような生物リズムに関する研究は，これまで野外の生物を扱う生態学をはじめ，多くの分野において興味が持たれて実施されてきた。ただし過去の多くの研究は，おもにその現象が報告されるにとどまり，メカニズムや進化に関するアプローチが乏しかったと言える（逆に，生態学的視点の研究が先行して生物リズム研究が始まったと言えるかもしれない）。しかし，1990年後半には哺乳類で時計遺伝子が相次いで発見され，概日時計の解明を中心に，生物リズムの分子生物学的研究が盛んに行われるようになった。環境変動サイクルに対するこうした生体の適応機構を理解する学問は「時間生物学」と呼ばれ，生物時計の理解がその中心課題となっている（日本では1995年に日本時間生物学会が設立された）。特にここ数年では，概日時計の分子機構の解明だけでなく，さまざまな時間軸・空間軸スケールおよび生物種で生物リズムの研究が盛んになり，多面的な研究が展開され始めている。まさに今こそ，多様な生物リズムを理解する道が開けてきたと感じられた。つまり，生態学者が生物時計の分子機構の研究成果を利用し，それらを野外での知見と統合して，関連する研究全体を発展させることができるのではないかと考えたのである。さらにこのような知見によって，新たな視点から生物リズムを理解する道が開けるのではないだろうかと考え，この企画を構想するに至った。

　本書では，まずはさまざまな視点から生物リズムについて知っていただき，「リズムを刻む生物たち」に注目する研究の面白さを広く伝えることを目指した。そして，生態学をはじめとする野外生物を扱う研究者には，「生物リズム」の視点を加えることで，研究がどのように面白くなるのか，どのような発展性があるのかを考えるきっかけにしてほしいという願いを込めて本書を構成した。同様な書籍の企画としては，東海大学出版会から2008年に『リズム生態学－体内時計の多様性とその生態機能（清水勇・大石正 編著）』が出版されている。生物時計の多様性とその

生態機能に注目している点は本書の趣旨と似ているが，本書ではより広範囲な生物種・時間軸での現象を紹介することに努めた．特に植物に関する話題も多く扱い，野外の研究から最先端の分子生物学的手法を取り入れた研究まで幅広く紹介し，今後の分野横断的な発展につながることを期待した．

　本書は4部構成となっている．まず**第1部**では，さまざまな生物のもつ生物リズムの面白さを紹介することに主眼をおいた．タケ・海鳥・コオロギ・ハチ・マメゾウムシといったさまざまな生物について，数十年・月の満ち欠け・潮の満ち引き・昼夜などのさまざまな時間軸・環境周期を対象としたリズム現象を紹介する．**第2部**では，植物に注目して，リズムを刻むしくみを紹介している．ここでは，数理学的・分子生物学的に新たな知見が得られることを期待している．**第3部**では，生物リズムを生態・進化学的研究に直接結びつけた研究例として，生殖隔離にかかわる生物リズムの例を紹介する．コラムでも植物と動物を対象とした興味深い生殖隔離の研究例を紹介する．さらに**第4部**では，生物リズムへの数理学的アプローチを紹介するほか，生物リズムの解析方法についてもコラムで紹介する．

　このような構成を通して，環境への適応を研究する生態学に「生物時計」の視点が不可欠であることを改めて実感してもらいたいと考えている．また，既に生物時計の研究を行っている研究者には，野外の生物にはさまざまな時間軸・生命現象の生物リズムがあり，適応進化の視点から生物リズムをとらえることの重要性や，未知の時計に関する研究を開拓できることに気がついていただけたら幸いである．さらに，生物リズム研究の解析方法については，これから研究を始める人にも理解していただき，新しいアイデアで研究を発展させていくきっかけにしてもらいたいと願っている．

　本書の出版にこぎ着けるまでには，大変多くの方々にお世話になった．そもそも，責任編集者である新田自身の研究対象が生物リズムの現象なのだが（詳しくは共同研究者の執筆した**第10章**を参照），「時間生物学」という枠組みで自身の研究をとらえることができると強く認識したのは，岡山大学の宮竹貴久さんと話をする機会があったからである．2007年3月に研究室の先輩方の学位審査で九州大学にいらっしゃった宮竹さんに，キスゲの開花時刻のデータを見ていただき「時間生物学」という学問分野の存在を教えていただいた．その後2008年に，宮竹さんが「日本生態学会」と「日本時間生物学会」で，生態学と時間生物学の相互の理解を目的とした企画を開催された．このシンポジウムで新田が講演し，もう一人の責任編集者である陶山も講演したことで責任編集者の接点ができた．また本書でご執筆いただいた著者の方々には，このときに初めてお会いした方もいらっしゃる．その後，

2011年12月に富士山の麓の富士吉田市で開催された第43回種生物学シンポジウム「時をはかる生物たち〜生物リズムの多様性と適応進化を探る」を新田が企画し，本書はその内容をもとにして，関連する話題をいくつか加えて構成することとなった。さらに遡ると，このシンポジウムの企画の構想は新田が少しずつ温めていたのだが，2010年3月に開催された日本生態学会第57回大会（東京大学駒場キャンパス）の際，渋谷の居酒屋で宮竹貴久さんと土松隆志さん（東京大学）に思いを聞いていただき，背中を押してもらったことが実現につながった。シンポジウムの開催から出版までに長く時間を要してしまったが，著者と査読者の方々には大変お世話になった。「わかりやすく」という改訂コメントに何度も応えていただいたおかげで，とても素敵な本になったと思う。そして文一総合出版の菊地千尋さんには，最後の最後まで大変お世話になりっぱなしだった。この場をお借りして心より感謝申し上げる。

　この本が，多くの方に「リズムを刻む生物たちが面白い」と思っていただけるものになっていましたら幸いです。

2015年10月

新田　梢
陶山　佳久

生物時計の生態学
リズムを刻む生物の世界

目　次

はじめに：時とリズムと生態学 ……………………… 新田 梢・陶山 佳久　3

第1部　さまざまな生物のさまざまな周期

第1章　48年周期で咲いて生まれ変わるタケ ……………… 陶山 佳久　11

第2章　月の満ち欠けとオオミズナギドリの行動変化 ……… 山本 誉士　29

第3章　潮をよむ虫―マングローブに棲むコオロギと潮の満ち引き―
　　　　　………………………………………………………………… 佐藤 綾　47

第4章　時を測るミツバチ：コロニーの活動リズムはどのように決まるのか
　　　　　………………………………………………………………… 渕側 太郎　63

第5章　体内時計の回るスピードの違い：
　　　　アズキゾウムシの概日リズムの遺伝的変異および発育時間との関係
　　　　　……………………………………………………………… 原野 智広　83

　　コラム1　一斉開花：多様な種が同調して刻む繁殖リズム
　　　　　………………………… 佐竹 暁子・沼田 真也・谷 尚樹・市栄 智明　105

第2部　植物がリズムを刻むしくみ

第6章　多振動子系としてみた植物の概日時計システム …… 福田 弘和　115

第7章　短日植物イネが夏至の頃に花芽形成を起こす!?
　　　　―光周性花芽形成能の生物学的意義について―
　　　　　………………………………………………………………… 井澤 毅　129

第8章　開花季節の調節機構における気温の記憶：
　　　　気象と分子生物学からみた生物機能の頑健性
　　　　　…………………………………………………… 工藤 洋・永野 惇　151

第3部　生殖隔離にかかわる生物リズム

第9章　季節性の違いによって生じる冬尺蛾の種分化 ……… 山本 哲史　171

第 10 章　夜咲きの進化：ハマカンゾウとキスゲに関する理論的研究
　　　………………………………………………………… 松本 知高　*191*

コラム 2　生態学研究における開花フェノロジーの重要性 … 工藤 岳　*211*

コラム 3　コオロギの鳴き声による交配前隔離：パルスペリオドの重要性
　　　………………………………………………………… 角（本田）恵理　*221*

第 4 部　生物リズムの研究法

第 11 章　数理学的アプローチから解き明かされる
　　　　　植物の巧みなデンプンマネジメントとリズムの役割
　　　……………………………………………………… 佐竹 暁子　*235*

コラム 4　生物リズムを学び楽しむために ……………… 伊藤 浩史　*249*

コラム 5　実験データからどうすれば周期や位相を求められるのか
　　　………………………………………………………… 粕川 雄也　*269*

執筆者一覧　*279*

索引　*283*

第1部
さまざまな生物の
さまざまな周期

1日の周期・月の周期・1年の周期……。光・温度・湿度など，地球上には天体運動によって生じるさまざまな環境の周期がある。多くの生物の行動や生理的反応は，これらの周期に合わせたリズムを伴って生じていることがわかってきた。第1部では，さまざまな生物種・時間軸の多様なリズム現象の面白さを紹介する。

第1部

さまざまな生物の
さまざまな周期

第1章　48年周期で咲いて生まれ変わるタケ

陶山 佳久（東北大学大学院農学研究科）

はじめに

「インドで48年ぶりに一斉開花するタケがあるらしい」。

2003年の春，そんな情報が突然飛び込んできた。私たちのグループではタケ・ササ類の開花に注目して研究に取り組んでおり，当時からどこかで一斉開花する情報がないか，日本だけでなく世界にも枠を広げて探しまわっていた。そんな矢先に舞い込んだ情報は，インド北東部に位置するミゾラム州のタケについてであった（図1）。その地域に優占するメロカンナ（Melocanna baccifera）*¹ というタケが，情報入手当時の4年後にあたる2007年頃，48年ぶりに一斉開花するらしいというのである。

それまでの私たちの経験では，このような一斉開花現象は「気づいたときには咲いていた」という場合がほとんどで，前もって生態学的な調査を行うことは不可能に近かった。ところがこの情報の場合，数年後の一斉開花を事前に知り得たということになる。私たちはほとんど興奮に近い期待感をもって調査を開始したのである。

本章では，このときの調査から始まった，柴田昌三氏を代表とした共同研究チームで実施された研究の成果の一端を，48年周期の生物リズムの記録として紹介する。

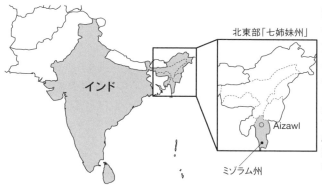

図1　インド・ミゾラム州の位置
バングラデシュとミャンマーの間に位置し，トリプラ，マニプール，アッサム州などとともに，インド北東部七姉妹州と言われる地域の南端に位置する州である。州都はAizawlで，固定調査地を設定したSairangはAizawlの北西隣。

---

*1：本稿では，この種の和名を「メロカンナ」（属名をカタカナ表記したもの）と表記する。

1. 研究の背景：タケ・ササ類の一斉開花

1.1. 注目される一斉開花現象

　タケ・ササ類において一般的に知られている一斉開花[*2]，すなわち同一種内における広域同調開花（陶山ら，2010）は，さまざまな視点から興味深い。何しろ，数十年から100年以上に一度，個体群レベル全体から地域レベル全体にも及ぶ広大な面積のタケやササが，一斉に開花した後に枯死してしまうのである。そのインパクトの大きさから，民間伝承としても「タケが咲くと不吉なことが起きる」などとして言い伝えられてきた現象でもある（例えば室井，1969）。

　一般にこのような一斉開花の後には，親のタケ・ササ個体はすべて枯死してしまう。しかしその後，開花によって生産された種子から次世代が一斉に更新し，それらが成長して個体群を再生する。それらがさらに長期間の栄養成長を経た後，再び一斉に開花するという周期が繰り返されているのである。このような一斉開花・枯死による個体群の更新現象は，タケ・ササ類の種ごとに一定の周期をもって生じているらしい。このことは生態学的にも古くから注目を集め，現象の記載をはじめとして，その適応的意義などについて，主に理論的な研究がなされてきた（例えばJanzen, 1976）。近年では，著者らの研究グループによっても，数理モデルを用いた開花周期進化に関する研究が発表され，この分野の注目を集めている（Tachiki et al., 2015）。

1.2. 稀＋突然＝調査困難な対象

　個々の種に注目すると，一斉開花現象を観察できる機会は極めて限られているだけでなく，開花の予察は困難である。したがって，ササ・タケ類の自然集団を対象とした一斉開花前の調査・分析というのは，その実施が非常に難しい。しかしこのメロカンナの例では，私たちは主に2つの幸運に恵まれた。1つ目は，48年に一度しか観察できない稀なタイミングに遭遇できたこと。2つ目は，それを事前に知り得て，開花に先立って調査を開始できたことである。この2つの幸運によって，私たちはこれまで得ることができなかった生態学的な情報の取得を実現できた。

　私が「事前」に調べたかったこととは，開花時のジェネット[*3]（クローン・個体）

[*2]：本章で説明している「一斉開花」は同一種内での同調現象であり，コラム1で取り上げている「一斉開花」は異なる植物どうしが同調する現象であることに注意。

[*3]：本稿では，「個体」という言葉を遺伝的に同一な「個体」全体を指すジェネット（クローン）という意味で用いる。単一の稈あるいはラメットという意味ではないことに注意。

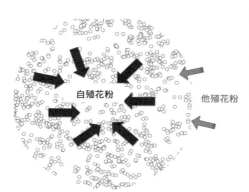
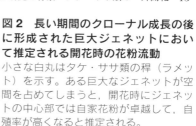

図2 長い期間のクローナル成長の後に形成された巨大ジェネットにおいて推定される開花時の花粉流動
小さな白丸はタケ・ササ類の稈(ラメット)を示す。ある巨大なジェネットが空間を占めてしまうと、開花時にジェネットの中心部では自家花粉が卓越して、自殖率が高くなると推定される。

の空間分布構造である。ジェネット構造を調べるためにはDNA分析が必要であり,開花後に枯死してしまってからではDNA試料の採取が困難になるため,どうしても咲く前の生きている個体群を調査する必要があった。そしてその情報を元にして,ジェネットごとに種子を採取し,開花時の遺伝子流動の解析を行いたいと考えていたのである。

1.3. 疑問:周期が長い→巨大ジェネットになる→自殖が増える→不利?

常々私が疑問に感じていたのは,一斉開花という不思議な生態をもつササ・タケ類において,栄養成長(クローナル成長)と有性繁殖のバランスが,あまりにも悪いように見えることであった。つまり,非常に長い間クローナル成長を続ければ,当然ジェネットのサイズは大きくなることが予想される。しかし,もしも典型的な高密度優占個体群で巨大なジェネットを形成してしまうと,いざ花が咲いて花粉(遺伝子)を交換しようとしても,周りは自個体の花ばかりになってしまい,自殖の割合が増加せざるを得ないと予想できるのである(図2)。もちろん,自殖が必ずしも不利になるとは言えないが,これでは有性繁殖のメリットを活かしきれていないのではないかというアンバランス感に満ちている。

Janzen(1976)はその有名な論文のタイトルで,Why bamboos wait so long to flower(なぜタケは花を咲かせるのにそんなに長い間待つのか?)と疑問を呈しているが,私の「ジェネットサイズと自殖率」という視点からの疑問も,まさに同じものであった。この疑問を解決するために,何とかして開花前の個体群でジェネット構造を明らかにしたうえで,開花時の遺伝子流動を解析したいと考えていたのである。メロカンナの一斉開花情報は,この解析を可能にする絶好の機会を知らせるものだった。

本章では,48年間という長い時間を「計っている」と考えられるメロカンナの

一斉開花・枯死・更新現象について、その調査記録を紹介する。残念ながら今回の研究では、その周期制御のメカニズム解明には遠く及ばないが、生物リズムを理解するうえでの参考になりうる情報の提供を目的として、十分な調査解析が行われていない関連情報も含めて紹介する。

2. 対象種：メロカンナ（*Melocanna baccifera*）

2.1. ナシのような大きな穎果をつけるタケ

　熱帯～亜熱帯産で常緑のタケ類であるメロカンナは、私たちの調査地での稈(かん)の高さは10m程度で太さは4～5cm程度だが、条件が良い場合にはその倍ほどの大きさに達するという。典型的な個体群では、稈は数十センチ程度の間隔で林立し、温帯性の竹林のような景観になる（図3-a）。これは、稈と稈の間の地下部に数十センチ程度の長さの地下茎が伸長するためである（図3-b）。典型的な熱帯産のタケは地下茎をほとんど伸長させずに稈を出すため、稈と稈の間の距離が近くなって株を形成するが、メロカンナの稈分布は株立型にはならず、散生型になる。

　この種の主な分布域は、バングラデシュ東部から北東インド諸州を経てミャンマーに至る地域の標高600～900m以下の地域とされている（Alam, 1995; 柴田, 2010）。私たちが調査を行ったミゾラム州では、広い範囲でこの種が極度に優占する竹林を形成する。ただしこのような竹林植生は、過去の森林伐採と焼畑農業などの人為的な影響を強く受けたものであると考えられている（柴田, 2010）。これらの分布地域では、このタケが建築資材や竹細工の材料、パルプ、食材としての筍など、有用なタケとして盛んに利用されている。

　メロカンナの面白い特徴の1つとして、大きなナシの果実のような穎果(えいか)をつけることがあげられる（図3-c）。イネ科であることから想像できるような、コメのような大きさの穎果ではないため、初めて見た時はちょっと驚くほどである。イネ同様に、1つの穎果が1つの種子にあたるため、非常に大きな種子を生産していることになる（図3-d）。開花周期があまりにも長いため、ヒトが食料として穎果を食べる習慣は育ち得ないと考えられるが、私たちは今回の調査時に、「48年に一度の珍味」としてその中身を美味しく味わうことができた。

2.2. 1800年代からの48年周期の開花記録

　メロカンナの開花に関する記録は比較的古くから残されており、柴田(2010)はこれらの記録を詳しくまとめている。たとえば、インド・ミゾラム州政府の一斉開花

図3 メロカンナの林相，地下部構造，穎果
a: メロカンナ林の林内景観。稈が株を形成せず，散生状に発生して温帯性の竹林のような景観になる（ミゾラム州 Sairang 調査地）。b: メロカンナの地下部。地下構造を観察するために林内の一部の地上部を伐採し，表土を丁寧に取り除いて撮影した。稈と稈の間に数十センチ程度伸長した地下茎が観察できる。c: メロカンナの穎果。大きいものでは握りこぶし大の穎果がぶら下がる。d: メロカンナの穎果の断面。左が成熟後，右が未成熟。成熟後は胚乳が発達して巨大なコメのようになり，未成熟時には液体からゼリー状の物質で中心部が満たされる。

記録には，1815 年，1863 年，1911 年，1958〜1959 年の開花年が掲載されている（ただし学名は *Melocanna bambusoides* として記載）。つまり，ほぼ 48 年周期で少なくとも過去4回の一斉開花が認識されていることになる。このような開花記録は，生態学的な興味による記載というよりは，むしろ開花に同調して大発生してきたネズミによる農作物への大被害の記録という側面が強いのではないかと考えられる。

私たちの研究グループでは，これらのさまざまな情報を精査した。そのうえで，2007 年頃にはミゾラム州において高い確率でメロカンナの一斉開花・結実・枯死が起こるであろうと予測し，同州のサイラン（Sairang）という場所に固定調査区を設置して現地調査を開始することとした。

3. 開花時の記録：本当に咲いたメロカンナ

3.1. 調査地での 48 年目の開花

2007 年頃にはメロカンナの一斉開花が起きるという前提で研究費（科学研究費

補助金，代表：柴田昌三教授，京都大学）を受け取り，2005年には満を持して現地調査を開始することになった。しかし正直に言うと，内心ではメンバーの多くが「もしも予測通りに一斉開花しなかったらどうしよう」という不安を抱いていた。とにかくこの予測の根拠は，これまでおよそ48年周期で一斉開花しているらしいという記録に頼っていたので，「咲かない」という最悪の事態もある程度覚悟しなければならなかった。「もしも予測が外れたら研究費詐欺になってしまう」という危機感とともに迎えた2007年であったが，結果として胃の痛い思いはせずにすんだ。幸いなことに，調査地のメロカンナは予測通り見事に咲いてくれたのである。一斉開花という現象自体が生態学的にドラマチックであったが，心情的にも深く感動する光景であった（図4）。

さて，ミゾラム州のサイランに設定した固定調査区は20 m×20 mの広さであり，私たちはここを足がかりとしてさまざまな調査を行った。2005年の秋に調査区を設置し，調査区内のすべての稈にマークして識別したうえで，DNA分析用試料である葉を採取した。稈は毎年何本かが枯れて新しい稈も出てくるので，稈の本数は年ごとに一定ではないが，調査区内にはおよそ1,100本の稈が分布していた。継続観察の結果，開花を予測していた2006年末から2007年には，そのうち91.5％の稈で「一斉に」開花が観察された。一連の開花は2006年の10月から観察され，受精した花の果実は翌年5月頃までに成熟した。生産された種子は5月末以降の雨季に発芽して一斉に更新した。このように一斉開花に引き続いて結実・枯死・更新という一連の過程が経過するが，結実から更新にあたるイベントが，予想通り2007年に生じたということになる。

実は，一言に「一斉開花」と言っても，いったいどれくらい「一斉」なのか，すなわちどれくらいの割合の稈あるいは個体が咲いたのかという定量的なデータは，これまでほとんど取られていない。「一斉」というからには，少なくとも大多数であろうということは想像できるが，それがどれくらいの割合なのか，詳しいことはよくわかっていなかったのである。本研究の調査は，もちろん一斉開花の一例を示すに過ぎないが，今回の「一斉」が100％の稈で開花したのではなく，9割程度の稈という「一斉」であることを具体的に示すことができた。これはそれなりに貴重な記録と言えるだろう。さらに言うと，今回の調査ではDNA分析によるジェネット識別も行っているため，「一斉開花」の割合を個体レベルでも記述できるのである。答えを先に言ってしまうと，今回の一斉開花では，調査区内のすべての個体が一斉に開花したことがわかった。ただし先に説明したとおり，すべての稈がこのとき咲いたわけではないので，つまりは同一個体内で部分的に咲いていない稈が

図4 メロカンナの一斉開花
a: メロカンナの花序。右側に少し成熟途中の果実が見える。**b**: 開花したメロカンナの枝先。無数に垂れ下がった細長く白っぽい部分が花序。**c**: 大きな種子から発芽したメロカンナの当年生実生。1か月ほどで1mの高さになる。**d**: 一斉に発芽して更新しつつあるメロカンナの当年生実生群。固定調査区内ではびっしりと高密度で実生が発生し，20 m×20 mの中に合計4,000程以上にもなった。**e**: 一斉開花後に枯死したメロカンナ林。中央に広く薄い色に見えるのが，すべて立ち枯れたメロカンナ。**f**: 空から撮影したミゾラム州の山並み。薄い色に見える部分の多くは枯死したメロカンナの林。この州の面積の30％近くがメロカンナ林と言われており，それらが一斉開花して枯死したため，この州の多くの場所が一面に枯れた竹林ばかりになった印象すら与える。

存在していたということになる。この個体レベルのデータについては，後でもう一度説明する。いずれにしても，私たちが把握しているだけでも，少なくともこの地域の数千平方キロメートル以上（柴田，2010）の竹林が，予測通りにまさに一斉に開花した一大イベントとなった。

3.2. 時計の誤差？：調査地で観察された「ずれた」開花

もしもこのような開花がいわゆる時計遺伝子によって制御されており，その時計に誤差が生じるとすると，一斉開花年とは異なるタイミングで開花する個体や稈があってもおかしくないと考えられる。この予測通り，私たちの固定調査区では一斉開花の前年に，一斉開花の予兆とも言える部分的な開花を観察していた。具体的には，2005～2006年に調査区内の稈の1.4％にあたる一部の稈（計15本）で開花が観察されていたのである。DNA分析の結果，これらの稈は8個体の異なるジェ

ネットに属する稈であった。つまり，特定の個体が「間違って」前年に開花したのではなく，複数の個体内のごく一部の稈が開花したことになる。このような一斉開花前の開花は，日本のタケ・ササ類においても観察されることが知られており，私たちは「一斉前小規模開花」と名づけている（陶山ら，2010）。実はこのような一斉開花の「予兆」を調査開始年に観察したおかげで，私たちは翌年に期待される一斉開花をほぼ確信し，ほっと胸をなでおろしていたのである。

さて，時計の狂いは当然遅れる方向にも起きうる。やはりこれもその予測通りの現象が観察された。つまり，一斉開花の年になっても開花枯死せずに生き残り，その翌年になって開花した稈が観察されたのである。具体的には，一斉開花翌年の2007～2008年に，全体の7.2%の稈（計83本）が開花した。このような開花を，前述の名称と対応させて「一斉後小規模開花」と呼んでいる（陶山ら，2010）。DNA分析の結果からは，これらの稈は7個体の異なるジェネットに属する稈であった。一斉前のパターンと同様に，特定の個体が「間違って」遅れて咲いたわけではなく，個体内の一部の稈が遅れて咲いたことになる。

このような非同調の開花は適応的ではないと予想される。その理由はいくつか考えられるが，ここではこれまで一斉開花する理由として説明されてきたメリットに注目し，それらを享受できないという点について考えてみる。一点目として，Nicholson（1922）などによる「親子間の競争回避仮説」として考えられるように，一斉開花に同調しなければ光環境の面でデメリットがあると考えられる。つまり，前年に開花して種子を生産しても，実生が発芽したときにはまだほとんどの親稈が生存していて林内が暗く，健全な成長が期待できない。同様に，一斉開花年由来よりも遅れて発芽すると，すでに前年に発生した実生によって光環境が悪くなっており，生育に不利であろう。しかし面白いことに，実際の調査データを見てみると，この予測は必ずしも当たっていない。つまり，前年由来と一斉年由来の実生について1年目の生存率を比べてみると，それぞれ約40%と30%であり，むしろ前年由来の生存率の方が高い。これについて安易な解釈は避けたいが，少なくとも私たちの観察では，親稈の枯死後に繁茂したつる植物との競争なども非常に大きな影響があることがわかっており，単純に親子間の競争回避仮説だけでは説明できない場合があることは確かである。

第二点目として，「風媒仮説（Jackson, 1981）」で説明されるように，一斉開花に同調しなければ，当然のことながら花粉交換という面でデメリットになる。実際のところ，一斉前小規模開花に由来する実生からDNAを抽出して両親特定解析を行ったところ，両親とも特定できた個体のすべてが自殖由来によるものだった。

一方，第三点目として考えられる「捕食者飽食仮説（Janzen, 1976）」については，はっきりとした影響を観察できなかった。この仮説に従えば，一斉開花に同調せずに開花して生産された種子は，捕食者によって食べ尽くされてしまう可能性が高いことになる。しかし，調査地における主な捕食者と考えられる齧歯類は，一斉開花前にはごく低密度であったことが観察されているし，前年の食害が大きかったという観察も得られていない（図5）。この点についてだけ言えば，むしろ一斉前小規模開花に多少のメリットがあったとも考えられる。この例を含め，このような「ずれた」開花は，一回繁殖・一斉開花性のリスク回避（保険）システムとして機能しうる面があると考えられる（陶山ら，2010）。

3.3. 地域間での時計の「ずれ」？：周辺地域での開花状況

少し視野を広げ，開花の「時計」はどの程度の地域で同調しているのであろうか。私たちはこの地域でのメロカンナの開花域を把握するために，周辺地域を含めた広域での開花調査も行った。ただし，インドのこの地域は入域するのに許可を得る必要があり，地域内での自由な行動が制限されるため，実際に現地調査できたのはミゾラム州北部に限られる。そのほかの地域については，衛星画像データを用いた解析を行った（Murata et al., 2009）。なお，開花から結実に至る一連の過程は，10月頃から翌年5月頃までの年を越えたスケジュールになるため，ここで言う開花年は，一連の期間に対応する年明けの年号を使用して説明する。

私たちが固定調査区を設置したサイランは，州全体の北部中央やや西側で，ミゾラム州の州都であるアイザウル（Aizawl, 図1）の北西隣に位置する集落である。まず，私たちが予測した2007年の一斉開花に先立って，2006年にはこの地域より東側でメロカンナの一斉開花が観察された。続いて2007年にサイラン一帯で開花が観察され，翌2008年にはその西側南北などで開花が観察された。さらにその翌年の2009年には西側中部などで開花が確認された。つまり，少なくとも2006年から2009年までの都合4年間（4シーズン）にわたって，ミゾラム州北部を東から西に移動するように，地域ごとにメロカンナの一斉開花現象が見られたことになる。後に衛星画像を解析したところ，それほど単純な東西への移動ではなかったことがわかったが，ある程度の範囲でまとまって，パッチごとに一斉開花が生じていたことがわかった（Murata et al., 2009）。これは余談だが，私たちの固定調査区での開花は見事に予測通り2007年に当たったが，もしも隣の村に調査区を設置していたら，2007年は「ハズレ」になっていたかもしれない。幸運だったとしか言いようがない。

図5 メロカンナの一斉開花年に調査地で捕獲されたクマネズミ
調査地での個体群動態調査によれば、2006年にはごく低密度だった齧歯類が、一斉開花年である2007年には高密度になったが、その密度は徐々に低下し、2011年には再びごく低密度になった（箕口ら、未発表）。ただし、このような個体群密度の変化は、メロカンナ以外のタケの開花の影響を受けている可能性もある。

　さて、そもそも数千平方キロメートル以上に及ぶような広域の一斉開花が、完全に同一年に同調するというのも無理があるだろう。実際に、これまでのメロカンナ開花記録も数年の期間として記載されているものが多い（柴田、2010）。また、このように地域的に一斉開花の範囲が年を追って移動していくような現象は、日本のササにおいても記録されており（Abe & Shibata, 2012）、より一般的な現象だと考えられる。しかし、このような地域間差が、果たして時計遺伝子の狂いによるものなのか、地域的な遺伝子の違いによるものなのか、それとも地域による微妙な環境の違いによるものなのかはわからない。もしもこのような地域間の差が進化的時間スケールで固定していたとすると、地域集団間で集団遺伝学的な違いが生まれてもおかしくないと想像できる。そこで私たちは、2004年から2007年にかけて京都で一斉開花したチュウゴクザサ（*Sasa veitchii* var. *hirsuta*）を対象として、一斉開花年の異なる地域集団間の集団遺伝学的比較を試みた。しかし、開花年の異なる集団間に明瞭な遺伝的違いは認められなかった（斉藤ら、2009）。

　このような開花年の違いが種分化の原動力の1つになっていれば面白いとも思ったのだが、前節で説明したとおり、こうした微妙な非同調性は狭い範囲の集団内でも生じている（口絵1）。したがって、集団内の非同調開花稈を介して、開花年の異なる地域集団間での遺伝子流動も生じうるということになる。つまり、そう簡単には開花年の異なる地域集団間に遺伝的分化は起きないと考えられる。また、前節では主に遺伝子流動の面で、集団内の非同調性に明らかなデメリットがあることを説明したが、もしも周辺の開花年の異なる地域集団から十分な花粉流動があるとしたら、このデメリットは想定されなくなってしまう。このように考えると、集団内においても集団間においても、わずかながら一斉開花に同調しない開花があることは、むしろある程度適応的な現象なのかもしれない。重ねて言えば、制御メカニズムとしても生存戦略としても、わずかな「ずれ」の存在を、単なる誤差として片付

図6　日本に植栽したメロカンナが48年目に開花した
a: 1961年に現在のバングラデシュの自生地で採取した種子を持ち帰って植栽した個体に由来する株が，2009年5月に開花した。**b**: 植栽地の立て札には *Melocanna bambusoides* として記載されている。

けてしまうのには抵抗を感じざるを得ない。

3.4. 日本でも48年数えていた？：自生地以外での開花

　メロカンナの一斉開花が，気候変化などの何らかの広域的な環境シグナルによって起きていると考えるのは無理があるだろう。なぜならば，これまでほぼ48年周期で一斉開花が生じていることを考えると，そのシグナルも48年周期で起きていなければならないからである。もちろん，環境シグナル説を完全に否定することはできない。しかし，もしもこの48年目の開花が，異なる気候条件下でも起きたとなると，環境シグナルではますます説明が難しくなる。消去法的ではあるが，内的な「時計」によって48年を数えていたと考えたほうが良さそうである。

　現地での調査を数年にわたって続けているうちに，思ってもみない面白い情報が飛び込んできた。何と48年前，すなわち前回の一斉開花年にあたる1961年に，自生地で採取した種子を日本に持ち帰り，それを植えたものが京都大学フィールド科学教育センター旧白浜試験地（和歌山県）で維持されているらしいというのである（詳しくは柴田，2010を参照）。

　「日本でも咲いているかもしれない！」と考えた私たちは，種子採取の年からちょうど48年目にあたる2009年の5月に，大きな期待とともに植栽地に赴いた。48年もの間にはさまざまな顛末があったようで，その株は人目の付かない場所に移植され，数本の小さな株として細々と生きていた。ようやくその株を見つけただけで興奮してしまっていた私たちは，一見して大開花している様子もなかったため，危うく注意深く観察するのを忘れるところであった。興奮しながら写真を撮る手を止めてふと目の前を見ると，細い枝先に紛れもなく花序がついているのを発見した。「咲いている！」と大声を上げて仲間を呼び，異国の地での48年目の開花を皆で確認したのであった（図6）。その後，この花は無事に結実したことが確認

図7　熊本県に植栽されたメロカンナも開花・結実した
熊本県のエコパーク水俣にある竹林園に植栽されたメロカンナも2010年に開花して結実した。

されている。

　このような移植先でのほぼ48年目の開花は，このほかにもいくつかの事例があり，京都市洛西竹林公園，台湾，コロンビアなどで確認されている（柴田，2010）。私が直接確認した例では，熊本県のエコパーク水俣にある竹林園に高知県立牧野植物園から分植された株が，2010年に開花して結実し，地元メディアにも取り上げられて大きな話題になっていた（図7）。

　これらのことから判断すると，メロカンナは自生地とは異なる気候条件下においても，内的な「時計」によって48年を数え，48年目に開花するというプログラムを機能させたと考えたほうが良さそうである。なお，熱帯から亜熱帯性である自生地では，日本のような四季はないが，雨季と乾季が存在するために，1年という時間を生理的に区分することは十分可能である。たとえば，筍が出るのは雨季の頃からであり，日本では春から初夏にあたる。この生育期を48回数えると考えれば，開花までの時計を動かすのは十分可能であろう。

3.5. 時計遺伝子が壊れた個体か？：咲かない竹林の存在

　メロカンナの一斉開花は，長い期間（時間）を計ることのできる時計遺伝子のようなものによって制御されていると考えると，当然その遺伝子が突然変異によって壊れてしまうことも起きうるだろう。つまり，「咲かない突然変異」の遺伝子を持つ個体が存在してもよさそうである。

　そんな仮説をぼんやりと考えながらミゾラム州の村々を回っていると，ある村でこれまた興味深い話を耳にすることができた。村には，現地語でマウハク（MauhawkあるいはMauhak）と呼ばれる「咲かないメロカンナ林」があるという

3. 開花時の記録：本当に咲いたメロカンナ

図8 マウハクと呼ばれる咲かないメロカンナ林（左）と，その歴史を語る古老（右）
一斉開花の時期を過ぎても開花せず，48年前の一斉開花時にも開花しなかったと言われるメロカンナ林（写真中央部の色の濃い部分）。現地語でマウハクと呼ばれ，特別な存在として大切に維持されてきた。このマウハクの広さはおよそ6ヘクタールであった。近隣に住む古老が，自宅の窓から見えるマウハクを指さしてその歴史を語ってくれた（ミゾラム州 Keifang）。

のである。これは，先に説明したような集団内あるいは地域集団間の開花のずれによって「咲かないように見える」非同調の集団という意味ではなく，まったくの非開花なのである。Keifang という町のそばに住む古老によれば，彼の家の窓から見えるマウハクは，前回の48年前の一斉開花時にも咲かず，その前である96年前も咲かなかったと言い伝えられている（図8）。このような非開花竹林の存在は，この地域で古くから広く知られているようで，そのことはマウハクという現地語が存在することからも察することができる。多くの村では，マウハクを特別な存在として大切に維持管理しているようであったが，現実的には十分に認識されないままの林もあるようだった。今回の一斉開花後には，科学的にもこのことが認識された記載が認められるが，詳しいことは全く調べられていない（Sadananda *et al.*, 2010）。

　すぐにピンと来て，これは「咲かない突然変異個体」でできた1ジェネットの林なのではないかと考えた。なぜならば，もしも開花調節の遺伝子が壊れて咲かない突然変異個体が出現したとすると，通常個体の一斉開花時には，その変異個体だけは生き残り，空いたニッチを埋めるように分布を広げることができるだろう。そして，少なくとも48年以上の間クローナル成長を続けることになれば，巨大なジェネットとして竹林を形成することになると考えられるからである。この仮説を確かめるべく，マウハクを探して分析試料を採取することにした。この時点ではメロカンナの一斉開花はほぼ収束していたため，この地域で見られるメロカンナ林といえば，更新したばかりの若い林だけということになる。したがって，青々とした成熟メロカンナ林を探し出せば，それがマウハクである可能性が高いということになる。もちろん，現地での情報によってすでに各地で認識されているマウハクがあれ

ば，それらを優先的に調査し，そのほかにもマウハクと考えられる竹林を探し出して調査した。

　2011年末までの間に，合計7か所のマウハクと考えられる林からDNA分析用サンプルを得ることができた。調査したマウハクの広さは最大で数ヘクタール以上に達した。サンプルは，できるだけマウハクの全体像を把握できるように，マウハクの大きさに応じて外周から8〜16サンプル程度，できれば縦断・横断するように各8サンプル程度採取した。それらからDNAを抽出して9座のマイクロサテライトマーカーを用いて遺伝子型を調べ，ジェネット識別を行った。解析結果は，嬉しいことにほぼ期待通りのものであった。つまり，すべてのマウハク林がそれぞれ単一ジェネットで構成されているという可能性を強く支持する結果であった（陶山ら，未発表）。ただし，同一マウハク内のサンプル間の遺伝子型は完全に一致するものだけではなく，一部のマイクロサテライト座では，そのリピート数がわずかにずれる変異も検出された。このことはむしろ期待されたとおりである。つまり，長期間生存したジェネットでは，巨大になった体内に体細胞突然変異が蓄積されているのは当然であろう。なお，各マウハク間はそれぞれ異なる遺伝子型であったため，特別なジェネットが各地に移植されたわけではないと考えられる。いずれにしても，「咲かない突然変異」と考えられるマウハクの存在は，メロカンナにおける一斉開花の制御メカニズムを理解するためにも興味深い情報である。

3.6. 大きなジェネットでは自殖率が高かったのか？

　さて，最後に私のそもそもの疑問に対する答えを説明しておきたい。長い期間ジェネット成長を続けた後に開花すると，周りは自個体で埋め尽くされている可能性が高くなるため，自殖率も高くなって不利になるのかどうかという疑問である。

　この疑問に答えるため，開花直前にまずは20 m×20 mの固定調査区の中に分布する1,124本の稈から葉を採取し，マイクロサテライト分析によるジェネット識別を行った。いったいこの中に何個体が分布するのか，個体の分布範囲はどの程度の広さなのか，混ざり合っているのか排他的なのか。これらのジェネット空間分布構造はまったくの未知であったため，結果が楽しみな解析であった。答えは，私にとっては何となく予想していた範囲のものであった。つまり，1,124本の稈は25ジェネットで構成されており，各ジェネットはある程度パッチ状に空間を占めるが，他のジェネットとも混ざり合った空間分布構造を呈していた。各ジェネットに属する稈数は，最も多くて201稈，少ないものでは1稈であった（陶山ら，未発表）。この結果を見た時点で，私の疑問はほぼ解けたように思えた。というのも，当初の私

図9 地下茎が数十センチメートル伸長して稈を出す構造を持つメロカンナ
一斉開花後に更新したメロカンナの4年生個体群を，地上部を伐採したうえで表土を剥ぎ取り，地下構造が観察できるようにした。わずか4年のうちに地下茎が伸び，数個体が混ざり合って稈を出していた。

の考えでは，各ジェネットが排他的に空間を広く占有するような状況においてのみ，クローナル成長と有性繁殖のアンバランスが想定されたからである。いくらジェネットサイズが大きくなっても，他個体と混ざり合った空間分布であれば，他殖が極度に妨げられることはないはずだからである。

このことを実際に確かめてみた。開花後に調査区の中心部から種子を採取してDNAを抽出し，マイクロサテライト分析によって花粉親特定解析を行った。これによって，中心部に位置するジェネットごとにそれらの自殖率を明らかにした。その結果，確かにサイズの大きなジェネットほど自殖率は高く（最高で約30％），小さなジェネットでは自殖率は低かった（最低0％）。しかし，サイズの大きなジェネットでは，花粉親としての種子生産数は多く，受け取った花粉親の多様性も高かった。もちろん，サイズの大きなジェネットでは種子親としての種子生産数も多いため，全体としては長い期間のジェネット成長が有性繁殖時に障害となっているとは言えなかった（陶山ら，未発表）。これは先に述べたとおり，開花時のジェネット空間分布構造が，ある程度ジェネット間で混ざり合っていることによる影響が大きいだろう。さらにその要因を遡ると，この種が数十センチメートル程度伸長する地下茎構造を持ち，散生型の稈分布構造をもつことに由来すると考えられる（図9）。このような稈分布ならば，ジェネット間で分布が混ざり合うことが可能である。

実はこれと同じような傾向が，京都で一斉開花したチュウゴクザサを対象とした分析によっても検出されている（Matsuo et al., 2014）。簡単に説明すると，10 m×10 mの調査区内で開花した合計2,583本の稈をジェネット識別したところ，それらは111ジェネットに識別され，各ジェネットはある程度のパッチ構造を形成しながらも互いに混ざり合って分布していた。自殖率はジェネットサイズの影響をまったく受けていなかった。つまりメロカンナ同様に，大きなサイズのジェネッ

トは有性生殖時においても優位に振る舞い，大サイズのデメリットは認められなかった。チュウゴクザサは稈を散生的に形成する単軸地下茎を形成するため，メロカンナよりもさらにジェネット間が混ざりやすい構造を持っており，このことが大きく影響していると考えられる。

　このように，一斉開花時には複数のジェネットが混在しているという空間構造を明確にイメージして一斉開花現象を考え直してみると，いくつかの新しいアイデアが浮かんできた。ここまで見てきたように，光要求性の高い種がジェネット混在型の単一種高密度優占個体群を形成している場合には，単独開花では次世代が好適な光環境を得られず，生育に不利になることが容易に想像できるだろう。逆に言うと，一斉に同調して開花する戦略は，種内他個体との生存競争を回避するために有利だと考えられる。いわば「ジェネット混在型競争回避仮説」として，一斉開花の有利性の一面を説明できると考えられる（陶山ら，2010）。

3.7.「48」という数字の魅力

　開花周期年である「48」という数字を見て，「出来過ぎている」と感じたのは私だけではないだろう。仮定に頼った解釈になるが，もしも一斉開花周期の進化が遺伝子の倍化のようなメカニズムで起きていると仮定すると，48という数字は非常に都合のよい数字である。48に到達するためには，24からは1回の倍化，12からは2回，6からは3回，3からは4回の倍化があれば到達できる。たとえばメロカンナの祖先種が6年で開花する時計遺伝子をもっており，その遺伝子が倍化することで単純に開花周期も倍になるとすると，48年周期にまで進化するのもそれほど困難な道程ではないように思える。マウハクの説明で少し触れたが，一斉開花時に咲かずに生き残る戦略では，他個体が枯死して空いたニッチを急速に埋めて大きく成長することができるため，圧倒的に有利になる。「1回とばし」で次の一斉開花年に同調し，巨大ジェネットとして有性繁殖すれば，倍化遺伝子を持つ突然変異は一気に広がっていくであろう。

　もしかしたら今回の開花年で咲かなかったマウハクのいくつかは，96年あるいは192年周期開花の遺伝子を持っているのかもしれず，次回以降の開花年に咲くのかもしれない。真実はそれほど簡単ではないだろうが，今回の調査で明らかになった事実と，48という数字を重ねあわせてみると，さまざまな仮説が浮かんでくるのを抑えることが出来ない。長周期性の進化仮説を考えるうえでも，48年周期の記録は示唆に富むと感じている。

おわりに

　本章では，生物のもつ周期性として知られている現象の中でも，最も長周期のものの1つであろうと考えられるタケの一斉開花周期について，あくまでも事例報告の立場で紹介した。したがって，この周期を生み出す機構そのものについては，まったく迫ることはできていない。しかしながら，その謎を解き明かすためのヒントや材料がいくつも得られたのではないかと感じ，多くの方々にその情報を提供したいと考えて本稿の筆をとった。

　残念ながら2012年以降は研究費の補助に恵まれていないため，固定調査地の継続調査も途絶えている。できることならば，2055年に予測される次の一斉開花まで調査を続け，自ら次の開花時も調査したいところだが，ヒト側の寿命のほうが先に訪れそうで，これは実現しそうにない。そうは言っても，思えば調査を開始した年からすでに10年も経過している。ある時点でのヒトの視点からは「長周期」と感じられても，生物界全体としてはそれほど長いわけではないということかもしれない。

　それにしてもこの興味深い材料を，2055年まで放置しておくのはもったいない。本章を読んでいただいた若手の中に，願いを引き継いでくれる研究者が現れないか，本気で期待をふくらませている。

謝辞

　この調査は，48年に一度のチャンスに巡りあい，それを事前に知ることができたという幸運に恵まれたと書いたが，実はそれだけでなく，素晴らしい研究チームによってだからこそ実現できたという幸運にも恵まれた。研究チームのリーダーであった柴田昌三氏（京都大学）をはじめ，コアチームメンバーの蒔田明史氏（秋田県立大学），西脇亜也氏（宮崎大学），箕口秀夫氏（新潟大学），長谷川尚史氏（京都大学），齋藤智之氏（森林総研）ほか，同行した研究協力者および池田邦彦氏や村田博司氏（ともに当時京都大学）をはじめとした学生諸氏，現地コーディネータの横田仁志氏，さらにはミゾラム州の共同研究者らに謝意を表する。また，2005年から2011年度にかけて2期におよぶ科研費（課題番号16380108および17255007）の補助を受けたことに感謝する。

引用文献

Abe, Y. & Shibata, S. 2012. Spatial and temporal flowering patterns of the monocarpic dwarf bamboo *Sasa veitchii* var. *hirsuta*. *Ecological Research* **27**: 625-632.

Alam, M. K. 1995. *Melocanna baccifera*. *In*: S. Dransfield & E. A. Widjaja (eds.), PROSEA **7**: Bamboos (*Plant Resources of South-East Asia* **7**), p. 126-129. Backhuys Publishers.

Jackson, J. K. 1981. Insect pollination of bamboos. *Natural History Bulletin of the Siam Society* **29**: 163-166.

Janzen, D. H. 1976. Why bamboos wait so long to flower. A*nnual Review of Ecology and Systematics* **7**: 347-391.

室井綽 1969. 竹・笹の話. 北隆館.

Matsuo, A. *et al*. 2014. Female and male fitness consequences of clonal growth in a dwarf bamboo population with a high degree of clonal intermingling. *Annals of Botany* **114**: 1035-1041.

Murata, H. *et al*. 2009. Gregarious flowering of *Melocanna baccifera* around north east India. Extraction of the flowering event by using satellite image data. *VIII World Bamboo Congress Proceedings* **5**: 100-106.

Nicholson, J. W. 1922. Note on the distribution and habit of *Dendrocalamus strictus* and *Bambusa arundinacea* in Orissa. *Indian Forester* **48**: 425-428.

Sadananda, C. *et al*. 2010. 'Mauhak' - yet another mystery in the dictionary of bamboo flowering. *Current Science* **99**: 714-715.

斉藤誠子ら 2009. 一斉開花年の異なるチュウゴクザサ集団間の遺伝的組成の比較. 第120回日本森林学会大会要旨集. Pc1-02.

柴田昌三 2010. タケ類 *Melocanna baccifera* (Roxburgh) Kurz ex Skeels の開花 −その記録と48年の周期性に関する考察−. 日本生態学会誌 **60**: 51-62.

陶山佳久ら 2010. タケ・ササ類の一斉開花に関する一考察. 日本生態学会誌 **60**: 97-106.

Tachiki, Y. *et al*. 2015. A spatially explicit model for flowering time in bamboos: long rhizomes drive the evolution of delayed flowering. *Journal of Ecology* **103**: 585-593.

第2章 月の満ち欠けと
オオミズナギドリの行動変化

山本 誉士（総合研究大学院大学 複合科学研究科 極域科学専攻）[†]

はじめに

　夜空に明るく輝く月。その神秘的な光景は古より人々を惹きつけ，満月の夜の狼男に象徴されるように，西洋では昔から月の満ち欠けが生物に何らかの影響を及ぼすと信じられてきた。現代でも，Googleで「満月（full moon），影響（effect）」と検索すると，月が人や動物の行動に及ぼす影響に関する話題が実にたくさんヒットする。人にかかわる例をいくつか挙げると，満月の夜には犯罪が増える，急患が増える，攻撃的になる，出産が多いなどがある。また，スピリチュアルな活動を行う人々の中には，満月の夜に月光浴を行うことで，月からのパワーを感じるそうだ[*1]。確かに，夜空にきれいに輝く月を見ていると，私も月は生物に"何らかの"影響を及ぼすのではないかという気がしてくる。では，月は本当に生物の行動に影響を及ぼすのであろうか？

1. 月の満ち欠けが生物に及ぼす影響

　月の満ち欠けが動物の行動に影響を及ぼすというのは，いささか懐疑的な感じもする。だが，実は月の影響を調べた研究は意外に多くある（reviewed by Yamamoto & Trathan, 2015）。例えば，明るい月夜にはミミズやヘビなどの被食者では活動が低下し，逆にフクロウなどの捕食者では活発になる（Clarke, 1983; Michiels et al., 2001; Weaver, 2011）。一方，アナグマでは新月には繁殖活動が活発になる（Dixon et al., 2006）。また，月の影響は陸上のみならず，多くの浅海性の無脊椎動物や魚類といった，海洋生物の行動（特に産卵行動）にも影響を与えることが知られている（reviewed by Gliwicz, 1986; Naylor, 1999）。中でも，最も一般的に有名なのは，満月

[†] 現所属：名古屋大学大学院環境学研究科（日本学術振興会特別研究員）
[*1]：ただし，人にかかわる事例についてはあくまで言われていることにすぎず，科学的に検証されていないこともある（研究例：子供の活動・睡眠時間の月変動：Sjödin et al., 2015）。

の頃にみられるサンゴの産卵だろう。しかし，海洋生態系の食物連鎖のより高次に位置する海鳥類や海棲哺乳類の行動が，月の満ち欠け（周期）によってどのような影響を受けるのかについてはほとんどわかっていない（Trillmich & Mohren, 1981; Wright, 2005）。

海鳥は主に視覚を使って移動したり，餌を採ったりする。そのため，明るさは海鳥の行動に影響を及ぼす重要な要因の1つである（Salamolard & Weimerskirch, 1993; Wanless et al., 1999; Daunt et al., 2007）。この点において，夜間の明るさを左右する月の周期（満月や新月）は，海鳥の行動に強く影響することが予想される。月の周期が海鳥に及ぼす影響については，これまで繁殖地での行動観察によりいくつか報告されている（Nelson, 1989; Bretagnolle, 1990; Mougeot & Bretagnolle, 2000）。例えば，昼行性の捕食者（オオセグロカモメ Larus schistisagus）に襲われる危険性が高まるため，コシジロウミツバメ（Oceanodroma leucorhoa）は明るい月夜には繁殖地へ戻ってくることを避ける（Watanuki, 1986）。海鳥の種類によって，繁殖地を出発して，海上で餌を採り，再び繁殖地に戻ってくるまでの時間が数時間〜数十日と異なる（なお，餌を採るために繁殖地を離れているこの期間を，「採餌トリップ」という）。仮に，月の状態（満月，半月，新月 etc.）に伴う明るさの変化によって，海鳥の海上での餌の採食効率（捕まえやすさ）が異なる場合，それは必然的に海鳥が繁殖地に戻ってくるタイミングに反映される可能性がある（Oka et al., 1987）。つまり，餌がよく採れる夜には海で過ごし，餌があまり採れない夜には繁殖地に戻るかもしれない。そのため，月の周期が海鳥の行動に及ぼす影響を理解するためには，海鳥の海上での行動についても月の周期と対応させて明らかにする必要がある。

最近の研究により，月の状態は海鳥の海上での行動に影響を及ぼしていることが示唆された。例えば，繁殖期のアホウドリ類では，新月の頃に比べて，満月の夜には長時間飛行することがわかった（Weimerskirch et al., 1997; Awkerman et al., 2005; Phalan et al., 2007）。だが，それらの先行研究で示された結果はどれも断片的なデータによる推測であり，月の周期と海鳥の行動に関するはっきりとした関係を示せていない。それは何故なのか？　主な原因は，先行研究では海鳥の行動を解析した期間が「繁殖期」であるためと考えられる。一般に，繁殖期の海鳥は，抱卵や抱雛，また雛へ餌を与えるため定期的に巣（繁殖地）に戻る。そして，繁殖地で夜を過ごすことも多い。そのため，海鳥が繁殖地で夜を過ごしている間，海上における彼らの夜間の行動データは欠損し，月の満ち欠けと対応させて連続的に行動の変化を調べることができない。では，どうしたらこの問題を解決できるのか？そこで，私は彼らの「非繁殖期」に注目し，その期間の行動を解析してみることにした。非

繁殖期の間，海鳥は数か月をずっと海上で過ごし，繁殖地には戻らない*2。

2. 海鳥の生態研究の難しさとその克服策

2.1.「バイオロギング」という研究手法

　動物の行動や生態の研究は，その動物を野外で詳細に観察することが基本である。しかし，野外を自由に動きまわる動物の行動を連続して追跡・観察することは，場合によってはなかなか難しいこともある。例えば，庭を歩くアリを一日中追跡することは，きっと誰にでも容易にできるだろう。だが，それが様々な障壁をすり抜けて身軽に移動する猫なら，宙を舞う蝶なら，空を飛ぶ小鳥なら，はたまた地中を移動するモグラならどうだろうか？　もちろん，それでも観察できるという人はいるだろう。ならば，潜水するクジラや，海上を広範囲に自由自在に移動する海鳥はどうだろう？　このように，動物によって生息環境や移動方法，また行動圏の広さは様々である。一方，それらを追いかける私たち人間は鳥のように飛ぶことができないし，猫のように身軽でもなく，クジラのように長時間息を止めて海に深く潜ることもできない。また，たとえ個体の行動を追跡することができる場合でも，1人の人間が連続して観察できるのは，基本的には1個体の動物に限られるだろう。

　そこで，動物の行動を連続的に追跡するために開発されてきた研究手法がバイオロギングである。バイオロギングとは動物の体に小型の記録計（データロガー）をとりつけることで，その行動や周囲の環境などを連続的に測定・記録する手法のことを指す。古くは，1964年に南極海のウェッデルアザラシ（*Leptonychotes weddellii*）にキッチンタイマーを改造した潜水深度記録計を取り付け，アザラシが300mもの深さまで潜っていることが明らかとなった（Kooyman, 1965）。その後，デジタル技術の進歩により，現在では潜水深度に加えて，速度，加速度，地磁気，位置情報，高度，画像，心拍，脳波，環境温度などの様々な情報を得ることができるようになった（詳しくは，内藤ら，2012を参照してほしい）。また，研究対象動物もアザラシやペンギンといった極域に暮らす大型潜水動物から，私たちにとって身近な鳥類や陸棲哺乳類，魚類へと広がっている（日本バイオロギング研究会，2009）。バイオロギング手法を用いることにより，これまで私たちが実際に観察する事が難しかった野生下における動物の行動を「観察」することが可能になってきた。

　ここで，いくつか留意しなければならないことがある。それは，データロガー

―――――――――――――――――――――――――――――――――――
＊2：沿岸の陸地や岩礁，浮木などで夜を過ごす海鳥種もいる（e.g. カモメ類）。

は記録計であって発信器ではないということだ。つまり，データを得るためには動物にデータロガーを装着した後，一定期間を経て再び同じ個体を捕獲して記録計を回収する必要があるということである。通常，野生動物は人を怖がるため，一度捕まえた個体は私たちを警戒してそう易々とは二度と捕まってくれない。調査対象動物にどのようにデータロガーを装着して回収するのかということは，この研究分野において解決すべき課題の1つである。また，近年ではデータロガーの小型化が飛躍的に進んでいるとはいえ，最も小さいものでも大きさは十数ミリ，そして重さは数グラム〜数十グラムある。そのため，データロガーを装着して行動を記録することが可能な動物種は，装着するデータロガーに対して十分な大きさがある魚類や鳥類，哺乳類などに限られる。

2.2. 日本で繁殖する海鳥・オオミズナギドリ

オオミズナギドリ（*Calonectris leucomelas*）はミズナギドリ目，ミズナギドリ科，オオミズナギドリ属の海鳥で，約158.7万羽が北緯24〜42°，東経121〜142°の東アジア周辺の島々で繁殖している（図1）。繁殖島の81%は日本周辺海域に位置しており，伊豆諸島の御蔵島は本種の世界最大の繁殖地である（岡，2004）。地方によっては，オオミズナギドリは「かつおどり」や「サバドリ」の愛称で知られている。これは，漁師達がオオミズナギドリが海上で群れているのを目印にして，カツオやサバなどの大型魚類を獲っていたことに由来する。繁殖地の多くは通常アクセスが困難な孤島にあるため，フェリーなどに乗らない限り，日常生活で私たちがオオミズナギドリを目にすることはあまりないかもしれない。京都府の冠島では1950年代からオオミズナギドリの生態に関する体系的な調査が継続して実施されており（吉田，1981），現在では冠島に加えて北から渡島大島（北海道），船越大島（岩手県），三貫島（岩手県），粟島（新潟県），御蔵島（東京都），宇和島（山口県），男女群島（長崎県），仲ノ神島（沖縄県）など，日本各地でオオミズナギドリの生態調査およびモニタリングが展開されている。

オオミズナギドリは地中に掘った長さ数メートルの巣穴で繁殖し，繁殖期には一夫一妻で1羽の雛を育てる。オスはメスに比べて体が一回り大きく，鳴き声はオスとメスで異なる。オスは「ピーゥイ」と甲高い声，メスは「グワーェ」と低い声で鳴くことから，雌雄の見分けは比較的容易である（有馬・須川，2007）。オオミズナギドリは3月上旬頃から繁殖地に姿を現しはじめ，6月下旬に卵を1卵産み，卵は8月中旬に孵化する（吉田，1981; Yamamoto *et al.*, 2012）。育雛期になると，親鳥は繁殖地から数百キロ〜千キロも離れた海域まで行き，カタクチイワシなどの暖

図1　オオミズナギドリ
地中に掘った長さ数メートルの巣穴で繁殖する。外見は同じだが，オスはメスよりも一回り体が大きく，オスの鳴き声は甲高く，メスは低い。

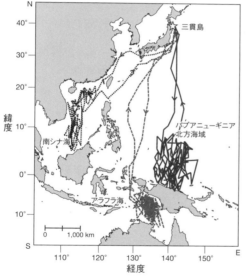

図2　オオミズナギドリの非繁殖期の渡り軌跡例（Yamamoto *et al*., 2010 を元に作図）
10月下旬〜11月中旬にかけて，繁殖地から数千キロ離れた3か所の海域まで長距離の渡りを行う（パプアニューギニア北方海域，アラフラ海，南シナ海）。

水性浮魚類を捕食し，雛へ給餌する（Matsumoto *et al*., 2012）。そして，雛が親鳥と見間違えるほど十分に大きくなった10月下旬〜11月中旬になると，親鳥は雛を巣内に残して一足早く，繁殖地から数千キロ離れた南の海域（フィリピン，ソロモン諸島，パプアニューギニア，南シナ海など）まで長距離の渡りを行う（山階鳥類研究所，2002; Takahashi *et al*., 2008; Yamamoto *et al*., 2010；図2）。そして，約4か月間それらの海域で過ごし，翌年の2月下旬頃に再び繁殖地周辺海域に戻ってくる（Takahashi *et al*., 2008; Yamamoto *et al*., 2010）。

図3　三貫島

2.3. 野外調査

　海鳥の多くは人里離れた僻地や無人島で集団営巣している。私が野外調査を行っている三貫島は，岩手県釜石市箱崎町の沖にある周囲4 kmの無人島で(39°18' N, 141°58' E)，約1万羽のオオミズナギドリが繁殖している(松本ら，2007；図3)。三貫島までは近くの漁港から漁師さんに船で渡してもらい，船着き場もない岩場にジャンプして飛び移る。島には食料はもちろん飲料水もないため，数日分の食料と水，そしてガスコンロなどの調理機材を一緒に持ち込まなければならない。通常，島の滞在期間は数日〜1週間程度で，調査期間中には島への出入りを何度も繰り返す。

　島に到着してまずやることは天幕の設置である。雨風はもちろんのこと，空から降り注ぐ鳥たちの落し物（糞）から自身や食糧を守るために，天幕は非常に重要な役目を果たす。その後，比較的平らなところを探してテントを張り，キャンプ生活がスタートする（図4）。もちろん，トイレやお風呂などといった設備はない。島に滞在中の主食はカレーなどのレトルト食品やインスタントラーメンで，海水を沸かした鍋にパックのごはんとレトルトを入れて温める。最近のスーパーには多種多様なレトルト商品が陳列してある。値段の割に味も決して悪くないが，長期間にわたる調査ではさすがにどれも食べ飽きてくる。そこで，高級レトルト（とはいっても1個300〜500円くらい）を1〜2個持っていき，心身疲れた頃に食べることで英気を養っている。

　繁殖地にはスーパーの買い物かごを2個つなげて作った人工巣箱が70巣埋設されており（図5），オオミズナギドリの巣穴利用率や産卵率，孵化率といった繁殖状況を毎年モニタリングしている。育雛期には人工巣箱内にいる雛を取り出し，体

図4　調査中の設営地
a: 天幕の下で炊事や打ち合わせを行う，b: 寝泊まりは岩場に張ったテント

図5　オオミズナギドリの繁殖地
地面には多くのオオミズナギドリの巣穴があり，モニタリング用の人工巣箱70個が埋設されている。ダクトホースの入り口から入り，買い物かごで作った巣（産座）で抱卵や育雛をする。

重と外部形態を定期的に計測することで，雛の給餌量や成長速度を記録する。地面に掘られた巣穴では，雛を取り出すために何度も腕を入れることで巣穴を崩してしまう危険性がある。また，深い穴の奥では巣穴の利用状況や卵・雛の有無を確認することが難しい。そこで，人工巣箱を用いることで，巣穴を崩してしまう危険性がなく，かつモニタリングも容易に行うことができる。なお，抱卵期や雛の孵化直後を除き，通常オオミズナギドリたちは昼は海で餌を採り，夜になると繁殖している島に戻ってくる。そのため，昼には巣穴内に雛だけが残されることになる。オオミズナギドリが繁殖地を出発し，再び繁殖地に戻ってくるまでの時間（採餌トリップ長）は，日帰りから，長い時には1週間にも及ぶことがある。

日没頃になると，島周辺の空を飛び交う黒い影が突如現れ，薄暮の空が喧騒に包まれる。オオミズナギドリが繁殖地に戻ってきたのだ。そして，しばらくすると繁殖地の方から「ガサッガサッ」という葉っぱの擦れる音が聞こえ，続いて「ボテッ」という鈍い音がする。オオミズナギドリは羽ばたかずに飛ぶ滑空に適した大きくて長い翼を持ち，海上ではとてもしなやかに移動する。一方で，地上からの飛び立ち，および地上への着地は苦手なようである。そのため，繁殖地に降り立つ際には，林冠を被う樹葉に突っ込み，数メートル下の地面にまさに落っこちるのである。繁殖地の土壌は腐葉土で柔らかいため大事には至らないが，見ているこっちとしては心配になる。少し話は逸れるが，上記のようにオオミズナギドリは長い翼を持つため，植生が密な場所では翼を十分に広げることができない。そこで，彼らは樹に駆け登り，そこから飛び降りることで繁殖地を飛び立つ。海鳥が樹に登るという不思議な行動と光景が，彼らを「樹に登る奇鳥」として有名にした（口絵2）。

　2006年8月，私は三貫島において，夜間に繁殖地に戻ってきたオオミズナギドリを素手で捕獲し，足輪に固定したデータロガー（ジオロケータ）を合計48羽に装着した（図6）。そして，翌年2007年8月〜9月にかけて繁殖地で装着個体を再び捕獲し，合計38個体からジオロケータを回収した。オオミズナギドリは巣に対する定着性が強いと考えられており，ほとんどの個体では毎年同じ巣を利用することが多い。また，巣穴で営巣するため，捕獲も比較的容易である。

　ジオロケータ（GLS-Mk5，3.6 g，$18 \times 18 \times 6.5$ mm, British Antarctic Survey）は，時間（グリニッジ標準時刻），照度，着水時間，環境水温の4つの情報を，約1年間記録することができる小型のデータロガーである。照度は60秒毎に測定され，10分毎に最大値が記録される。照度を測定すると，その位置の日長時間から緯度を，また現地時刻における正午時刻から経度を推定することができる (Hill, 1994)。例えば，夏の日本とイギリスとでは，より高緯度にあるイギリスの方が日本よりも日長時間が長い。また，ジオロケータに内蔵されている時計はグリニッジ標準時刻に設定されているため，イギリスの正午は12時，一方で日本の正午は21時となる（時差は日本の方が9時間早い）。ジオロケータが海水に浸かると，本体から突出した2本の電極が通電する（海水は電解質を含むため）。これにより，着水が認識される。着水の有無は3秒毎に測定され（非着水：0，着水：1），10分毎に合計値が記録される（10分間非着水：0，10分間着水：200）。この10分毎に記録された合計値に3を積数することにより，10分間の着水時間を計算することができる。さらに，着水時には同時に水温を記録する。水温記録は20分間の連続着水後に開始され，その後は10分毎に水温が測定・記録される。このジオロケータをオオミズナギド

図6　小型記録計（ジオロケータ）を足に装着したオオミズナギドリ
ジオロケータは時間（グリニッジ標準時），照度，着水時間，環境水温を約1年間記録することができる小型記録計である。記録された照度変化から日長時間と正午時刻を求めることで，緯度と経度をそれぞれ推定することができる。また，着水記録から飛行・着水などの行動を，環境水温から利用海域の海洋環境を知ることができる。

リに装着・回収することにより，1年間を通して連続的に個体の移動や飛行・着水などの行動，また利用海域の海洋環境を明らかにすることができる。近年，このジオロケータを用いることで，様々な鳥類において非繁殖期の詳細な移動経路や生息域が解明されつつある（Croxall *et al.*, 2005; Shaffer *et al.*, 2006; Egevang *et al.*, 2010）。

　なお，鳥に装着するための足輪を含むジオロケータの重さは，オオミズナギドリの体重の約1.2％にあたる。先行研究により，アホウドリ類やミズナギドリ類といった飛翔性の海鳥類では，装着するデータロガーの総重量が体重の3％を越えると採餌行動や繁殖成績などに影響がでるという報告があるので（Phillips *et al.*, 2003），本研究では大きな問題はないと考えられる（Yamamoto *et al.*, 2008）。

3. 月の満ち欠けとオオミズナギドリの行動

3.1. 月の満ち欠けが海鳥の行動に及ぼす影響

　装着の翌年にオオミズナギドリから回収したジオロケータをパソコンに接続し，データをダウンロードすることで，期待通り約1年間の個体の行動データを得ることに成功した（5つのジオロケータで記録エラー）。さて，ではどのようにデータを解析するか。上記にも述べたように，月の満ち欠けが海鳥の行動に影響していることを示唆する研究はいくつかある（e.g. Weimerskirch *et al.*, 1997; Phalan *et al.*, 2007）。しかし，それらの研究ではどれも繁殖期の行動を調べているため，夜間における海上での海鳥の行動データが欠損しており，月の満ち欠けと海鳥の行動変化の関係について明確な証拠を示せなかった。そこで，私はオオミズナギドリが期間を通して昼夜問わず海上で過ごす，非繁殖期の行動に注目してデータを解析してみることにした。

繁殖を終えて三貫島を出発したオオミズナギドリは，日本から遠く離れた3か所のいずれかの海域で非繁殖期を過ごしていた：パプアニューギニア北方海域，アラフラ海，南シナ海（Yamamoto et al., 2010, 図2）。ジオロケータの記録が得られた33個体中，24個体はパプアニューギニア北方海域で過ごしており，5個体はアラフラ海，4個体は南シナ海であった。そこで，今回は最もサンプル数が多い，パプアニューギニア北方海域で非繁殖期を過ごした個体のデータを解析に用いた。まずは，個体毎に1日の着水時間割合および着水回数を計算した。月の満ち欠けによる行動の変化を明らかにするためには，数回の月周期を含む連続した行動データが必要となる。データを解析した期間は2006年10月22日（新月）〜2007年3月14日（新月）で，5回の満月・新月サイクルを含むことになる。行動の時系列変化を見るため，日にちを横軸に，着水時間割合と着水回数を縦軸にしてそれぞれ作図してみた。すると，オオミズナギドリの行動に数回のピークを含む周期的な変化が見られた。海洋動物の場合，月による影響は大きく2つ考えられる。1つは潮汐の変化による影響，そしてもう1つは夜間の明るさの変化による影響である。そこで，今度は行動を昼と夜に分けて解析してみた。もし夜間の明るさの変化による影響ならば，行動の周期変化は昼間には見られず，夜間に顕著に現れるはずであると考えたのだ。解析の結果，昼間には行動に周期的な変化は見られなかったが，一方で夜間の行動には明らかな周期変化が見られた。さらに，夜間の行動の時系列データに満月と新月の日を重ね合わせると，どうやら満月の頃には長時間の飛行および水面への頻繁な離着水が見られ，新月の頃にはその逆であることがわかった（図7）。この結果から，私はオオミズナギドリの行動は月の満ち欠けに影響されているという確信を得た。

さて，次のステップとして，この結果をより定量的（具体的な数値として）に示す必要がある。月の満ち欠けと行動の変化の対応関係を見るだけならば，行動の時系列データに満月と新月の絵をただ重ね合わせればまあ十分かもしれない。しかし，少なくとも科学研究である以上，出来る限り結果を定量的に議論しなければならない。そこで，この行動変化がいったいどのくらいの周期を持っているのかを調べることにした。周期解析はサインとコサインの合成式を用いて計算した（$y = a + b \sin(2 \times \pi \times date/t) + c \cos(2 \times \pi \times date/t) + error$）。$y$は着水時間割合もしくは着水回数，$date$は2006年10月22日からの経過日数とした。また，各個体はモデルにおいてランダム要因として扱った。R 2.5.1（The R Foundation for Statistical Computing; R Development Core Team, 2007）という統計ソフトを用いて，2〜45日の間で周期を0.1日ごとに変化させたモデル（t）を作成した（合計440個の異な

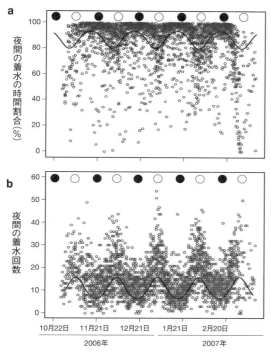

図7　月の満ち欠けとオオミズナギドリの行動変化
a: 夜間の着水時間割合
b: 夜間の着水回数
●は新月、○は満月を表す。
図中の実線は推定された回帰式。着水時間割合は30.5日、着水回数は28.9日周期で変化しており、これは月の周期変化（29.5日）とほぼ同じであった。オオミズナギドリは満月の頃には夜間でも長時間飛行し、活発に水面に離着水を繰り返していた。逆に、新月の頃には夜間はあまり飛行せず、水面に静かにとどまっていた。

る周期を持つモデル）。そして、実際のデータに対するモデルのあてはまりを対数尤度で比較した。なお、データ解析期間（10月22日〜3月14日）の夜間の長さの変化は10分以内であったため、夜間の長さに関する補正は行わなかった（ジオロケータのデータ分解能も10分であるため）。

その結果、行動データに最もあてはまりの良い周期は、着水時間割合では30.5日、また着水回数では28.9日であることがわかった（Yamamoto et al., 2008；図8）。仮に、潮汐の変化がオオミズナギドリの行動に影響している場合、その周期は月周期（29.5日）に加え、半月周期（14.2日）の変化も見られるはずである（潮位差の大きい大潮は月に2回あるため。e.g. Naylor, 1999）。それぞれの周期を持つモデルを実際のデータに重ねてみた（図7）。月の満ち欠けの周期は29.5日であることから、オオミズナギドリの行動の変化がどの程度月の満ち欠けと一致しているかわかるだろう。

3.2. なぜオオミズナギドリの行動は月の周期に対応して変化したのか？

煌々と明かりが点く建物や街灯などが多く溢れる現代では、夜も明るく、月夜の明るさや闇夜の暗さというものは多くの人にとって実感しづらいかもしれない。

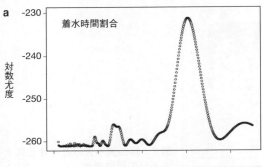
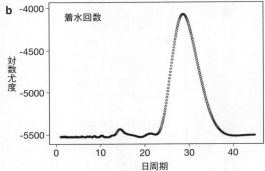

図8 様々な周期をもつモデルのデータへのあてはまり結果
a: 夜間の着水時間割合
b: 水面への着水回数
2～45日の間で周期を0.1日毎に変化させたモデルを作成し（合計440個の異なる周期をもつモデル），データに対するモデルへのあてはまりを対数尤度で比較した。最も尤度の高い周期を持つモデルは，着水時間割合で30.5日，着水回数で28.9日であった。

しかし，人工光の全くない自然環境下では，月のない闇夜には動くことが難しいくらい暗く，一方で月夜は電灯なしに歩くことができるほど明るい。周りに何も遮るもののない大海原においては，月はまさに大きな照明となる。

3.2.1. 可能性1：対捕食者行動

本研究により，海洋高次捕食者である海鳥・オオミズナギドリの行動は，月の満ち欠けに対応して変化するということが明らかになった。オオミズナギドリは，明るい月夜には水面への離着水を頻繁に繰り返しながら長時間を飛行に費やしていた。一方で，暗い闇夜には水面で静かに過ごしていた。では，なぜオオミズナギドリは月の満ち欠けに合わせて行動を変化させたのだろうか？ その理由の1つとして，夜間の光量の増減に伴って変化することが予想される，捕食リスクへの対応という可能性が考えられる。海鳥や鰭脚類などの海洋動物は，サメにより捕食されることが知られている（Johnson et al., 2006）。餌を見つけるために視覚を利用する捕食者の場合，捕食成功は夜間の明るさによって変化することが予想される。例えば，ガラパゴスオットセイ（*Arctocephalus galapagoensis*）はサメによる捕食を避

けるため，明るい月夜には海に出ず浜辺で過ごす（Trillmich & Mohren, 1981）。月夜に海上に浮いていると水中への光の透過を遮るため，海中から水面を見上げた時に影となる。そのため，オオミズナギドリは明るい月夜には頻繁に水面を飛び立つことで，サメなどによる捕食リスクを軽減している可能性が考えられる。実際，オオミズナギドリが非繁殖期を過ごす熱帯海域では，サメが最上位捕食者であると考えられている（Cairns et al., 2008）。

3.2.2. 可能性2：採餌行動

オオミズナギドリの行動が月の満ち欠けによって変化するもう1つの理由としては，夜間の明るさの増減に伴って，彼ら自身の餌の利用可能性が変化するためであることが考えられる。Phalanら（2007）では，繁殖期のアホウドリ類は明るい月夜には長時間飛行することを報告している。本研究でも同様に，満月に近づくにつれ，オオミズナギドリの夜間の飛行時間が増えていた。だが，オオミズナギドリの場合，飛行時間の増加に加え，水面への離着水回数も満月に近づくにつれ増えていた。もし，月による夜間の光量の変化が彼らの移動のための飛翔にのみ影響するのであれば（つまり，明るい夜にはずっと飛んでいられる），離着水回数は必ずしも周期的に増減する必要はない。このことから，オオミズナギドリは明るい月夜には少しの距離を移動しつつ，水面への離着水を繰り返しているのだろう。この行動は，餌の探索・捕食と関係している可能性が考えられる。先行研究では，海鳥類の採餌時間と日長時間の間に強い関連が示されており（Wanless et al., 1999; Daunt et al., 2006），光量は彼らの採餌行動に強く影響することが予想される。

オオミズナギドリと同じミズナギドリ目に属するアホウドリ類では，個体内で大まかに2つの採餌モードが知られている：待機型（Sit and Wait）と活動型（Active Foraging）(Weimerskirch, 1997)。その名のとおり，待機型では水面に着水して餌が表層に現れるのを待ち，付近に近づいてきた餌をついばむ。待機型は主に夜間に用いられる採餌モードである。視覚を使って餌を探す動物にとって，暗い夜に飛び回っても餌を発見・捕食できる確率は低い。そのため，餌探索に費やすエネルギーに対して，獲得できるエネルギーが少なくなり効率が悪い。一方，活動型では移動と離着水を繰り返しながら活発に餌を探索・捕食する。活動型により捕食された餌の大きさは，待機型により捕食された餌よりも大きく，また餌の重量も約4.8倍重い（Weimerskirch et al., 2007）。このことから，もし夜間に視覚を使って餌を探すことができる十分な明るさがあれば，待機型よりも活動型の方が採餌においてより効率的であると考えられる。

一般に，多くの動物プランクトンは日周的に鉛直移動を行うことが知られており，夜間には海表面付近に移動する。その結果，動物プランクトンを捕食する様々な魚類も，夜間には比較的浅い深度に集まる (Hidaka et al., 2003)。しかし一方，ある種の動物プランクトンは魚などからの捕食を回避するため，明るい月夜には深層に留まることが報告されている (Tarling et al., 1999)。その場合，これまでの議論とは逆に，明るい月夜には表層付近に餌が少なくなるため，オオミズナギドリはより一生懸命に餌を探索している可能性もあるかもしれない (Horning & Trillmich, 1999)。今後，海上において実際に月夜のオオミズナギドリの行動を観察し，真偽を確かめてみる必要がある。

3.2.3. 海鳥－月－混獲の関係？

海鳥の行動と月の関係について調べているうちに，とても興味深い知見を発見した。Brothersら (1999) によると，オーストラリアでは明るい月夜には，新月の頃よりも約3.6倍の数の海鳥が延縄漁によって混獲されるらしい。だが，海鳥類が明るい月夜に多く混獲される理由については不明であるとのことであった。本研究によって，海鳥は明るい月夜にはより活動的になることが明らかになった。このことから，明るい月夜に海鳥類の混獲が多いのは，彼らの行動周期の変化に関係している可能性が示唆される。海洋生物，特に外洋性海鳥類の漁業活動による混獲の防止は，海洋保全において最も重要な課題の1つである (Lewison et al., 2004; Anderson et al., 2011)。今後，海鳥の行動リズムを明らかにすることは，「月－海鳥－漁業活動」の関係をより深く理解することに繋がり，保全の観点からも重要な知見となるだろう。

さいごに

さて，これまで私はあたかも'最初から'オオミズナギドリの行動は月の満ち欠けに対応して変化するはずである，と仮説を立てて研究を行ってきたように述べてきた。しかし，当初の目的はそうではなかった。これまで，オオミズナギドリの非繁殖期の生態についてはほとんど知見がなく，繁殖地で彼らに取りつけた標識足輪（文字や番号が刻印されたアルミニウムや軽い合金製のもの）の回収から，大まかな利用海域が推測されているのみであった。1961～1995年の間に約8万個の標識足輪がオオミズナギドリにつけられたが，これまでに日本国外で回収されたのはたった13個のみであった（山階鳥類研究所，2002）。そのため，当初の私はオオミ

ズナギドリが非繁殖期にはどこで過ごし，どのような生活を送っているのかということに興味があった(Yamamoto et al., 2010)。その解析の過程において，彼らの非繁殖期の行動に周期的な変化を発見したのである。月の状態によって動物の行動が変化するといったことは聞いたことはあったが，まさかオオミズナギドリの行動が月の満ち欠けによって変化するとは思ってもおらず，まさに予期せぬ発見であった。

研究に取りかかる前にある目的を定め，それを明らかにするための実験デザインを計画する仮説検証型の研究スタイルは，生態学の分野において主流である。しかし，もし私が最初からある特定の目的のみを明らかにするために研究・解析をしていたならば，きっと今回のような発見はできなかっただろう。予期せぬ発見，これは良くも悪くも様々な時間・空間スケールで様々なデータを記録することができる，データロガーを用いたバイオロギング研究ならではの醍醐味の1つであると思う。

今回，月の満ち欠けに対応したオオミズナギドリの行動の変化について紹介してきた。オオミズナギドリに見られる行動のリズムは，遺伝的にプログラムされたものというよりは，外部環境の変化に対応した行動であった。現在では様々な生物で概日振動にかかわる時計遺伝子が発見され，生物リズムは遺伝的にプログラムされているという認識が広まっている。一方，それらの研究の多くは，実験室やコントロールされた環境下で行われてきた。実際に彼らが生活する野外環境には，行動を誘発する様々な刺激が存在する。そのため，動物がその行動にリズムを持つ意味を明らかにするためには，やはり野外環境下における彼らの行動も調べる必要がある。この点において，バイオロギング手法では色々な行動パラメータを，秒単位から年単位まで様々な時間・空間スケールで記録することが可能であり，野外環境下における動物の行動リズムをみる上で強力な研究ツールとなるだろう。私の最近の研究結果でも，オオミズナギドリの渡りのタイミングには，個体内で高い再現性が見られていることが明らかになった（個体は毎年同じ時期に南への渡りを開始する(Yamamoto et al., 2014))。多くの生物は他の様々な生物と相互に関係して生きている。そのため，野外環境下における生物の行動リズムを理解することは，生態系全体のリズムを理解することに繋がることが期待できる。

最後に，野外調査は多くの方々の協力の上に成り立っている。三貫島まで船で渡してくださった三浦憲男氏，調査期間中に滞在した東京大学大気海洋研究所国際沿岸海洋研究センターのスタッフの方々，野外調査および解析をご指導いただいた国立極地研究所の高橋晃周准教授，東京大学大気海洋研究所の佐藤克文教授，名古屋大学の依田憲教授，野外調査をお手伝いくださいました勝又信博氏，福山大学の

渡辺伸一准教授にはこの場を借りて深く御礼申し上げる。なお，本研究は環境省と文化庁の許可を得て実施した。

　私が研究従事期間中に滞在していた岩手県上閉伊郡大槌町，釜石市鵜住居町借宿地区，および周辺地域は，東北地方太平洋沖地震およびそれにより発生した津波によって甚大な被害を受けました。被災により亡くなられた方々のご冥福を心よりお祈りいたします。

引用文献

Anderson, O. R. J. *et al.* 2011. Global seabird bycatch in longline fisheries. *Endangered Species Research* **14**: 91-106.

有馬浩史・須川恒　2004. 冠島で繁殖するオオミズナギドリの鳴声と体サイズにおける相関性. 日本鳥学会誌 **53**: 40-44.

Awkerman, J. A. *et al.* 2005. Foraging activity and submesoscale habitat use of waved albatrosses *Phoebastria irrorata* during chick-brooding period. *Marine Ecology Progress Series* **291**: 289-300.

Bretagnolle, V. 1990. Effect of the moon on the activity of petrels (class Aves) from the Selvagen Islands (Portugal). *Canadian Journal of Zoology* **68**: 1404-1409.

Brothers, N. *et al.* 1999. The influence of environmental variables and mitigation measures on seabird catch rates in the Japanese tuna longline fishery within the Australian Fishing Zone, 1991-1995. *Biological Conservation* **88**: 85-101.

Cairns, D. K. *et al.* 2008. Endothermy, ectothermy and the global structure of marine vertebrate communities. *Marine Ecology Progress Series* **356**: 239-250.

Clarke, J. A. 1983. Moonlight's influence on predator/prey interactions between short-eared owls (*Asio flammeus*) and deermice (*Peromyscus maniculatus*). *Behavioral Ecology and Sociobiology* **13**: 205-209.

Croxall, J. P. *et al.* 2005. Global circumnavigations: tracking year-round ranges of nonbreeding albatrosses. *Science* **307**: 249-250.

Daunt, F. *et al.* 2006. Extrinsic and intrinsic determinants of winter foraging and breeding phenology in a temperate seabird. *Behavioral Ecology and Sociobiology* **59**: 381-388.

Daunt, F. *et al.* 2007. From cradle to early grave: juvenile mortality in European shags *Phalacrocorax aristotelis* results from inadequate development of foraging proficiency. *Biology Letters* **3**: 371-374.

Dixon, D. R. *et al.* 2006. Lunar-related reproductive behaviour in the badger (*Meles meles*). *Acta Ethologica* **9**: 59-63.

Egevang, C. *et al.* 2010. Tracking of Arctic terns *Sterna paradisaea* reveals longest animal migration. *Proceedings of the National Academy of Sciences of the USA* **107**: 2078-2081.

Gliwicz, Z. M. 1986. A lunar cycle in zooplankton. *Ecology* **67**: 883-897.

Hidaka, K. *et al.* 2003. Biomass and taxonomic composition of micronekton in the western tropical-subtropical Pacific. *Fisheries Oceanography* **12**: 112-125.

Hill, R. D. 1994. Theory of geolocation by light levels. *In*: Le Boeuf, B. J. & R. M. Laws (eds.), Elephant seals: Population ecology, behavior and physiology, p. 227-236. University of

California Press.
Horning, M. & F. Trillmich. 1999. Lunar cycles in diel prey migrations exert a stronger effect on the diving of juveniles than adult Galapagos fur seals. *Proceedings of the Royal Society of London Series B: Biological Sciences* **266**: 1127-1132.
Johnson, R. L. *et al.* 2006. Seabird predation by white shark *Carcharodon carcharias* and Cape fur seal *Arctocephalus pusillus pusillus* at Dyer Island. *South African Journal of Wildlife Research* **36**: 23-32.
Kooyman, G. L. 1965. Techniques used in measuring diving capacities of Weddell seals. *Polar Record* **12**: 391-394.
Lewison, R. L. *et al.* 2004. Understanding impacts of fisheries bycatch on marine megafauna. *Trends in Ecology & Evolution* **19**: 598-604.
松本経ら 2007. GIS3次元表示を用いた岩手県三貫島オオミズナギドリ繁殖個体数の推定. 日本鳥学会誌 **56**: 170-175.
Matsumoto, K. *et al.* 2012. Foraging behavior and diet of Streaked Shearwaters *Calonectris leucomelas* rearing chicks on Mikura Island. *Ornithological Science* **11**: 9-19.
Michiels, N. K. *et al.* 2001. Precopulatory mate assessment in relation to body size in the earthworm *Lumbricus terrestris*: avoidance of dangerous liaisons? *Behavioural Ecology* **12**: 612-618.
Mougeot, F. & V. Bretagnolle. 2000. Predation risk and moonlight avoidance in nocturnal seabirds. *Journal of Avian Biology* **31**: 376-386.
内藤靖彦ら 2012. バイオロギング：「ペンギン目線」の動物行動学. 成山堂書店.
Naylor, E. 1999. Marine animal behaviour in relation to lunar phase. *Earth, Moon, and Planets* **85-86**: 291-302.
Nelson, D. A. 1989. Gull predation on Cassin's auklet varies with the lunar cycle. *Auk* **106**: 495-497.
日本バイオロギング研究会 2009. 動物たちの不思議に迫るバイオロギング. 京都通信社.
岡奈理子 2004. オオミズナギドリの繁殖島と繁殖個体数規模，および海域，表層水温との関係. 山階鳥類学雑誌 **35**: 164-188.
Oka, N. *et al.* 1987. Chick growth and mortality of short-tailed shearwaters in comparison with sooty shearwaters, as possible index of fluctuations of Australian krill abundance. *Proceedings of NIPR Symposium on Polar Biology* **1**: 166-174.
Phalan, B. *et al.* 2007. Foraging behaviour of four albatross species by night and day. *Marine Ecology Progress Series* **340**: 271-286.
Phillips, R. A. *et al.* 2003. Effects of satellite transmitters on albatrosses and petrels. *Auk* **120**: 1082-1090.
Sjödin, A. *et al.* 2015. Physical activity, sleep duration and metabolic health in children fluctuate with the lunar cycle: science behind the myth. *Clinical Obesity* **5**: 60-66.
Salamolard, M. & H. Weimerskirch. 1993. Relationship between foraging effort and energy requirement throughout the breeding season in the wandering albatross. *Functional Ecology* **7**: 643-652.
Shaffer, S. A. *et al.* 2006. Migratory shearwaters integrate oceanic resources across the Pacific Ocean in an endless summer. *Proceedings of the National Academy of Sciences of the USA* **103**: 12799-12802.
Takahashi, A. *et al.* 2008. Post-breeding movement and activities of two streaked

shearwaters in the north-western Pacific. *Ornithological Science* **7**: 29-35.

Tarling, G. A. *et al.* 1999. The effect of a lunar eclipse on the vertical migration behaviour of *Meganyctiphanes norvegica* (Crustacea: Euphausiacea) in the Ligurian Sea. *Journal of Plankton Research* **21**: 1475-1488.

Trillmich, F. & W. Mohren. 1981. Effects of the lunar cycle on the Galapagos fur seal, *Arctocephalus galapagoensis*. *Oecologia* **48**: 85-92.

Wanless, S. *et al.* 1999. Effect of the diel light cycle on the diving behaviour of two bottom feeding marine birds: the blue-eyed shag *Phalacrocorax atriceps* and the European shag *P. aristotelis*. *Marine Ecology Progress Series* **188**: 219-224.

Watanuki, Y. 1986. Moonlight avoidance behavior in Leach's storm-petrels as a defense against slaty-backed gulls. *Auk* **103**: 14-22.

Weaver, R. E. 2011. Effects of simulated moonlight on activity in the desert nightsnake (Hypsiglena chlorophaea). *Northwest Science* **85**: 497-500.

Weimerskirch, H. *et al.* 1997. Activity pattern of foraging in the wandering albatross: a marine predator with two modes of prey searching. *Marine Ecology Progress Series* **151**: 245-254.

Weimerskirch, H. *et al.* 2007. Does prey capture induce area-restricted search? A fine-scale study using GPS in a marine predator, the wandering albatross. *The American Naturalist* **170**: 734-743.

Wright, A. J. 2005. Lunar cycles and sperm whales (*Physeter macrocephalus*) strandings on the North Atlantic coastlines of the British Isles and eastern Canada. *Marine Mammal Science* **21**: 145-149.

Yamamoto, T. & P. N. Trathan. 2015. Evidences of moon-related effects on animal behaviour. *Clinical Obesity* **5**: 49-51.

Yamamoto, T. *et al.* 2008. The lunar cycle affects at-sea behaviour in a pelagic seabird, the streaked shearwater, *Calonectris leucomelas*. *Animal Behaviour* **76**: 1647-1652.

Yamamoto, T. *et al.* 2010. At-sea distribution and behavior of streaked shearwaters (*Calonectris leucomelas*) during the non-breeding period. *Auk* **127**: 871-881.

Yamamoto, T. *et al.* 2012. Inter-colony differences in the incubation pattern of streaked shearwaters in relation to the local marine environment. *Waterbirds* **35**: 248-259.

Yamamoto, T. *et al.* 2014. Individual consistency in migratory behaviour of a pelagic seabird. *Behaviour* **151**: 683-701.

山階鳥類研究所　2002. 鳥類アトラス（鳥類回収記録解析報告書 1961 年 -1995 年）. 環境省.

吉田直敏　1981. 樹に登る海鳥：奇鳥オオミズナギドリ. 汐文社.

第3章 潮をよむ虫ーマングローブに棲む コオロギと潮の満ち引きー

佐藤 綾 （琉球大学理学部）[†]

はじめに

　マングローブは，熱帯から亜熱帯域の河口や海岸の泥地に生える植物の総称である。日本でのマングローブ代表種は，オヒルギ（*Bruguiera gymnorrhiza*），メヒルギ（*Kandelia obovata*），ヤエヤマヒルギ（*Rhizophora stylosa*）である。これらのヒルギ類は，泥の中で体を支えるための支柱根を持っていたり，空気中の酸素を取り入れるために地中から呼吸根を出したりと，特徴的な樹形をもつ（図1-a）。また，花が咲き終わった後にできる種子は細長い形をしているが，これは樹上で発芽したものであり，胎生種子と呼ばれる（図1-b）。このようにマングローブは，内陸の植物とは外見が大きく異なるが，最も異なる点は潮の満ち引きの影響を受けることである。潮が満ちると（満潮），マングローブの林床は海水に浸かり，言わば海に浮

図1　沖縄本島億首川河口に広がるマングローブ林とオヒルギの胎生種子
a: 右手前にオヒルギが生えており，地中から膝のような呼吸根が出ている。左奥にはヤエヤマヒルギが生えており，タコ足状の支柱根が見える。**b**: オヒルギの胎生種子。

[†] 現所属：総合研究大学院大学

図2 沖縄本島大浦川河口に広がるマングローブ林
満潮時（a）と干潮時（b）を示す。

かぶ森へと様変わりする（図2-a）。林床が冠水している時間は，時期や地域によるが数時間ほどであり，潮が引くと再び地面が現れる（干潮；図2-b）。多くの海岸では，満潮が毎日2回訪れ，潮の満ち引きのサイクル（潮汐サイクル）は約12.4時間周期となる。

大阪で育った筆者にとって，マングローブは遠く離れた神秘の森であった。いつかは訪れたいと思い，新婚旅行の行き先は迷わず奄美・沖縄を選んだ。ようやくにして憧れのマングローブを間近にしたときには，とても興奮して感激した。その半年後には沖縄に住み，マングローブに棲む昆虫を研究することになるとは，その時は夢にも思わなかったのだが。

1. 研究のことはじめ

2005年12月，長年住み慣れた関西を離れ，琉球大学理学部に助手として赴任することになった。沖縄は亜熱帯域であり，暖温帯の関西とは気候，文化ともに大きく異なる地域である。もちろん，動植物の種類も大きく異なる。身の回りにいる生き物の名前もわからなかったので，着任してすぐに沖縄の生物図鑑を買い求めた。最初に驚いたのは，暦でみれば真冬であるにもかかわらず，暖かい日には蝶が飛び，夜になると虫の音が聞こえてきたことである。まさに生き物で溢れかえっていた。

新しい土地で研究を始めることは，それまで研究対象としてきた生き物が生息していない分だけ，自分の過去の研究に囚われずに，まったく新しい研究対象やテーマを始める絶好のチャンスになる。ただし，チャンスであると同時に，一から研究を立ち上げないといけないため，労力がかかるし上手くいくか不安も大きい。筆者の場合，これまで昆虫（コウチュウ類）の生態を研究してきたため，この経験を

生かしつつ沖縄固有のコウチュウを対象とした沖縄でしかできない生態学的研究を始めようと意気込んだ。ところが、図鑑をながめたり、野外を歩き回ったりして、研究対象やテーマについてあれやこれや考えても、一向に良いアイデアが浮かばない。赴任数か月で完全に煮詰まってしまったのだが、ちょうどその頃、大学院時代の先輩である角（本田）恵理さん（本書のコラム 3 執筆）から調査のため沖縄に行くという連絡をもらったので、同行させてもらうことにした。気分転換にでもなればと軽い気持ちで同行したが、この旅が研究の方向性を決定づけてくれた。石垣島のマングローブ林を歩いていたとき、コオロギの音声研究者である彼女が、本章の主人公であるマングローブスズ（*Apteronemobius asahinai*；口絵 3）と引き合わせてくれたのである。そして、ふと、このコオロギが示す活動リズム（活動の周期性）が潮の満ち引きに対応していたら面白いなと思い立ったわけである。後述するように、潮汐サイクルに対応した活動リズムは、琉球大学に赴任する前にコウチュウを対象として研究したことがあり、その際、水生生物でもない地表性昆虫が潮の満ち引きに対応した内因性の活動リズムを持つことに純粋な面白さを感じていた。そこでマングローブスズでも調べてみようと思ったわけだが、そもそも生態学的研究を行っていた筆者が活動リズムに興味を持ったのには背景がある。

筆者は大学の卒論時代からずっと昆虫の生態を研究してきたが、在籍していた大阪市立大学理学部生物学科には昆虫の生態を専門とする研究室がなく、昆虫の生理を専門とする研究室で昆虫生態学者としてのスタートを切った。この研究室の教授であった沼田英治先生（現、京都大学大学院教授）が、卒業研究だけなら生態を研究しても良いと受け入れて下さったからである。この研究室では、志賀向子先生（当時、講師。現、教授）や多くの先輩達が、昆虫の休眠や神経機構について活発に研究されていて、コオロギやハエの活動リズムの研究も行われていた。研究室に在籍していた 1 年間、筆者は生理学的な研究を行わなかったが、ゼミなどを通して生理学的研究のテーマや実験方法を身近に感じることができた。その後、京都大学大学院理学研究科の動物生態学研究室に進学し、昆虫の生態ばかり考える環境に身を置くようになったが、生態学以外の知識に触れられた卒論研究の 1 年間が、筆者をマングローブスズの活動リズムの研究へとつなげてくれたわけである。

2. 潮汐サイクルと生物リズム

2.1. 概潮汐リズム

生物にとって、環境の変化、特に予測可能な環境サイクル（1 日の明暗、季節の

移り変わりなど）を読み取り，採餌や配偶に適した環境条件に合わせて活動することは，生きることと繁殖することにおいて，とても重要である．多くの生物は，1日の明暗（昼夜）に対応した約24時間周期の体内時計（概日時計）を持ち，1日の活動リズムを明暗サイクルに合わせている．

　干潟やマングローブ林など満潮時に冠水し干潮時に地面が露出する潮間帯や，河口，浅海域に生息する生物にとって，潮汐サイクルは明暗サイクルとともに重要な環境サイクルとなる．それぞれの生物には，活動に適した潮の状態があり（干潮あるいは満潮，その中間など），潮に合わせて活動している．とくに潮間帯の陸地部分で活動する陸生生物の場合，活動の場となる潮間帯が，約12.4時間周期で訪れる満潮のたびに冠水するため，活動する時間帯は干潮時に制限されてしまう．

　野外で採集した生物を潮汐サイクルのない一定条件に置いた場合でも，その生物が野外の潮汐サイクルに対応した約12.4時間周期の活動リズムを示すことがある．この生物リズムを概潮汐リズムという（佐藤，2012）．このような一定条件下で示す活動リズムは，内因性のリズムであり，体内時計によって支配されていることを意味する．つまり，概潮汐リズムを示す生物は，潮汐に対応した体内時計を持っているということである．概潮汐リズムの報告は20世紀初頭から見られ，現在までに，軟体動物の貝類（Gray & Hodgson, 1999; Kim et al., 1999）や，節足動物のカニ類（Naylor, 1958; Barnwell, 1966），脊椎動物の魚類（Gibson, 1965; Cummings & Morgan, 2001）など多くの生物で報告されている．これらの生物のほとんどは，生活史の一部あるいは全部を水中に依存する水生生物である．一方で，陸域環境に適応し，呼吸を空気中の酸素に完全に依存するようになった真の陸生生物について，概潮汐リズムを研究した例は少ない．しかしながら，概潮汐リズムを示す陸生生物は，内陸から海辺の環境へ再び適応したものと考えられ，概潮汐リズムを刻む体内時計の多様性と共通性という進化の観点からも興味深い対象と言える．

2.2. 潮間帯に見られる昆虫

　潮汐サイクルの影響を受ける潮間帯には，限られた種数ながら昆虫も生息している．昆虫は，陸域環境に適応し多様化した分類群であり，潮間帯に見られる種類は，内陸性の祖先種が再び海辺の環境へと戻ったものと考えられる．潮間帯性昆虫は，内陸性の種類とはまた違った面白い生態を持つ．筆者が観察した例を少し紹介すると，沖縄の隆起石灰岩でできた崖状の岩礁海岸には，ノメイガ亜科のキオビハラナガノメイガ（Tatobotys aurantialis）が見られ，本種の幼虫は，岩礁の潮間帯最上部（満潮線あたり）に生えている紅藻のコケモドキ（Bostrychia tenella）を餌と

する。コケモドキはふかふかのマット状に広がっており，この幼虫は，昼間はコケモドキのマットの中に潜んでいるが，夜になると出てきてコケモドキを食べているのが観察される。また岩礁海岸には，波の浸食によりできた洞穴が点在しており，本種の成虫が昼間潜んでいるのが見られる。このような洞穴には，マングローブスズと同じヒバリモドキ科ヤチスズ亜科に属するコオロギのウスモンナギサスズ（*Caconemobius takarai*）も生息する。本種も昼間は洞穴の中に潜んでいるが，夜になると波打ち際で活動しているのが観察できる。面白いことに，このコオロギの卵はコケモドキのマットの中に産み付けられている。コケモドキは満潮になると波を被るため，ウスモンナギサスズの卵はキオビハラナガノメイガの幼虫とともに海辺の環境に対応した特別な生理的仕組みを持つと考えられる。

2.3. 昆虫の概潮汐リズム

潮間帯性昆虫にも概潮汐リズムを示すものがあるが，後述するマングローブスズを対象とした研究以外には，トビムシ目（Foster & Moreton, 1981）とコウチュウ目（Evans, 1976; Satoh et al., 2006; Satoh & Hayaishi, 2007）でいくつかの研究例があるのみである（佐藤，2009a, b）。海岸に生息するトビムシ目の一種 *Anurida maritima* を研究した Foster & Moreton（1981）は，本種100匹を実験室の一定条件下に置き，地表面で活動している個体数の変化を4日間調べた。その結果，活動個体数は野外の満潮時刻の頃に著しく少なくなっており，個体レベルではなく，集団単位で見た結果ではあるが *Anurida maritima* は概潮汐リズムを示した。また，中南米の海岸に生息するコウチュウ目オサムシ科の一種 *Thalassotrechus barbarae* を研究した Evans（1976）は，本種が一定条件下で約23.9時間周期の概日リズム（夜行性）を示すことを明らかにしたが，この活動リズムを詳しく解析すると，夜間の干潮時に対応する時間帯で活動量が多くなっていた。このことから，*T. barbarae* でも概潮汐リズムが確認できたとした。

さらに，コウチュウ目ハンミョウ科の仲間も概潮汐リズムを示すことが筆者らの研究で明らかになっている（Satoh et al., 2006）。日本では瀬戸内海や九州の沿岸に生息するヨドシロヘリハンミョウ（*Callytron inspecularis*）の幼虫は，干潟に巣孔を掘って入口で獲物を待っているが，満潮が近づくと巣孔の入口を土で塞ぎ，潮が引くと再び開くことが観察されていた（桃下，1999a, b）。そこで筆者らは，光や温度を一定にした実験室内で幼虫に巣孔を形成させて行動の周期性を観察した。巣孔ごと水に沈めることで人工的な満潮サイクル（3時間の水没を12.4時間ごとに10回）を与えたところ，実験した6匹中1匹が，人工満潮の時間が近づいてくると

巣穴を閉鎖し，人工満潮が終わると開口することを繰り返すようになり，人工満潮を与えるのをやめた後も約12.5時間周期で5回閉鎖行動を繰り返した。このことから，ヨドシロヘリハンミョウ幼虫の閉鎖行動の周期性は，潮汐サイクルに対応した体内時計によってもたらされていると考えた。一方で巣穴を開く行動は，人工満潮を与えるのをやめると周期性を示さなくなったため，開口行動は環境変化が直接刺激となって起こる行動であると考えた。また，奄美以南の琉球列島に生息する同属近縁種のオキナワシロヘリハンミョウ（*Callytron yuasai okinawense*）でも，満潮前に巣孔を閉鎖することが筆者らの観察によって明らかになっている（Satoh & Hayaishi, 2007）。本種に関しては室内実験を行っていないが，ヨドシロヘリハンミョウと同様に閉鎖行動が概潮汐リズムを示すと考えている。

このように，昆虫においても概潮汐リズムは知られていたが，どの研究も予備的で，記録された概潮汐リズムも数日で消えてしまう（減衰してしまう）ものであり，明確に昆虫の概潮汐リズムを示す研究とはいえなかった。

3. マングローブスズの概潮汐リズム

3.1. マングローブスズ

マングローブスズは，マングローブ林床のみに生息する小型のコオロギであり，体長は成虫でも5〜7mm程度である（口絵3）。雑食性が強く，野外ではカニや魚の死骸などを食べていると考えられる。翅は完全に退化しているため，一般的なコオロギのように雄が雌を誘うために鳴くことはなく，体長の2〜3倍はある長い触角を使ってコミュニケーションをとっているようである。昼夜を問わず潮が引いて地面が露出している干潮時には林床で活発に活動しており，満潮時にはマングローブの幹など高い場所で休息しているのを観察できる。調査地域のマングローブ林内では一般に個体数は多く，干潮時にマングローブの森を歩けば，地面のあちらこちらで活動するマングローブスズが目に入る。ただし，とても小さく体色が地面と似ているため，マングローブスズの存在を知らない人には全く目に入らないようだ。マングローブ林で魚類を長年研究されている方に，全く気付かなかったと言われたときには少々驚いた。どんな対象でも，見る気がないと見えないものである。ちなみに，マングローブスズを採集する時は，長靴ではなく胴長（胴付き長靴）が良い。マングローブ林床は，干潮時でもぬかるんでいて，歩いていると泥はねするし，マングローブスズが小さいため時には膝をついて採集するので，蒸れても暑くても胴長が最良である。

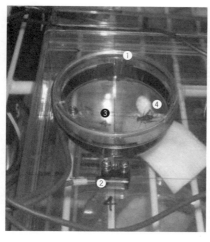

図3 マングローブスズの活動記録装置
赤外線センサーは投光器①(隠れていて見えない)
と受光器②があり,その間を赤外線が通っている。
餌③と水(下から脱脂綿④に水を含ませる)を与
えた。

3.2. 活動リズムの記録

　マングローブスズという魅力的な研究対象と出会い,活動リズムを研究したい
と考えたが,記録装置を使って研究したことがなかった。そこでまず,古巣の大阪
市立大学を訪ね,沼田先生と志賀先生に相談することにした。志賀先生たちは,マ
ングローブスズと同じヤチスズ亜科に属し体長が近いマダラスズ(*Dianemobius
nigrofasciatus*)を対象にリズム研究をされていたので,マングローブスズでもすぐ
に使える実験装置の作り方を教えてくださった。作成した活動記録装置は,水と餌
を摂取できるようにした直径約5cmのプラスチックシャーレに赤外線センサーを
備えたものであり,赤外線センサーはパソコンに接続されている(図3)。このシ
ャーレの中にマングローブスズを1匹ずつ入れ,マングローブスズがセンサーを
遮断する回数をパソコンに記録する仕組みである。記録した遮断回数は活動量と
して解析する。データの記録や解析には,岡山大学の富岡憲治先生の研究室で開発さ
れたソフトを使わせていただいており,活動周期も求めることができる。

　大阪市立大学で予備実験としてマングローブスズの活動リズムを記録してもら
ったところ,潮汐サイクルに対応すると推測された約12.4時間周期のリズムが得
られたため,琉球大学で本格的に研究することとした。琉球大学での記録装置の立
ち上げには,神戸山手大学の吉岡英二先生にご尽力いただいた。アイデアが浮かん
でから約8か月後の2006年11月,ようやく琉球大学でマングローブスズの活動
リズムの記録を始められた。

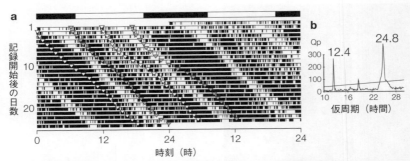

図4 恒暗25℃条件下でのマングローブスズ雄成虫の歩行活動リズムの一例 (Satoh et al., 2008 より改変)
白色と灰色の三角は，それぞれ野外における干潮時刻と満潮時刻を示す。上部のバーは，野外における昼間（白）と夜間（黒）を示す（境界線は1日目の採集地での日の出と日の入り時刻で示しているが，記録期間中ほとんど変化しない）。右側の図bは，周期分析（カイ二乗ピリオドグラム）の結果であり，この個体の活動リズムの周期は12.4時間であると分かる。

3.3. マングローブスズの概潮汐リズム

　活動リズムの記録には，野外から採集した雄成虫を用いた。沖縄本島でのマングローブスズの生息地は，琉球大学からは高速道路を経由しても片道1時間はかかる本島北部に集中している。筆者は，沖縄に赴任するまでほとんどペーパードライバーだったが，必要に迫られたおかげでずいぶん運転に慣れた。こうして野外から採集してきた雄成虫を，すぐに活動記録装置のシャーレに入れ，真っ暗で温度一定の環境条件（恒暗25℃条件）で歩行活動リズムを記録した。その結果の一例（1個体24日分のデータ）を，図4に示した。図4-aには1日目から24日目までの活動記録を上から順に並べて表示しており，黒く塗られた部分が活動の記録された時間帯である。黒い部分が密なほど活動が活発であることを示している。また，横軸の目盛が48時間分あるのは，同一の記録を1日分ずらして横に並べて表示しているためであり（ダブルプロット），こうすると活動リズムの変化が視覚的に確認しやすくなる。また，活動リズムの周期を求めるため，カイ二乗ピリオドグラムという方法で周期分析も行った（図4-b）。

　図4で示した個体のように，多くの個体は明瞭な1日2回の活動期を示し，活動期と活動期の間には数時間の休息期が見られた。この活動リズムの周期（自由継続周期）は，平均すると12.56時間（$n=11$）であった。また，一定条件下で見られた活動リズムと野外における潮汐サイクルが一致しており，野外の干潮の頃に活動期が見られ，満潮の頃に休息期が見られた。この一致は，特に記録の前半で顕著で

あった。次に，光条件を恒暗条件から明暗条件（12時間明期：12時間暗期のサイクル）に切り替えたところ，明期に活動量が落ちたものの，リズム自体は明暗に影響されずに維持された（図5-a下半分）。これらのことから，この1日2回の活動リズムは，野外の潮汐に対応した概潮汐リズムであると結論付けた（Satoh et al., 2008）。

さらに，得られた活動リズムを詳しく見てみると，特に記録の前半では，野外の夜間の干潮に対応する時間帯の方が，昼間の干潮に対応する時間帯よりも活動量が多くなっていた（図4）。また，野外から採集した雄成虫をまず明暗条件で活動を記録してから光条件を恒暗条件に切り替えると，明暗条件の暗期から継続する活動相の方が，明期から継続する活動相より活動量が多くなっていた（図5-b）。このことから，マングローブスズは基本的には夜行性であり，概日時計も保持すると考えられた。マングローブスズの概日時計は，活動リズムの周期を決めるのではなくて，活動量を加減する役割を果たしていると考えている。ちなみに，雌成虫や幼体も同様の概潮汐リズムを示すことが予備実験で明らかになっているが，解析データの条件をなるべく揃えるために，本実験では雄成虫のみを使用した。

マングローブスズの示す概潮汐リズムは，長期にわたって堅持されるものであり，このような明瞭な概潮汐リズムは，これまで昆虫では報告がなかった。実験室下で健気にも概潮汐リズムを示し続けるマングローブスズに，生命の不思議さという魅力を感じた。

4. 概潮汐リズムの同調因子

4.1. 同調因子とは

恒暗条件下で活動リズムを記録し，マングローブスズに潮汐サイクルに対応した体内時計が存在することが明らかになって，次なる疑問が出てきた。それは，マングローブスズは体内時計をどのようにして野外の潮汐サイクルに合わせているのか，である。多くの生物の持つ概日時計では，明暗サイクルを利用して体内リズムを1日のサイクルに合わせている。私たち人間も概日時計を持っているが，海外に行けばその土地の明暗サイクルを利用して時計を合わせている。このような環境サイクルに合わせる（同調する）ために使われる環境因子を同調因子という。概潮汐リズムでは，現在までに潮汐に関連した様々な環境因子が同調因子として報告されている。例えば，海洋性甲殻類のトウヨウサザナミクーマ（*Dimorphostylis asiatica*）は，実験室下で12.5時間周期の水圧の変化にさらされると，水圧サイクルに同調して野外と同様に満潮（最高水圧）の頃に活動するようになった（Akiyama,

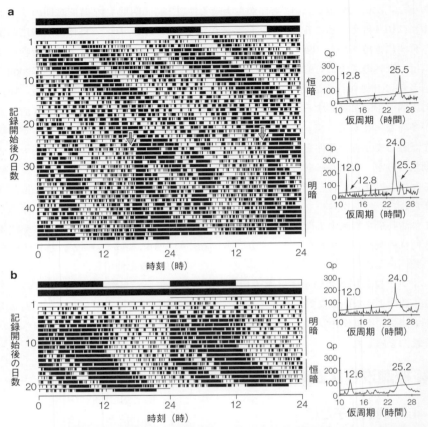

図5　恒暗条件あるいは明暗条件におけるマングローブスズ雄成虫の歩行活動リズム
(Satoh *et al.*, 2008 より改変)
a: 野外から採集後すぐに恒暗条件で活動の記録を開始し，その後，明暗条件（12時間明期：12時間暗期のサイクル）で記録している．**b**: 野外から採集後すぐに明暗条件で記録を開始し，その後，恒暗条件で記録している．図の上のバーが，実験室で与えた光条件のスケジュールを示す．温度は25℃一定である．右側のグラフは，各条件における周期分析（カイ二乗ピリオドグラム）の結果を示す．機械調節のため恒暗条件の最後の日に約2時間照明を点灯させている（**a**の活動記録の中の灰色の矢印から約2時間）．

2004）．同様に海洋性甲殻類のヒメスナホリムシ属の一種 *Excirolana chiltoni* では，満潮を模倣した水の攪拌を12時間周期で与えたのちに一定条件下に置くと，水の攪拌サイクルなどから遊泳活動が予期される時間帯に遊泳するようになった（Enright, 1965）．これ以外にも，水深（Chabot *et al.*, 2008）や塩分濃度（Harris & Morgan, 1984）の周期的変化，水没・干出のサイクル（Gray & Hodgson, 1999）など

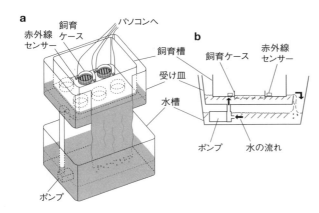

図6　マングロープスズの同調因子の実験に用いた記録装置の模式図（佐藤, 2012; Satoh et al., 2009 より改変）立体図（**a**），断面図（**b**）として，満潮を模した浸水を与えているところを示している．餌やマングロープスズなどの細かい部分は省略してあり，**a** では水槽と受け皿は実際よりも上下に離して描いてあり，**b** では1つの飼育ケースのみ描いてある．

が同調因子として報告されている．

4.2. 干満を与える活動記録装置

　では，マングロープスズは時計合わせにどのような同調因子を利用しているのだろうか．陸生生物であるマングロープスズが，水深や水圧の変化を感知していることはないだろう．同調因子として考えらえるものは，林床に満ちてくる潮との接触くらいだった．これを調べるためには，満潮を模倣した浸水を与える活動記録装置が必要となる．しかし，工作の苦手な筆者にはとうてい作れそうにない．困っていたところ，吉岡先生が快く作ってくださることになった．最初はそんな記録装置が本当に作れるものなのかと失礼ながら半信半疑であったが，吉岡先生の創意工夫によってすばらしい装置が完成した（図6）．概日リズムの主な同調因子である明暗や温度サイクルは，市販のインキュベータで簡単に制御できるが，概潮汐リズムの同調因子は水圧や塩分濃度の変化であり，そのような環境要因を制御してくれる装置などはどこにも売っていない．概潮汐リズムの同調因子を研究するためには，それぞれの研究者が工夫を凝らした装置を手作りする必要があり，研究の成否は研究者の工作の腕にかかっているとも言える．

　完成した記録装置は，飼育槽，水の受け皿，水槽の3つのプラスチックケースが重なったものであり，飼育槽の底には6つの飼育ケースがはめ込まれている（図6-a）．マングロープスズは個体ごとに飼育ケースに入れられ，飼育ケースの底にはスリットが入っている．ポンプによって水槽から吸い上げられた水が受け皿に溜まると，スリットから飼育ケースの中にじわりと浸水する仕組みになっている（図6-b）．浸水が始まると，マングロープスズは壁を登って避難できる．ポンプをプロ

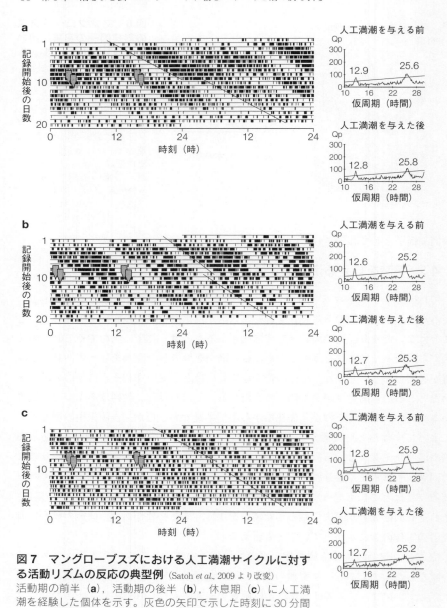

図7 マングローブスズにおける人工満潮サイクルに対する活動リズムの反応の典型例（Satoh *et al.*, 2009 より改変）
活動期の前半（**a**），活動期の後半（**b**），休息期（**c**）に人工満潮を経験した個体を示す。灰色の矢印で示した時刻に30分間の人工満潮（浸水）を与えた。図中の斜線は，人工満潮サイクルを与える前と後の活動リズムについて，各日の活動期の開始を結んだものである。それぞれ周期分析（カイ二乗ピリオドグラム）した結果を右に示す。

グラムタイマーに接続して，浸水の開始や終了時刻を設定できるようにした．活動リズムは，先に述べた実験と同様に赤外線センサーの遮断回数をパソコンに記録しデータを解析して求めた．

なお，浸水（人工満潮）を与える水には，水道水を使用した．野外では，川辺に成立するマングローブ林には塩分を含んだ汽水が満ちてくるが，実験では塩分による装置の劣化を回避するために水道水を使った．人工満潮の水位を決定するために何度も飼育槽の位置を調整したり，急激に浸水してマングローブスズが水死するのを避けるために飼育ケースのスリットの幅を調整したりと，なんともアナログな調整を1年以上かけて行った．すばらしい実験装置を手にしてもなお調整や失敗を繰り返す日々に，解析できるデータが本当に取れるのかと，しばしば不安と焦りがよぎったが，諦めずに取り組んだおかげか本実験の開始にこぎつけた．

4.3. マングローブスズは潮を読む

先に述べた実験と同様に，同調因子の本実験も野外で採集した雄成虫を用い，恒暗25℃条件下で行った．採集した雄成虫を当日のうちに飼育ケースに入れて，まず8〜12日間歩行活動を記録してから，野外の潮汐サイクルを模倣した30分間の人工満潮を12.4時間ごとに4回与えた（図7の活動記録内に灰色の矢印で示した）．そして人工満潮を与えるのを止めた後も7〜10日間継続して歩行活動を記録した．つまり，4回与えた満潮情報を利用して，その後の活動リズムを変化させるのかみた実験である．その結果，多くの個体が人工満潮に反応し，人工満潮サイクルを与えた後は人工満潮が予期される時間帯に休息するようになった（図7）．また，マングローブスズの人工満潮に対する反応は，人工満潮が活動期の前半あるいは後半に与えられたのか，あるいは休息期に与えられたのかで異なっていた（Satoh et al., 2009）．活動期の前半に人工満潮を経験した個体は，活動期の開始を遅らせた（リズムの位相が後退した；図7-a）．わかりやすいように擬人的に言うと，もう干潮になったなと思って活動を始めた個体が水に触れると，「あれ，まだ満潮が続いていた．もう干潮だと思ったけど，僕の時計が進んでいたのかな」と判断して，体内時計を遅らせたということになる（図8-a）．一方で，活動期の後半に人工満潮を経験した個体は，活動期の開始を早めた（リズムの位相が前進した；図7-b）．これをまた擬人的に言うと，そろそろ干潮が終るなと思いながら活動を続けている個体が水に触れると，「あれ，もう満潮になっていた．まだ干潮だと思っていたけど，僕の時計が遅れていたのかな」と判断して，時計を進めたということになる（図8-b）．そして，休息期つまり体内時計が満潮と判断している時間帯に人工満潮を与

えても，活動期の開始にほとんど影響を与えなかった（位相に変化はなかった）（図7-c）。

　では，マングローブ林に棲んでいる野生のマングローブスズは，どのようにして体内時計を潮汐サイクルに合わせているのだろうか。マングローブスズの概潮汐リズムの周期は約12.6時間であり，野外の潮汐サイクルの周期より少し長めであった。このことから，野外では活動期の後半に潮が満ちてくることが繰り返されており，満ちてきた潮に触れることで毎回位相を前進させる，つまり体内時計を進めることで，活動リズムを潮汐サイクルに合わせていると考えられた（図8-b）。このことは，人間の持つ概日時計の周期が約25時間と1日より少し長めであり，毎朝太陽の光を浴びることで体内時計を進め，1日のサイクルに体を合わせていることと似ていた。

　なお，マングローブスズが満ちてきた潮に触れたときに溺れることはないのか，と疑問に思われる方もあるかもしれない。マングローブ林に満ちてくる潮の先端部は，通常は波が立つこともなく速度も比較的ゆっくりであり，潮に触れたマングローブスズは飛び跳ねて高い場所などに容易に避難することができる。一方で，高い場所に避難したマングローブスズは休息すること（活動しないこと）が重要であろう。むやみに動き回ると水面に落ちてしまい，そのまま溺れたり満ち潮とともにマングローブ林に入り込んできた魚に食べられたりと危険である。したがって，マングローブスズの体内時計は，満潮を「予測」して予め避難するために重要なのではなく，満潮と休息する時間帯を合わせるのに重要であると考えられる。

おわりに

　生物リズムの研究は，一般的には生態学分野の研究とは言わないかもしれない。実際，これまで生態学を専門としてきた筆者にとって，本格的なリズム研究は初めての経験であり，研究を進めるにあたっては常に手探りの状態であった。しかしながら，マングローブスズが概潮汐リズムを持つ意味について考えていると，生物リズムの研究も広い意味で生態学的研究と言えるのではないかと思う。生態学は，生物が環境にどのように調和（適応）しているかを理解することを目的としており，対象生物の生息環境や生活史などを研究する学問である。生物にリズムが存在する理由，言い換えると，生物が体内時計を持つ意味（適応的意義）は，環境サイクルへの調和である。つまり，明暗や潮の満ち引きを読み取り，そのサイクルに合わせて活動する個体は，環境サイクルを無視して活動する個体より，わずかでも高い確

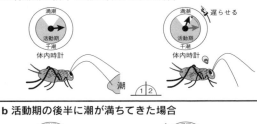
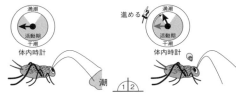

図8 マングローブスズの体内時計の調節について擬人的に表した図
a: 体内時計が干潮を指している時間帯（活動期）の前半に潮が満ちてきた場合，体内時計を遅らせることで活動リズムを潮汐サイクルに合わせる。
b: 活動期の後半に潮が満ちてきた場合，体内時計を進めることで活動リズムを潮汐サイクルに合わせる。

率で生き残り，少しでも多くの子どもを残すということである。環境サイクルを無視すれば，生存や繁殖に不適な時期に活動することになり死亡率が高まるのは当然と言える。これまで体内時計の研究の多くは，その生理的・分子的な仕組みに注目してきたが，野外のさまざまな環境サイクル（潮汐周期，日周期，半月周期，月周期，年周期など）にどのように調和しているのか，という生態学的観点から生物リズムを捉え研究するのも意義深いと思う。今後ますます生態学者による生物リズム（体内時計）の研究が増えることを期待したい。

引用文献

Akiyama, T. 2004. Entrainment of the circatidal swimming activity rhythm in the Cumacean *Dimorphostylis asiatica* (Crustacea) to 12.5-hour hydrostatic pressure cycles. *Zoological Science* **21**: 29-38.

Barnwell, F. H. 1966. Daily and tidal patterns of activity individual fiddler crab (Genus *Uca*) from the woods hole region. *Biological Bulletin* **130**: 1-17.

Chabot, C. C. *et al.* 2008. Rhythms of locomotion expressed by *Limulus polyphemu*, the American horseshoe crab: I. Synchronization by artificial tides. *Biological Bulletin* **215**: 34-45.

Cummings, S. M. & E. Morgan. 2001. Time-keeping system of the eel pout, *Zoarces viviparous*. *Chronobiology International* **18**: 27-46.

Enright, J. T. 1965. Entrainment of a tidal rhythm. *Science* **147**: 864-867.

Evans, W. C. 1976. Circadian and circatidal locomotor rhythms in the intertidal beetle *Thalassotrechus barbarae* (Horn): Carabidae. *Journal of Experimental Marine Biology and Ecology* **22**: 79-90.

Foster, W. A. & R. B. Moreton. 1981. Synchronization of activity rhythms with the tide in a saltmarsh collembolan *Anurida maritima*. *Oecologia* **50**: 265-270.

Gibson, R. N. 1965. Rhythmic activity in littoral fish. *Nature* **207**: 544-545.
Gray, D. R. & A. N. Hodgson. 1999. Endogenous rhythms of locomotor activity in the high-shore limpet, *Helcion pectunculus* (Patellogastropoda). *Animal Behaviour* **57**: 387-391.
Harris, G. J. & E. Morgan. 1984. The effects of salinity changes on the endogenous circa-tidal rhythm of the amphipod *Corophium volutator* (Pallas). *Marine Behaviour and Physiology* **10**: 199-217.
Kim, W. S. *et al.* 1999. Endogenous circatidal rhythm in the Manila clam *Ruditapes philippinarum* (Bivalvia: Veneridae). *Marine Biology* **134**: 107-112.
桃下大　1999a．冠水するヨドシロヘリハンミョウの巣孔と幼虫の行動について（1）．昆虫と自然 **34**: 35-38.
桃下大　1999b．冠水するヨドシロヘリハンミョウの巣孔と幼虫の行動について（2）．昆虫と自然 **34**: 37-41.
Naylor, E. 1958. Tidal and diurnal rhythms of locomotory activity in *Carcinus maenas* (L.). *Journal of Experimental Biology* **35**: 602-610.
佐藤綾　2009a．陸生昆虫の示す概潮汐リズム．時間生物学 **15**: 16-20.
佐藤綾　2009b．潮間帯に生息する地表性昆虫の活動リズムと体内時計．*Edaphologia* **85**: 53-58.
佐藤綾　2012．概潮汐リズム．海老原史樹文・吉村崇（編）時間生物学（Dojin Bioscience Series 02），p. 190-200．化学同人．
Satoh, A. & S. Hayaishi. 2007. Microhabitat and rhythmic behavior of tiger beetle *Callytron yuasai okinawense* larvae in a mangrove forest in Japan. *Entomological Science* **10**: 231-235.
Satoh, A. *et al.* 2006. Circatidal rhythmic behaviour in the coastal tiger beetle *Callytron inspecularis* in Japan. *Biological Rhythm Research* **37**: 147-155.
Satoh, A. *et al.* 2008. Circatidal activity rhythm in the mangrove cricket *Apteronemobius asahinai*. *Biology Letters* **4**: 233-236.
Satoh, A. *et al.* 2009. Entrainment of the circatidal activity rhythm of the mangrove cricket, *Apteronemobius asahinai*, to periodic inundations. *Animal Behaviour* **78**: 189-194.

第4章　時を測るミツバチ：コロニーの活動リズムはどのように決まるのか

渕側　太郎（京都大学大学院農学研究科）

ミツバチ時間研究の歴史と広がり

　ミツバチにおいて概日リズムに関する研究は長い歴史がある。その始まりは，彼女ら*1 がテラスにある食卓に餌があってもなくても毎日朝食の時間にやってくることに，あるスイスの研究者が気づき，彼女らに時間感覚があると報告したことである（Forel, 1910）。ミツバチとは全世界に分布するハチ目ミツバチ科 Apis 属の昆虫の総称で，現在9種報告されている（高橋, 2006）。多くの研究はヨーロッパ・アフリカに分布するセイヨウミツバチ（Apis mellifera）で行われており，以下で出てくるミツバチとは、特に断りがない限り，セイヨウミツバチである。ミツバチが内因的な1日周期のリズム（概日リズム）を持っているか否かという問いは，フランスで訪花時刻を学習したハチたちを，コロニー*2 まるごと時差のあるアメリカへ飛行機で短時間に移動させる実験によって決着がついた（Renner, 1960）。到着先では，彼女らはその地の時刻ではなく，元いた場所の訪花時刻の24時間後に採餌に出かけたのである（Renner, 1960）。

　また，ミツバチと言えば，餌場の位置を仲間に知らせる8の字ダンスが知られている。ミツバチの8の字ダンスにおいて，ハチは巣の中で真下に垂れ下がる巣板の上でダンスを踊るが，そのダンスの方向と重力方向の角度が，餌場の方角と太陽方向に対応しているので，ハチが巣を出た後，太陽を基準にどの方向に飛んでいけばよいのかがわかるのである。しかしこの方法では，太陽の方角が時刻とともに変化することがネックになる。これを解決するために，実際に彼女らは時刻とともにダンスの方向を変え，餌場と太陽の角度関係の変化に対応している。ミツバチの8の字ダンスはその角度をじわじわと変えているの

---

*1：ハチやアリでは，働きバチ，働きアリはすべてメス（オスは特定の時期に繁殖のみ行う）であることから，ハチ・アリの集団はほとんどメスで構成される。そのため，このように表現した。

*2：同じ巣やなわばりで生活する個体の集合体。基本的に1つの血縁集団で構成される。ミツバチの場合，コロニー≒巣と考えて差し支えない。

である。しかも，それを巣から出ないで，つまり，太陽を見ないでもそれを行うことができる（von Frisch, 1967）。この事実は，ハチの体内時計の仕掛けが，一定の時間が経過するとポンと回路がつながるような単純なスイッチのようなものというより，刻一刻と時刻を示すまさに時計と呼ぶのがふさわしいものであることを示唆した。

概日リズムは生物の様々な機能と結びつき，生物の生存や繁栄に貢献する。例えば，同所的に近縁なミツバチ種が棲むインドネシアのボルネオ島では，種間でオスの婚姻飛翔時刻を変えることによって，異種間交雑を防いでいる（Koeniger et al., 1996）。また，ミツバチは，花をつける植物のより多い朝方に学習能をより強化することで（Moore et al., 1989; Lehmann et al., 2011），学習にかかるコスト（Mery & Kawecki, 2003）の無駄を省いていると考えられている（Lehmann et al., 2011）。

このように，概日リズムに関するミツバチの研究には長い歴史があるが，最も注目すべきであるにもかかわらず解明されてこなかった現象がある。それは，個体どうしがかかわり合うことで彼女らのリズムがどのように調節されるのかという部分である。これは社会的影響と呼ばれている。その社会的影響の1つとして，個体間のリズムの同期がある。ミツバチでは多数の巣仲間が集まった社会を形成しているが，巣の中は日照サイクルから隔絶されていつも暗い。そして，巣内や巣外の仕事に従事する個体がそれぞれいる（Seeley, 1995）ため，個体間でリズムを同期すれば効率よく巣外の環境サイクルに自身のサイクルを同期できると考えられる。また，もう1つの社会的影響としてリズムのコロニー内多型がある。ミツバチのコロニーでは通常1個体の生物がこなす繁殖，育児，採餌といった仕事を個体間で分業をしている。こうした分業が達成されるために個体間でリズムが変えられているのか。そういったことは未解明である。本章では，この主にコロニーを形成する昆虫に焦点を当て，その中における個体間のリズムの同期，リズムのコロニー内多型について過去の研究から最近の研究の進展までを紹介する。

1. 個体間のリズムの同期（社会的同調）

1.1. 働きバチ間のリズムの同期

近年，我々人間の仕事のスタイルは，場所や時間という意味で，大きく変わ

りつつあるように見える。モバイル機器は我々を仕事をする場所や時間の制約から解放し，たとえ同僚が別の場所にいても効率よく仕事を進められることを可能にする。しかし，人間以外の生物は，そういった道具を持っていないので，これまでの我々と同じように，1つの場所に集まり，共に働き，場合に応じて役割を分担する。

　数千〜数万匹の働きバチが同居し，8の字ダンスを用いて仲間を蜜源に動員するシステムを有するミツバチは，集団で採餌をし，巣では集団で食糧貯蔵をする。採餌から食糧貯蔵までの一連の仕事においては，採餌バチが集めてきた餌を受け取り，適切な場所に貯蔵する個体や，保存がしやすい形に処理する個体も働く。巣は木のうろなどに造られ，内部には光の情報がほとんど入り込まない環境なので，中で待機しているハチは外の時刻を知る手がかりがない。しかし，採餌バチがある時刻に集めてくる収穫物を巣内で効率よく処理するためには，彼女らどうしの間で活動タイミングが揃っているほうが都合がいい。

　彼女らに個体間で活動タイミングの同調機構が存在することを初めて示唆したのは，Southwick & Moritz (1987) の研究であった。彼らは，巣でつかまえた働きバチを実験室内に移して50匹をひとグループとし，あるグループには野外と同じタイミングの明暗環境，もう1つのグループには野外とは明暗のタイミングを逆転させた環境，すなわち，"暗明"環境を与えた。このようにして，相対する活動タイミングを持つハチ集団を別々に用意した。それぞれの活動のタイミングは，グループ別に飼育容器中のガスを計器に引き込み，その酸素分圧[*3]をモニターするといった方法によって確認された。それぞれのグループが実際に丸半日ずれたタイミングで活動していることは実験の前にあらかじめ確認された。その後，全暗環境下でそれら2つのグループを網越しに接触させた群と，別々の飼育容器に飼育し飼育容器間の空気だけを流通させた群において，同様にガスの分圧を数日間モニターするという実験が行われた。その結果，網越し接触の群は，それぞれのグループの酸素消費のピークだった時刻のちょうど中間にひとつのピークが現れるようになった。一方，飼育容器間で空気のみを流通させた群においては，酸素消費にピークは見られず，実験を通して平坦に近い酸素消費パターンとなった。このことは，網越し接触の群の場合，2つ

[*3]：計器に引き込まれた酸素分圧が高い・低いということは，すなわち，飼育容器中での酸素の消費が少なかった・多かったと解釈できる。つまりこれは，飼育容器内のハチの活動が少なかった・多かったことを意味し，この実験ではこの方法によって活動活性を測定している。

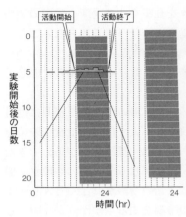

図1　ミツバチのコロニー全体の活動時刻と単離した個体の活動時刻（Frisch & Koeniger, 1994 より改変）
■はもとのコロニーの活動時間。同一の記録を1日分ずらして並べて表示している（ダブルプロット）。総活動量の10%を超えたところを活動開始，90%を超えたところを活動終了とし，コロニーの総活動量の80%が起きている時間帯を活動時間とした（5日目のコロニー活動を，例としてヒストグラムで示す）。活動周期が24.1時間であるため，経過日数に応じて右にシフトしている。
ヒストグラムから伸びる実線は，単離したハチ2個体の総活動量の1日中央値）を例として示したもの。日数を経るごとに■から外れていく。これは，単離したハチの活動時間がコロニーの活動時間からずれていくことを示している。

のグループ間で活動タイミングが同期したことを意味する。一方，飼育容器間の空気を流通させただけの群の場合，同期が起こらず，ガスが混合して見かけ上無周期になったように見えることを意味する。これらの結果は，揮発性の化学物質ではなく，個体間の物理的な接触もしくはごく近傍に伝わる振動を通して，働きバチ個体が他個体の活動タイミングと自身の活動タイミングを同期させることを示している。

　その後，Frisch & Koeniger（1994）によって，働きバチだけを隔離した条件ではなく，コロニー条件において働きバチ間で活動リズムが同期していることを示す実験が行われた。実験ではコロニー全体を巣ごとラボに持ち込み，働きバチが外に出て活動可能な程度の大きさのスペースを与えられた。このようにして，全暗・温度一定条件下でコロニー全体の活動が，ハチの巣の入り口を通過する回数を指標として計測された。並行して，実験開始から数日後（図1の例では4日後），一部の働きバチが巣から取り出され，個体ごとに用意しておいた小さい容器に入れられ，その容器に備え付けられたセンサーによって活動量が測定された。それらの計測は光・温度条件をコロニー全体と単離個体の間で同一にするため，同時に同じ実験スペースで行われた。その結果，取り出した直後は，元々いたコロニーの活動時間帯とほぼ一致したタイミングで活動するが，日が経つにつれて，元々いたコロニーの活動時間帯とのズレが大きくなり，十数日経つと，ほとんどの個体が元のコロニーの活動時間帯から外れた（図1）。つまり，このことは，取り出されたハチは，コロニーに滞在していたときは，コロニー内の他個体とごく近いタイミングで活動していたが，コロニーから離れると，それらの影響がなくなり，自身が持つ固有の概日周期にしたがって活

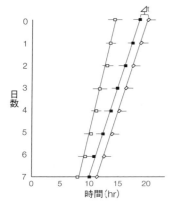

図2 ミツバチ集団において，女王バチの活動タイミングが働きバチの活動タイミングに及ぼす影響 (Moritz & Sakofski, 1991 より改変)
縦軸は恒常条件にて活動タイミング測定を開始した後の日数，横軸は時間を示し，各処理におけるハチ集団の活動ピーク時間をプロットした（例えば測定開始時の野外集団の活動ピークは14時頃であることを示す）。実験室ハチ集団は明暗サイクルを後ろにズラして飼育し活動時間が4～6時間遅れている。回帰直線はプロットされた野外ハチ集団（n=7），実験室ハチ集団（n=14），野外女王入り実験室ハチ集団（n=16）の活動ピーク（±SE）のシフトを見やすくするために記した。野外ミツバチ集団（-□-）の活動タイミングを持つ女王を，6時間遅れの活動タイミングを持つ実験集団（-◇-）に入れると，その集団（-■-）では活動タイミングが女王バチの持つタイミング側（図の左側）にシフトした（Δt）。

動するようになるので，コロニーの活動時間からずれていくと解釈できる。個体間での活動リズムの同調は野外のコロニーにおいても起こっているのである。

1.2. ミツバチ女王が働きバチへ与えるリズム同期効果

　さて，ミツバチの社会を思い浮かべるとき，当然思い当たるのは女王の存在であろう。ここまでは働きバチ間のリズムの同期に着目してきたが，女王が各働きバチの活動タイミングを左右している可能性はないのであろうか。女王の活動タイミングに働きバチが活動タイミングをぴったりと合わせてくるわけではないが，いくらかの影響があることが過去の研究より示されている。Moritz & Sakofski（1991）は，150匹の働きバチの集団に1匹の女王を入れ，この集団の活動タイミングに影響を及ぼすか否かを調べた。まず実験の準備として，女王の入手元となるコロニーからそのまま150匹の働きバチだけをとってきてケージに入れた集団（図2 "野外"）と，女王を導入予定の150匹の働きバチ集団（図2 "実験室"）の両方の内在的活動ピーク時刻を恒常条件に移して調べた。女王導入予定の集団はタイミングの遅れたLDサイクルを実験室にて数日間あらかじめ与えられており，その結果、活動ピーク時刻が4～6時間遅れている（図2 "実験室"）。また，この活動ピーク時刻の測定は恒常条件下で行われているため活動タイミングは彼女らの内在リズムに従い，結果，活動時間が日数が経つにしたがって前にシフトしていく（図2）。さらに，"野外"と"実験室"ではピーク時刻が徐々に近づいて見えるが，2集団間のピーク時刻の周期について，統計上有意差はない。このように準備された"実験室"ハチ集団に"野外"の入手元コロニーからとってきた女王を

表1 異なる時間に野外コロニーから実験室内に隔離された内勤バチの歩行活動開始時刻 (Shemesh et al., 2010 より改変)

"コロニー"はコロニーのID名。"n"はコロニーから実験室へ隔離し活動開始時刻が測定されたハチ個体の総数（サンプルサイズ）。すべての野外コロニーの夜明け時刻は 8:00 A.M.。隔離した時刻にかかわらず内勤バチの活動開始は 8:00 A.M. から 11:00 A.M. に収まっている。

コロニー	n	隔離した時刻	実験室内での活動開始時刻 (mean hh:mm±SE)
A	19	10:00 A.M.	11:08±0:18
B	18	10:00 A.M.	10:20±0:47
C	17	12:00 P.M.	10:47±0:35
D	21	12:30 P.M.	9:13±0:12
E	13	12:30 P.M.	8:57±0:15
F	15	1:00 P.M.	10:34±0:45
G	19	3:30 P.M.	9:22±0:23
H	18	4:00 P.M.	8:34±0:16
I	14	8:00 P.M.	10:47±0:33

導入すると，"実験室"団のハチは $1.4±0.3$ 時間（$n=16$）ピーク時刻が"野外"集団に近づいた（図2"実験室＋野外女王"）。ちなみに，女王バチの代わりに1匹の働きバチ（これも約6時間活動タイミングがずれている）を入れたときは，働きバチ集団に有意な活動タイミングのズレは見られなかった。働きバチの活動が完全に女王の活動タイミングに揃うということはなかったものの，これは働きバチの活動タイミングに女王が影響することを意味する。しかしながら，1匹の女王がすべての働きバチの活動タイミングを揃えるといった劇的な状況は起こっていないと考えられる。

1.3. ミツバチ個体間のリズム同期に関する研究の展望

ミツバチを取り巻く環境は他個体ばかりではなく，もちろん光，温度，湿度から，多個体が密集してエネルギー消費することに由来する CO_2 に至るまで複数の物理的環境因子が日周期的に変化しており（Kronenberg & Heller, 1982），それらすべてが各個体の活動リズムの同調に関与しうる。光については，巣の奥にはほとんど光は届かないと考えられるが，巣の入り口に近いところでは，弱いが十分働きバチに感知できる程度の強さの光が差し込んでおり（Fuchikawa & Shimizu, 2008），一部のハチはこの場所で外界の光サイクルを知ることができる。また，働きバチは，日中連続して光を受けなくても，1日に1回もしくは複数回のごく短い（1時間程度）光照射のみで安定的に光周期に同調できることが示されている（Fuchikawa & Shimizu, 2008）。これらのことから，一部の働きバチ

は，一時的な外出によって外界のサイクルに自身の活動タイミングを揃えることができると考えられている。温度については，個々のハチが日中に35℃以上まで体温を上昇させている（Kaiser 1988; Fuchikawa & Shimizu 2007b）。周期的な高温と低温の温度サイクルも働きバチ個体の活動タイミングを同調させる（Moore & Rankin, 1993; Fuchikawa & Shimizu, 2007a）ことを考えると，コロニー内の温度環境もコロニー内で一致したリズムの形成に寄与している可能性がある。ちなみにコロニー内の温度環境は，巣中心で育児のための保温が行われている（Seeley & Heinrich, 1981）ため，ミツバチ個体が経験する1日のうちの温度環境変化は単純な日周サイクルになっていないと考えられる。巣中心では働きバチの保温行動により1日を通して30℃一定で，それ以外の部分では，外気温変化の影響がよく反映され日周期的に変化する。つまり，30℃から外気と同じ温度までの温度勾配が巣内には常にあるのだが，個々のハチはこの巣内を自由に動き回るので，彼女らがどのような温度環境変化にさらされているのかはよくわかっていない。ともあれ，これらを踏まえると，コロニー内のリズム同期については，個体間の相互作用に加え，これらの作用も含めて考える必要がある。

　最近になって，巣の中心部にいて，光や温度の影響をほとんど受けない，主に育児に携わる内勤バチもコロニーのリズムから外れることなく同期していることを示す結果が得られている（表1；Shemesh *et al.*, 2010）。これらのハチの同調には，社会的同調のメカニズムがより大きな役割を担っていることが予想される。

1.4. ミツバチ以外におけるリズムの個体間同期

　ここまでミツバチの社会的同調に関する研究例を紹介してきたが，他の動物ではどのようになっているのであろうか。概日リズムにおける社会的影響に関する研究では，社会的同調が最も関心を引きつけており，哺乳類を中心に，鳥類，魚類，ショウジョウバエなど多岐にわたって研究されている。多くの種において，個体間のリズム同調現象が確認されており，個体間のリズムの同調は社会性動物に限った現象ではなさそうである。以下では，たった2個体間で同調が見られたシカネズミ（*Peromyscus maniculatus*），年中暗闇で温度も安定な洞窟にすむカグラコウモリの一種（*Hipposideros speoris*）の個体間同調，さらに，分子レベルにまで踏み込んだ研究が進められているキイロショウジョウバエ（*Drosophila melanogaster*）における仲間の匂い刺激による同調現象について，かいつまんで紹介したい。

概日周期が異なる2匹のオスのシカネズミを，うす明かりの下で同じ飼育容器に投入すると，数日間の移行期を経て，あたかも1個体が活動しているかのような活動リズムを示すようになった（Crowley & Bovet, 1980）。それは2匹が再び隔離されるまでの間，20日間以上も続いた。2匹が分離されると再びそれぞれの持つ概日周期で別々に周期的な活動を継続した（Crowley & Bovet, 1980）。この実験における同調は，一方の個体の活動時間に他方の個体が合わせるというもので，2匹の中間的なタイミングで活動を行うといったものではなかった。この種は，野外では1匹のオスと複数のメスとその子たちという単位で生活するので，他のオスと出会うと順位行動をもって優劣関係を形成する（Dewsbury, 1981）。このことが中間的タイミングを形成しないで一方のリズムに同調するという現象を引き起こしていると考えられる。この研究は2個体間で同調が示された珍しい例である。ミツバチではそのような少数個体間で同調が示された報告はなく，グループ内でのみ同調が示されている。

　洞穴性コウモリ（*Hipposideros speoris*）は日光の届かない洞窟の中に集団で生息している（Marimuthu *et al.*, 1978）。この種は日暮れの少し前から行動を開始して，洞窟の入り口付近に移動し，夜間に洞窟外で採餌活動を行い，夜明けとともに洞窟内へ帰ってくる。Marimuthuら（1981）はこのコウモリを捕獲し，同種他個体がいない洞窟内に置かれた飼育容器（金属製のカゴを布で覆い外を見えないようにした）内で単独で飼育し，洞窟外へ出て環境サイクルを知ることができないようにしたうえで，コウモリ個体の行動リズムを飼育容器の動きによって計測しつづけた。その結果，コウモリ個体は環境サイクルから解放され，周期的な行動を自身が持つ内因的な概日周期（24時間より短い）で数十日間におよび継続した。一方，今度は，同様の飼育容器を同種他個体が多数生息する洞窟内に置いて行動リズムを計測した。洞窟内の他個体は通常通り日暮れに洞窟外に採餌に出てゆき，夜明けとともに洞窟に帰ってくる。この条件下では，この飼育容器内のコウモリ個体は，飼育容器外の他個体と同様に，洞窟外の日周サイクルに一致したちょうど24時間の行動リズムを示した。この事実は，本種では他個体由来の手がかり（飛翔音，鳴き声，匂い）だけでも個体の活動タイミングを同調するのに十分であることを意味する。日光の届かない洞窟内においては環境からの時刻情報を得るうえで，個体間のコミュニケーションの重要性が増すと予想される。この研究はそのことを示した実例と言える。

　ショウジョウバエは遺伝子改変を行う系が確立しており，分子レベルで生物現象を解明するのに向いている。ショウジョウバエで，オス個体を同時に数十

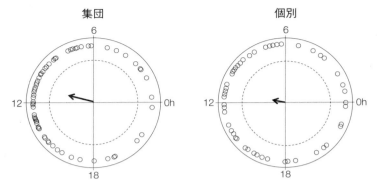

図3 キイロショウジョウバエ歩行活動タイミングの同期性に及ぼす集団飼育の影響
(Levine et al., 2002 より改変)
○は1個体の活動ピーク時刻を表す。矢印の方向は全個体の平均活動ピーク時刻を，矢印の長さは活動の同期性を示し，長いほどよく同期していることを示す。最大値は1（外側の点線の円），最小値は0。集団飼育のとき活動タイミングの同期性は有意に大きかった（$P=0.02$）。集団飼育 $n=87$，個別飼育 $n=58$。

匹の集団で飼育すると，単独で飼育した時に比べ，個々の個体のリズムの位相が一致していることがわかった（図3, Levine et al., 2002）。このリズムの同調はハエのいるコンテナからの空気だけでも起こった。また，嗅覚の主要な部分を担う受容体を遺伝子操作で取り除かれたハエを用いて同様の実験を行うとリズムの同調が抑制された。このことは，ショウジョウバエにおいてリズムの個体間同調が存在し，それは嗅覚系を介して起こっていることを示唆するものである。

1.5. 個体間のリズム同期のまとめ

個体間のリズム同期現象は，すべての動物種においてではないが，社会性動物，非社会性動物を問わず見られる。同期の方法は，ミツバチの場合は直接接触が示唆されたが，ショウジョウバエやコウモリの場合は，それとは異なった間接的な方法で行われており，生物種に共通の方法があるとは言えない。個体間のリズム同期現象について，基本的には1個体対1個体の共存によって，リズムがどのように変化するのか解析するアプローチが最も合理的であると考えられるが，現在観察されている個体間リズム同期現象はシカネズミを含む少数の例を除いて，主に集団に対する個体または集団の同期現象として観察されている。一般的には，1個体のみから生じる手がかりは，リズムを同期させるには小さすぎるのかもしれない。

個体間の相互作用において想定される伝達経路である直接的接触や匂いや音

などは，どのように生物個体に受け取られてリズムの中枢まで伝達されるのだろうか．そのレベルまで明らかにする道のりは長いが，近年急速に整いつつあるゲノムや発現遺伝子などの網羅的な解析によって，個人レベルの研究規模でもアプローチが可能になりつつある．また，リズム研究につきまとう，同時に複数の個体の行動記録をとるという技術的困難も，パソコン性能の向上とともに，今後よりアプローチしやすくなっていくだろう．

2. 個体間と個体内のリズムの分化——コロニー内多型

2.1. ミツバチリズムのコロニー内多型

社会性昆虫の特筆すべき特徴の1つに"分業"があげられる．通常，社会性昆虫では，メスどうしの間で女王と働きバチというように繁殖上の分業がなされている．コロニーの中に数千〜数万の働きバチを抱えるミツバチは，さらに働きバチの間でも，コロニー内での仕事内容上の分業が存在し，それは羽化後の日齢によって変化するので齢差分業（age-related division of labor）と呼ばれる．働きバチの寿命は羽化後約40日あるが，前半の20日には巣内で育児や巣の構築などの内勤仕事，後半の20日には巣外へ出かけ，蜜や花粉などを採集する外勤仕事に従事する．

巣内で内勤する働きバチは内勤バチ，外勤する働きバチは外勤バチといい，これらの間で行動リズムが異なることが知られている（Crailsheim et al., 1996; Moore et al., 1998）．つまり，内勤バチでは活動期と非活動期の1日周期のサイクルはなく，1日中，少し働いたり少し休んだりを繰り返しているのに対し，外勤バチは日の出ている間は活動的で，夜間にはじっとおとなしくしている（図4）．これらは，実験室内で光や温度を一定にしても同様であることが確認されており，内勤バチは単純に巣の中が暗いから昼夜の差なく仕事をする，外勤バチは昼夜の明暗サイクルがあるから昼夜のサイクルで働く時間と休む時間を決めているというわけではなさそうである．

これらの行動リズムの違いが内因的に生じていることを示す証拠として，内勤バチと外勤バチの間における時計遺伝子 *period* の発現パターンの違いがあげられる．この時計遺伝子 *period* がミツバチの行動リズムを支配しているという直接の証拠はまだないが，ショウジョウバエ（Konopka & Benzer, 1971）や他の昆虫（Moriyama et al., 2008）において *period* による行動リズム支配は確認されて

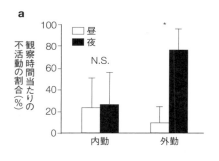
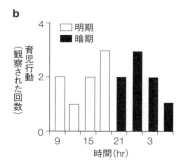
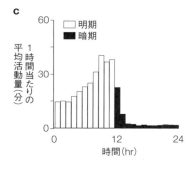

図4 内勤バチと外勤バチの行動リズムの比較
a：昼と夜それぞれにおける観察された時間当たりの不活動が見られた割合（mean±SD, n=4）。*は昼と夜の間における有意差を示す（P<0.05）（Crailsheim *et al.*, 1996 より改変）。**b**：内勤バチの昼夜におよぶ育児行動。明期，暗期の観察時に観測された育児行動の回数を示す（Shemesh *et al.*, 2007 より改変）。**c**：外勤バチの歩行行動。明期，暗期に観測された歩行行動の単位時間当たりの割合を示す（各時刻においてn=19）（Moore & Rankin 1993 より改変）。

おり，ミツバチにおいてもそれは当てはまると考えられている（Toma *et al.*, 2000; Rubin *et al.*, 2006; Shemesh *et al.*, 2007）。このミツバチの *period* 遺伝子は脳内において1日の周期で発現量の増減サイクルを示すことがわかっている（Toma *et al.*, 2000; Shimizu *et al.*, 2001）。Tomaら（2000）は，ミツバチ脳内の *period* の mRNA をリアルタイム PCR を用いて数日間にわたって定量したところ，外勤バチの脳では1日の周期で大きな振幅で増減が見られるのに対し，内勤バチでは振幅はごく小さいか目立った振幅が見られないことを報告した。このように，内勤バチと外勤バチの間の行動リズムの違いは，リズムの発振を司る中枢の時計遺伝子 *period* の発現レベルまでさかのぼった場合でも起こっている差異であることがわかる。

　ここまで述べた，内勤バチと外勤バチの行動や遺伝子発現上のリズムの違いは，基本的には日齢依存的に起こると考えられていた。しかしながら，日齢だけでは説明できない早成外勤バチの存在（Huang *et al.*, 1992, Toma *et al.*, 2000）や，外勤バチの内勤化によるリズム消失（Bloch & Robinson, 2001）の現象も報告されている。これらは，コロニーに何か突発的な事象が起こった場合に生じる可能

性がある。例えば，捕食者により大量の外勤バチが犠牲になった場合，もしくは，女王の産卵スケジュールが乱れ，一時的に新しく羽化してくる内勤バチの供給が激減した場合，特定のタスクに従事する働きバチ（内勤バチや外勤バチ）が極端に不足する事態に陥る。前者の場合，つまり，採餌に従事する外勤バチが極端に少なくなった場合，内勤バチの一部が通常よりごく若い日齢で外勤化し早成外勤バチとなることが知られている（Huang et al., 1992）。そのような早成外勤バチは，通常の外勤バチが示すものと同様の行動パターンを示す（Huang et al., 1992）。そのとき，時計遺伝子 period についても，通常の外勤バチ同様の高い発現量を示す（Toma et al., 2000）。一方，後者の場合，つまり，内勤バチが極端に少なくなった場合，一部の外勤バチは日周期的ではなく，絶え間ない活動で幼虫の世話を行うようになり（Bloch & Robinson, 2001），彼女らの脳内の時計遺伝子 period の mRNA の発現リズムも小さい振幅かほとんど振幅が見られなくなる（Shemesh et al., 2010）。このように彼女らの複数の行動リズムパターンは日齢では説明できない要因で制御され，それらは彼女らの従事する仕事内容によって制御されていることがうかがえる。

　彼女らの従事する仕事内容によってその複数の行動リズムパターンが制御されているという仮説を支持する研究結果が，最近相次いで得られた。内勤バチは主に育児に従事するのでたいてい幼虫のそばに付き添い給餌などの世話をしている（Huang & Otis, 1991）。Shemesh ら（2010）は，通常のコロニーを用いてそのコロニー内の内勤バチの一部を巣の中に用意した網のカゴで隔離し，巣内において多数飼育されている途中の幼虫には接触できないようにした。すると，カゴで隔離された内勤バチは通常は示さないはずの明瞭な活動の日周リズムを示した（図5）。また，巣外でも同様に，育児を行う時期に相当する内勤バチを数十匹隔離してきて，幼虫のいる巣板入りの飼育容器，幼虫のいない巣板が入った飼育容器のそれぞれに飼育して，リズムを観察すると，幼虫のいない方にのみ活動の日周リズムが観察された。このことは，幼虫との接触が働きバチ（内勤バチ）のリズムパターンを変化させることを示す。またさらに，Nagari & Bloch（2012）は触角の前半部分を切り取った内勤バチを作製し，コロニー内に入れ行動を観察したところ，触角を切除された内勤バチは通常は示さないはずの明瞭な活動の日周リズムを示した。このとき，この内勤バチに幼虫の世話をする行動は見られた。このことは，この触角の切除した部分は幼虫を探すことには大きな影響は与えないものの，幼虫から受けるリズムに対する影響には重要な役割を果たしている可能性を示唆する。これらのことは，育児という仕事

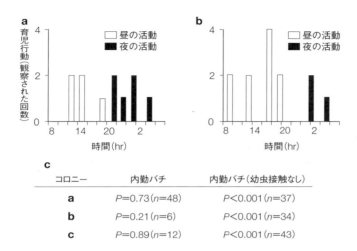

図5 幼虫との接触の有無による内勤バチの育児行動活動時間帯の違い（Shemesh *et al.*, 2010 より改変）
グラフ **a** と **b** に，育児行動が観察された回数を時間ごとに棒グラフで示し，昼（白棒）と夜（黒棒）で色分けした。幼虫のいる巣板上の内勤バチでは昼夜の活動量の差がないが（**a**），幼虫のいない巣板上の内勤バチでは昼の活動が多かった（**b**）。**c**：活動の昼夜差について行った統計解析結果の概要（Wilcoxson signed rank pair-comparison tests）。n は解析したハチ個体数。3 つの異なるコロニーによる繰り返しにおいて同様の結果が得られた。

に必然的に伴う幼虫との接触という出来事に，彼女らの複数の行動リズムパターンの違いを引き起こす鍵が潜んでいることを如実に示している。

さて，働きバチに見られる，「リズムなしで働く」，「明瞭な日周期リズムで働く」，といった行動リズムパターンはそれぞれどういったメカニズムで引き起こされるのだろうか。明瞭な行動リズムを持つ外勤バチは，他の動物と同じような機構で時計遺伝子振動から行動リズムに至るまで制御されていると考えてよいだろう。しかし，同一の身体の仕組みにもかかわらず，内勤バチには，一見行動にも時計遺伝子発現にもリズムが見られない。これを実現する仕組みとはどのようなものだろうか。もちろんその違いは，行動リズムの中枢があることが他の動物でも示されている組織，すなわち，脳に潜んでいると考えられる。すでに述べたように内勤バチと外勤バチの脳内の時計遺伝子 *period* の発現パターンは明瞭に異なり，内勤バチではほとんど振幅は見られず，外勤バチでは明瞭な日周期的振幅がある。この時計遺伝子 *period* の発現量の増減が 1 日で 1 サイクルすることが，ミツバチ脳内の時計の時刻が 24 時間かけて 1 周することと対応する。この 1 日かけて増減する *period* は，内勤バチの脳全体から抽出した

mRNAを見てみたとき，ほとんど増減していない (Toma et al., 2000)。しかし，幼虫との接触がなくなるとすみやかに行動リズムを復活させ，このmRNAのリズムも復活する (Shemesh et al., 2010)。しかも，復活したリズムの位相は幼虫との接触がなくなった時刻依存的に決まるのではなく，元々いたコロニーの活動タイミングと一致している (Shemesh et al., 2010)。このことは脳内のどこかで時計が動きつづけて時が刻まれており，社会的環境の変化に応じて，脳全体的な時計遺伝子発現が再開され，行動リズムが復活することを示す。この内勤バチで見られる時計遺伝子発現振幅の抑制と，リズム抑制解放後の速やかなリズム回復はどのような機構によって実現されているのか。現在，ありうるシナリオを用意して，内勤バチ脳内の時計遺伝子発現を免疫組織学的手法で筆者自身が解析しているところである。

2.2. 女王の行動リズムの多型

ところでコロニーの中で重要なカーストである女王の行動リズムはどのようになっているのだろうか。先ほど女王が及ぼすリズム同期効果について説明したが，ミツバチでは，通常，コロニーの中で産卵している女王は見かけ上，つまり，行動上はリズムを示さない (Johnson et al., 2010)。ところが女王にも行動上においてリズムが見られる局面がある。それは，交尾前である。未交尾の女王は，1年のうち交尾の行われる春に，1日の特定の時刻に飛翔するオスのところに飛んで行き交尾を成功させる (Koeniger & Koeniger, 2000)。巣内において，未交尾女王が行動リズムを示すという証拠は実はまだ得られていないが (Johnson et al., 2010)，婚姻飛翔行動にはリズムが見られることを考えると，潜在的に行動リズムを持っていると考えられる。ミツバチのコロニー内で，女王は交尾をする時期と産卵する時期とで異なる行動リズムのパターンを使い分けているようである。

マルハナバチ (*Bombus terrestris*) 女王においても，幼虫の有無によりリズムの変化が起こることが報告されている (Eban-Rothschild et al., 2011)。マルハナバチはミツバチと異なり，コロニーでは冬を越さない。越冬するのは女王のみである。越冬した女王が，春先に産卵・育児をし，コロニーが大きくなってくると育児が働きバチの育児係に引き継がれる。産卵のみのミツバチ女王と違って，マルハナバチでは女王の育児が観察可能である。Eban-Rothschildらは，羽化数日後の未交尾若バチ，幼虫を携えた交尾済み女王，幼虫を取り上げた交尾済み女王を用意し，幼虫を携えた交尾済み女王だけでリズムが抑制されることを示し

た。この種では産卵前からリズムがなくなるので、幼虫との接触がリズムを変えているわけではなさそうである。この点で、マルハナバチの行動リズムの制御システムは、幼虫との接触に支配されていたミツバチの働きバチとは異なるものであると考えられる。

2.3. 他の社会性昆虫のリズム多型

　ここまではミツバチを中心に労働個体の分業に伴う行動リズムパターンの違いについて説明した。他の社会性昆虫種[*4]ではどうなっているのだろうか。マルハナバチにおいて、労働個体の分業は体サイズに依存している（Alford, 1975; Michener, 1974）。Yerushalmi ら（2006）は、コロニー内の行動観察と実験室における1匹ずつの行動計測により、労働個体の体サイズと行動リズムとの関係を調べた。その結果、体サイズの大きい労働個体は明瞭なリズムを示し、採餌行動に従事するのに対し、小さい労働個体はリズムが見られず育児に従事することが示された。マルハナバチ労働個体ではサイズ間で分業が行われているため、サイズによる概日リズムの違いが見られた。しかし、これも従事する仕事内容による概日リズムの違いと考えれば、本質的には働きバチと同様の概日リズムパターンの制御が行われていると考えられる。

　ハチと同じ仲間のアリでも従事する仕事内容の違いに注目して行動リズムが調べられている。働きアリ間での仕事の割り当て（task allocation）の研究でよいモデルとされている収穫アリの*Pogonomyrmex*属はアメリカ大陸の砂漠地帯に生息する。彼らは1万前後の個体からなるコロニーを形成する。ミツバチと同様に若い個体は地中深くで女王のそばに滞在して育児を行い、老齢の個体は地上付近で門番や採餌を行う（Gordon, 1999; Gordon *et al*., 2005）。Ingram ら（2009）は、この種のアリを実験室でコロニーごと飼育し、採餌をする個体、羽化して間もない育児をする個体に分け、それぞれ歩行行動リズムと時計遺伝子*period*の発現パターンを調べた。その結果、ミツバチと同様に、採餌個体で明瞭な行動リズムと大きな振幅の時計遺伝子発現パターンが得られた（図6）。育児個体ではそのようなリズムは見られなかった。このように従事する仕事内容の違いによって行動リズムが変化し、そのとき時計遺伝子レベルまでもが変化していることは種を越えて、社会性昆虫間、少なくとも膜翅目昆虫の中では共通のシ

[*4]：ハチ、アリ、シロアリに見られるように、繁殖の分業を持つ昆虫種のこと。アブラムシやアザミウマも社会性昆虫にしばしば含められる。本稿ではシロアリ、アブラムシ、アザミウマのリズムについては紙面の制約上触れない。

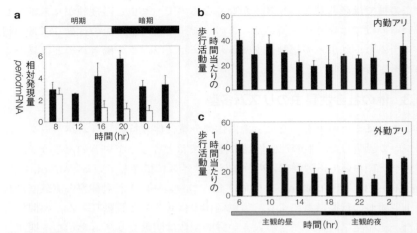

図6 収穫アリ Pogonomyrmex occidentalis におけるワーカー個体間の時計遺伝子 period 発現パターンと行動の違い (Ingram et al., 2009 より改変)
a: ワーカー個体の脳における時計遺伝子 period の相対発現量。コロニーは実験室内で LD12:12 で飼育された。一時刻につき異なる4コロニーの平均を示す (mean±SE)。1コロニーの値は3個体の平均より得られた。**b**: 内勤アリ個体の平均歩行活動量を示す (n=6)。昼のはじめに小さいピークが見られるが，全体を通して顕著な違いは見られない。**c**: 外勤アリ個体の平均歩行活動量を示す (n=5)。昼の活動が暗期の約2倍程度見られた。

ステムであると考えられる。

また，さらに Jong & Lee (2008) の研究によると，クロトゲアリ (Polyrhachis dives) は，育児個体が幼虫を持つとリズムが抑制され，幼虫を持っていないときリズムを示すことを報告した (図7)。また，この種は1つのコロニーに複数 (平均約50匹) の女王が存在することが知られている。この複数の女王間で，産卵に従事する優位女王とそうでない劣位女王に分かれているが，優位女王でリズムが抑制されていることも示された。このように従事する仕事の内容の違いによって行動リズムが異なる現象は社会性昆虫において多数報告されている。

2.4. コロニー内リズム多型のまとめ

多くの生物は明暗サイクルの下で生活しているため，生物は普遍的に昼夜のリズムを持って生活していると考えがちである。しかしながら，本章において，コロニーで生活する社会性昆虫は，特に育児といった仕事に従事する場合，リズムを持たない傾向が見られることを紹介した。コロニーにおいて育児の際にリズム消失する利点は，育児の空白時間ができないことによる幼虫の発達速度

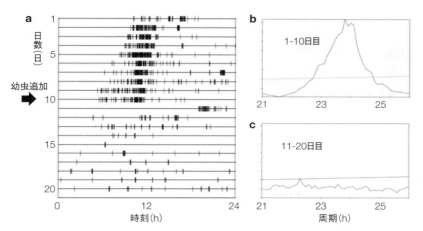

図7 クロトゲアリ個体の飼育環境における幼虫との接触(追加)前後での内勤アリの歩行活動リズムの違い(Jong & Lee, 2008 より改変)
最初の10日間は内勤アリ単独で,続く10日間は幼虫を与えた。左側のグラフ **a** では,実験開始後の各日(縦軸)における24時間内(横軸)で観察された歩行活動を短い縦棒で示した。活動が盛んな時間帯では縦棒が密集して表現される。右側のグラフ(**b**, **c**)は歩行活動より解析された推定概日周期の統計結果を示す。1～10日目では約24時間付近に顕著な推定概日周期が見られる(**b**)が,11～20日目では顕著な推定概日周期が見られない(**c**)。

の促進であると考えられる。分業が可能になったおかげで,育児をする個体は多くの生物が備える行動上のリズムを失うに至ったのである。どのように行動リズムを消失させているのか,そのメカニズムの研究も先ほど述べたように興味深いテーマである。これらを通して,コロニーにおけるリズムの調節が明らかになるだろう。

おわりに

　ミツバチを中心にコロニーにおけるリズムの調節について,特に個体間リズム同期と分業におけるリズム変化に注目して研究の動向を紹介した。社会性昆虫において行動の基盤となっている概日リズムを明らかにすることは,社会性昆虫の複雑な行動,個体間コミュニケーション,分業,採餌,ナビゲーションなどあらゆる事柄の理解に重要な足がかりとなることが期待できる。また,社会性昆虫が環境に応じて概日リズムを変化させることの理解は野外における生物リズムの適応的意義の理解に繋がるとともに,動物社会の組織化についての格好のモデルを提供するだろう。この解説を読んで新たな着想を得た学生や若

者がさらなる研究の発展に力を発揮してくれることを心から期待したい。

謝辞

本稿に貴重なコメントをくださった清水勇氏（京都大学名誉教授），岡田泰和氏（東京大学大学院総合文化研究科）ならびに温かく迎え入れていただき日々研究の相談に乗ってくださったヘブライ大のBloch研のラボの皆様，また，京都大学大学院農学研究科松浦研究室の皆様，日本学術振興会および査読者の方に感謝いたします．

引用文献

Alford, D. V. 1975. Bumblebees. Davis-Poynter.
Bloch, G. & G. E. Robinson. 2001. Chronobiology—Reversal of honeybee behavioural rhythms. *Nature* **410**: 1048.
Crailsheim, K. *et al.* 1996. Diurnal behavioural differences in forager and nurse honey bees (*Apis mellifera carnica* Pollm). *Apidologie* **27**: 235-244.
Crowley, M. & J. Bovet. 1980. Social synchronization of circadian rhythms in deer mice (*Peromyscus maniculatus*). *Behavioral Ecology and Sociobiology* **7**: 99-105.
Dewsbury, D. A. 1981. Social dominance, copulatory behavior, and differential reproduction in deer mice (*Peromyscus maniculatus*). *Journal of Comparative Physiology Psychology* **95**: 880-895.
Eban-Rothschild, A. *et al.* 2011. Maternity-related plasticity in circadian rhythms of bumble-bee queens. *Proceedings of the Royal Society B: Biological Sciences* **278**: 3510-3516.
Forel, A. H. 1910. Das Sinnesleben der Insekten. Ernst Reinhardt Verlag.
von Frisch, K. 1967. The dance language and orientation of bees. The Belknap Press of Harvard University Press.
Frisch, B. & N. Koeniger. 1994. Social synchronization of the activity rhythms of honeybees within a colony. *Behavioral Ecology Sociobiology* **35**: 91-98.
Fuchikawa, T. & I. Shimizu. 2007a. Effects of temperature on circadian rhythm in the Japanese honeybee, *Apis cerana japonica*. *Journal of Insect Physiology* **53**: 1179-1187.
Fuchikawa, T. & I. Shimizu. 2007b. Circadian rhythm of locomotor activity in the Japanese honeybee, *Apis cerana japonica*. *Physiological Entomology* **32**: 73-80.
Fuchikawa, T. & I. Shimizu. 2008. Parametric and nonparametric entrainment of circadian locomotor rhythm in the Japanese honeybee *Apis cerana japonica*. *Biological Rhythm Research* **39**: 57-67.
Gordon, D. 1999. Ants at work: how an insect society is organized. Free Press.
Gordon, D. M. *et al.* 2005. Variation in the transition from inside to outside work in the red harvester ant *Pogonomyrmex barbatus*. *Insectes Sociaux* **52**: 212-217.
Huang, Z. Y. & G. W. Otis. 1991. Inspection and feeding of larvae by worker honey-bees (Hymenoptera, Apidae) - Effect of starvation and food quantity. *Journal of Insect Behavior* **4**: 305-317.

Huang, Z. Y. & G. E. Robinson. 1992. Honeybee colony integration: Worker-worker interactions mediate hormonally regulated plasticity in division of labor. *Proceedings of the National Academy of Sciences of the USA* **89**: 11726-11729.

Ingram, K. *et al.* 2009. Expression patterns of a circadian clock gene are associated with age-related polyethism in harvester ants, *Pogonomyrmex occidentalis*. *BMC Ecology* **9**: 7.

Johnson, J. N. *et al.* 2010. Absence of consistent diel rhythmicity in mated honey bee queen behavior. *Journal of Insect Physiology* **56**: 761-773.

Jong, J. J., & H. J. Lee. 2008. Differential expression of circadian locomotor rhythms among castes of the gray-black spiny ant, *Polyrhachis dives* (Hymenoptera: Formicidae). *Sociobiology* **52**: 167-184.

Kaiser, W. 1988. Busy bees need rest too: behavioral and electromyographical sleep signs in honeybees. *Journal of Comparative Physiology A* **163**: 565-584.

Koeniger, N. *et al.* 1996. Reproductive isolation of *Apis nuluensis* Tingek, Koeniger and Koeniger, 1996 by species-specific mating time. *Apidologie* **27**: 353-359.

Koeniger, N. & G. Koeniger. 2000. Reproductive isolation among species of the genus *Apis*. *Apidologie* **31**: 313-339.

Konopka, R. J. & S. Benzer. 1971. Clock mutants of *Drosophila melanogaster*. *Proceedings of the National Academy of Sciences of the USA* **68**: 2112-2116.

Kronenberg, F. & H. C. Heller. 1982. Colonial thermoregulation in honey bees (*Apis mellifera*). *Journal of Comparative Physiology B* **148**: 65-76.

Lehmann, M. *et al.* 2011. The early bee catches the flower - circadian rhythmicity influences learning performance in honey bees, *Apis mellifera*. *Behavioral Ecology Sociobiology* **65**: 205-215.

Levine, J. D. *et al.* 2002. Resetting the circadian clock by social experience in *Drosophila melanogaster*. *Science* **298**: 2010-2012.

Marimuthu, G. *et al.* 1978. Social synchronization of the activity rhythm in a cave-dwelling insectivorous bat. *Naturwissenschaften* **65**: 600.

Marimuthu, G. *et al.* 1981. Social entrainment of the circadian rhythm in the flight activity of the microchiropteran bat *Hipposideros speoris*. *Behavioral Ecology and Sociobiology* **8**: 147-150.

Mery, F. & Kawecki, T. J. 2003. A fitness cost of learning ability in *Drosophila melanogaster*. *Proceedings of the Royal Society B: Biological Sciences* **270**: 2465-2469.

Michener, C. D. 1974. The social behaviour of the bees. The Belknap Press of Harvard University Press.

Moore, D. *et al.* 1989. The influence of time of day on the foraging behavior of the honeybee, *Apis mellifera*. *Journal of Biological Rhythms* **4**: 305-325.

Moore, D. *et al.* 1998. Timekeeping in the honeybee colony: Integration of circadian rhythms and division of labor. *Behavioral Ecology Sociobiology* **43**: 147-160.

Moore, D. & M. A. Rankin. 1993. Light and temperature entrainment of a locomotor rhythm in honeybees. *Physiological Entomology* **18**: 271-278.

Moritz, R. F. A. & Sakofski, F. 1991. The role of the queen in circadian rhythms of honeybees (*Apis mellifera* L.). *Behavioral Ecology Sociobiology* **29**: 361-365.

Moriyama, Y. *et al.* 2008. RNA interference of the clock gene period disrupts circadian rhythms in the cricket *Gryllus bimaculatus*. *Journal of Biological Rhythms* **23**: 308-318.

Nagari, M. & G. Bloch. 2012. The involvement of the antennae in mediating the brood influence on circadian rhythms in "nurse" honey bee (*Apis mellifera*) workers. *Journal of Insect Physiology* **58**: 1096-1103.

Renner, M. 1960. The contribution of the honey bee to the study of time-sense and astronomical orientation. *Cold Spring Harbor Symposia on Quantitative Biology* **25**: 361-367.

Rubin, E. B. *et al.* 2006. Molecular and phylogenetic analyses reveal mammalian-like clockwork in the honey bee (*Apis mellifera*) and shed new light on the molecular evolution of the circadian clock. *Genome Research* **16**: 1352-1365.

Seeley, T. D. 1995. The wisdom of the hive: the social physiology of honey bee colonies. Harvard University Press.

Seeley, T. & B. Heinrich. 1981. Regulation of temperature in the nests of social insects. *In*: Heinrich, B. (eds.), Insect thermoregulation, p. 159-234. John Wiley & Sons.

Shemesh, Y. *et al.* 2007. Natural plasticity in circadian rhythms is mediated by reorganization in the molecular clockwork in honeybees. *FASEB Journal* **21**: 2304-2311.

Shemesh, Y. *et al.* 2010. Molecular dynamics and social regulation of context-dependent plasticity in the circadian clockwork of the honey bee. *Journal of Neuroscience* **30**: 12517-12525.

Shimizu, I. *et al.* 2001. Circadian rhythm and cDNA cloning of the clock gene *period* in the honeybee *Apis cerana japonica*. *Zoological Science* **18**: 779-789.

Southwick, E. E., & R. F. A. Moritz. 1987. Social synchronization of circadian rhythms of metabolism in honeybees (*Apis mellifera*). *Physiological Entomology* **12**: 209-212.

高橋純一 2006. ミツバチ属の分類と系統について. ミツバチ科学 **26**: 145-152.

Toma, D. P. *et al.* 2000. Changes in period mRNA levels in the brain and division of labor in honey bee colonies. *Proceedings of the National Academy of Sciences of the USA* **97**: 6914-6919.

Yerushalmi, S. *et al.* 2006. Developmentally determined attenuation in circadian rhythms links chronobiology to social organization in bees. *Journal of Experimental Biology* **209**: 1044-1051.

第5章　体内時計の回るスピードの違い：アズキゾウムシの概日リズムの遺伝的変異および発育時間との関係

原野　智広（総合研究大学院大学）

はじめに——概日時計と発育期間

　読者のほとんどは，眠りから目覚めて活動し，また眠りにつくというサイクルを日々くり返しているであろう．ヒトを含め大部分の生物は，外界の明暗周期に同調した24時間のリズムで活動している．昼行性の動物であれば，明るい時間に採餌，繁殖，移動などのさまざまな活動を活発に行い，暗い時間には活動を休む．では，昼行性の動物を常に暗い部屋に閉じ込めたら，どうなるであろうか．そのような実験は数多く行われている．多くの動物で，明暗周期がなくても一定の時間は活動し，その後の一定の時間は活動を休むというサイクルが観察され，その周期の長さはおよそ24時間である．明るさや温度といった環境を一定に保った恒常条件下で現れる概ね1日の周期のことを概日リズム（サーカディアンリズム circadian rhythm）と呼ぶ．外界の変化なしにリズムが現れるのは，生物が内因性の測時機構，すなわち体内時計を備えているからである．概日リズムを発生させる体内時計は，概日時計（circadian clock）と呼ばれる．
　生物は，生涯の中でも時間を刻んでいる．生物個体は誕生し，発育し，老化し，そして死に至るという過程を辿る．大部分の生物は，ある齢に達すると発育を終える．ヒトなどの哺乳類は，齢を重ねるにつれて体が大きくなっていくが，ある齢を過ぎると生殖可能になり，体の大きさの増加は止まる．発育に伴って姿が劇的に変わる生物も多い．たとえば，チョウ，ハチ，ハエ，甲虫などの完全変態の昆虫では，卵，幼虫，蛹および成虫という4つのステージがあり，各ステージで一定の時間を経過したら，孵化，蛹化あるいは羽化して次のステージに移行する．成虫になると，体の大きさや形の変化はなくなり，生殖を行う．このように，生物個体は誕生してからの時間を刻み，一定の時間が過ぎると発育を終えるメカニズムを持っている．このメカニズムに体内時計が関係している可能性がある．つまり，体内で時計が回るのが早い個体は早く発育を終え，

時計がゆっくり回る個体では発育終了までに長い時間が経過するのではないかと考えられる。この考えを支持するのが、遺伝的な概日時計の周期の違いと発育期間の関係である。ウリミバエ（*Bactrocera cucurbitae*）では、発育期間に対する人為選択（artificial selection）によって、その関係が明らかにされている。卵から成虫に発育するまでの期間が短い個体を選択して繁殖させ、その子の中からも発育期間の短い個体を選択して繁殖させるということをくり返すと、発育期間が短くなるとともに概日リズム周期も短くなり、反対に発育期間の長い個体を選択していくと、発育期間が長くなるとともに概日リズム周期も長くなった（Shimizu et al., 1997）。この研究は、私の大学院博士課程での指導教官である宮竹貴久先生がかつて行ったものであった（ウリミバエの体内時計については、宮竹（2008a）および宮竹（2008b）の総説で詳しく解説されている）。

　早く発育を終えて子を産むか、ゆっくりと時間をかけて発育するかは、生物の生き方の違いを表す。短い発育期間は、増殖率を高められるという点で優れている。食物や生息場所などが豊富な環境であれば、早く発育して子を産み、その子もまた早く発育して子を産むということをくり返せば、急激に数を増やせる。ヒトよりも発育期間のはるかに短いマウスは生まれてから2か月ほどで性成熟し、まさにねずみ算式に増える。しかし、ヒトのような発育期間の長い動物が、子孫を残すうえでマウスに劣っているとは限らない。ゆっくり発育した方がよいこともある。たとえば、発育に時間をかけるほど、体が大きくなることが多い。体が大きければ、子をたくさん産めたり、大きな子を産めたりする、なわばり、食物、配偶相手などをめぐる争いに強い、襲ってくる天敵が少ない、といった利点があるであろう。また、時間をかけて発育することで、複雑な体の構造や器官を発達させられるかもしれない。どちらの生き方が子孫を残すうえで適しているのかは、その生物のおかれている環境によって変わるであろう。ある形質を持った個体が他の個体よりも平均して多くの子を残し、その形質が子に遺伝するなら、世代を経るにつれて、その形質を持つ個体が増えていく。これが自然選択（natural selection）による進化である。進化（evolution）とは、時間の経過とともに遺伝的形質が変化すること、あるいは集団中の遺伝子頻度が変化することである。発育期間は自然選択を受け、環境しだいで短くなるように進化することも、長くなるように進化することもあると考えられる。ウリミバエで観察されたように、発育期間と概日時計とが遺伝的に関係しているならば、発育期間にかかる選択の結果、時計の周期が短くなる、あるいは長くなるという進化が起こる。このような関係は、生物で広く存在するのであろうか。その検証は、

ウリミバエ以外ではほとんどなされていなかった。他の生物でも検証する必要があると考え，私は，アズキゾウムシ（*Callosobruchus chinensis*）の概日リズムの遺伝的変異，そして概日リズムと発育期間の遺伝相関の研究を行った。

1. 生物種内で見られる概日リズムの違い

　概日時計の周期が長いと発育期間も長い——この仮説を検証するには，概日リズム周期の変異を見つけ出す必要がある。概日リズムは，バクテリアからヒトに至るまで，生物界にきわめて広く存在している（Edmunds, 1988; Panda et al., 2002）。概日リズムの周期は24時間から少しずれているのがふつうであり，ヒトでは平均24.18時間という測定結果がある（Czeisler et al., 1999）。周期は生物種によって異なり，大体24±4時間の範囲にある（富岡ら, 2003）。生物種間の違いだけでなく，同じ種内でも個体の持つ遺伝子の違いによって周期が異なることがある。概日リズムの遺伝的変異の画期的な発見は，キイロショウジョウバエ（*Drosophila melanogaster*）での研究からもたらされた。野生型のキイロショウジョウバエの概日リズム周期は約24時間であるが，Konopka & Benzer (1971) はEMS（エチルメタンスルホン酸）処理によって突然変異を誘発させ，約19時間の短周期，約29時間の長周期，そして周期を示さない無周期という3種類の変異体を単離した。彼らは，変異の原因遺伝子がX染色体上の1遺伝子座に存在することを突き止め，この遺伝子を*period*（*per*），短周期変異体を*per^S*，長周期変異体を*per^L*，無周期変異体を*per^0*と名づけた。それ以降，クラミドモナス（*Chlamydomonas reinhardi*; Bruce, 1972），アカパンカビ（*Neurospora crassa*; Feldman & Hoyle, 1973），ゴールデンハムスター（*Mesocricetus auratus*; Ralph & Menaker, 1988），マウス（*Mus musculus domesticus*; Vitaterna et al., 1994），シアノバクテリア（*Synechococcus* sp.; Kondo et al., 1994）およびシロイヌナズナ（*Arabidopsis thaliana*; Millar et al., 1995）などで，概日リズムの突然変異が発見されている。

　突然変異体を抽出する以外で発見されている概日リズムの遺伝的変異は，異なる集団の間で生じている変異である。すべての試験個体を実験室の同一環境下で育てて概日リズムを測定した場合，環境の違いによる影響は排除されるので，集団間の違いは遺伝的変異であるといえる。ショウジョウバエの1種（*Drosophila littoralis*）では，羽化の概日リズム周期がヨーロッパの多数の集団で調べられ，大部分の集団では22～23時間であったが，中には18.8時間や24.3時間の集団も見つかった（Lankinen, 1986）。また，アナナスショウジョウバエ

(*Drosophila ananassae*)では，産卵の概日リズム周期がヒマラヤの高地の集団では 22.6 時間であるのに対して，低地の集団では 27.4 時間であることが見出された(Khare *et al.*, 2005)。これらをはじめ，概日リズムの集団間変異が検出されているのは，もっぱらハエ目(Diptera)の昆虫である (Harano & Miyatake, 2010 に要約されている)。一般的に，集団間の遺伝的変異を検出するには実験室で多数の個体からデータを取らなくてはならないが，ハエ，とりわけショウジョウバエは飼育して増殖させるのが簡単なため，そのような研究に利用されやすい。

2. 研究材料としてのアズキゾウムシ

2.1. アズキゾウムシの「系統」

私は，岡山大学の大学院博士課程に入学後，アズキゾウムシ（口絵 5-a）を使って交尾行動の研究をはじめた。アズキゾウムシは，生態学，特に個体群生態学の研究に古くから使われており（例えば，内田，1998），いくつかの大学の研究室で累代飼育されている。飼育されている集団は，それぞれ異なる時期，異なる場所で採集されたアズキゾウムシを祖先に持ち，他の集団とは隔離されているために，遺伝子の交流が途絶えている。そのため，各集団は遺伝的に異なる「系統」とされる。交尾行動の研究に利用するために，筑波大学と東京大学の研究室から飼育系統を分譲してもらった。さらに，各地の人にアズキゾウムシを採集してもらったり，自分たちでも採集したりして，いくつかの系統を確立した。私は博士課程在学中に，これらの系統の間で，1 回交尾した後のメスの交尾の受け入れやすさが異なることを明らかにした (Harano & Miyatake, 2005, 2007)。後に，この違いは，オスの精液に含まれる交尾抑制物質に対するメスの感受性の差によることが明らかにされた (Yamane & Miyatake, 2012)。また，体の大きさ(Yamane & Miyatake, 2008)やオスの交尾器の微細な構造(Sakurai *et al.*, 2012) といった形態形質にも系統間変異がある。

本章で紹介するアズキゾウムシの概日リズムの研究を行ったのは，2007 年から 2008 年にかけてであった。当時，私は博士号を取得した後，博士研究員として引き続き研究室に在籍していた[*1]。多数のアズキゾウムシ系統を累代飼育しているうちに，系統間で発育期間に違いがあることには気づいていた。さまざまな形質に系統間変異があるので，概日リズムの変異も存在する見込みがある。宮竹先生と相談し，系統間での発育期間の違いと概日リズムが関係しているのではないかと考え，検証しようということになった。

2.2. 豆に依存して生きるアズキゾウムシ

アズキゾウムシ（口絵 5-a）は，体長 2〜3 mm くらいで，世界に広く分布する。本種は，コウチュウ目（Coleoptera）ハムシ上科（Chrysomeloidea）マメゾウムシ科（Bruchidae）に分類にされる。近年では，マメゾウムシ科を独立した科とせず，ハムシ科（Chrysomelidae）に含め，マメゾウムシ亜科（Bruchinae）とするように分類が見直されており（Lingafelter & Pakaluk, 1997），こちらが採用されることが多いようである。いわゆる「ゾウムシ」は，ゾウムシ上科（Curculionoidea）ゾウムシ科（Curculionidae）に属する昆虫の総称である。アズキゾウムシを含むマメゾウムシ類は，名前に「ゾウムシ」とついているものの，ゾウムシ上科ではなく，ハムシ上科に属するので，「ゾウムシ」よりも「ハムシ」と呼ばれる昆虫に近縁である。見た目も，いわゆる「ゾウムシ」とは違っている。「ゾウムシ」の多くは，口吻が長く伸びており，これが象の鼻のように見えるが，口絵 5-a のように，アズキゾウムシはそのような長い口吻を持っていない。

アズキゾウムシは，名前に「アズキ」と付いている通り，アズキ（*Vigna angularis*）の豆を主な食物としており，他にササゲ（*Vigna unguiculata*）やリョクトウ（*Vigna radiata*）などの豆も食物とする。豆を食べるのは幼虫だけである。メス成虫が豆の表面に卵を産み付け（口絵 5-b），卵から孵化した幼虫は自力で豆の内部に侵入し，豆を食べて成長する。幼虫は豆の中で蛹になり，その後羽化して成虫になる。成虫になると豆から出てくる（口絵 5-c）。卵から成

＊1：「博士研究員」という肩書きであったが，無給（つまり，給料はもらえない）であった。博士号取得後に正規の職にも有給のポスドク（博士号取得後の任期付きの研究員）にも就けなかったので，やむなく無給のポスドクとなった。現在，生物学の分野で博士号取得後すぐに大学などの研究機関で正規の職に就けることはほとんどなく，博士号を取得した人の多くは，ポスドクと呼ばれる期限付きの研究職に就く。代表的なポスドクの1つに日本学術振興会の特別研究員があり，これに採用されると，任期3年間，研究機関で研究に従事し，給料が支給される。この他にもさまざまな形で雇用されるポスドクがあるが，何らかの形で採用されなくては，有給のポスドクにはなれない。ポスドクとして採用されるのも簡単ではなく，日本学術振興会の特別研究員の場合，当時，応募者の中で採用される割合は10％以下であった。ポスドクとして採用されなかった人も，どこか研究機関に所属して研究を続けなければ，研究職に就くことが一層難しくなる。そのような人向けに，無給のポスドク（無給なのに「ポスドク」と言うのはおかしいかもしれないが，他に適当な呼び方がない）として研究室に所属し研究できる制度を大学が設けていることがある。岡山大学の「博士研究員」は，こういった制度であり，私はそれを利用していた（無給なうえに期限もあるので，緊急避難的な手段である）。なお，私は2008年4月から日本学術振興会の特別研究員に採用されて九州大学で研究し，その後1年間再び無給のポスドクを経た後，総合研究大学院大学の有給のポスドクとして採用されて2015年現在に至っている。

虫になるまでにかかる期間は,温度などの環境条件によって変わるが,25℃条件下で30日くらいである。豆から出てくるとすぐに繁殖可能であり,豆があればメスは交尾後すぐに産卵を始める。成虫は何も食べなくても1～2週間生存し,その間にメスは50～100個の卵を産む。砂糖や花粉などを摂食すると,もっと長い期間生存する。豆の貯蔵庫のように,大量に豆がある場所に入り込んで繁殖すると,瞬く間に増えて,豆を食害するので,人間にとってはアズキやササゲの貯蔵豆の害虫(貯穀害虫)である。豆さえあれば生存,繁殖して,世代をつないでいくことができるので,実験室で累代飼育するのは簡単である。この特徴は飼育下で実験を行うには好都合であり,ゆえに研究によく利用されている。アズキゾウムシを含めマメゾウムシについては,梅谷(1987)に詳しく述べられている。

3. アズキゾウムシの概日リズム

3.1. 概日リズムの系統間変異の発見

　当時,岡山大学の研究室では大学院生がニカメイガ(*Chilo suppressalis*)の概日リズムを測定しており,そのためのアクトグラフ(活動記録装置)があった。これを利用できたが,アズキゾウムシはニカメイガより小さく,動き方も違うので,それに合わせる必要があった。試行錯誤の結果,アズキゾウムシ1頭を直径3 cmのシャーレに入れ,シャーレを立てて固定すると活動量の記録を取ることができた(図1)。アズキゾウムシはシャーレ内を縦横無尽に歩き回る。シャーレの中心部を垂直に通るように赤外線ビームを照射すると,そこをアズキゾウムシが通過する度にビームが遮断されるので,遮断の回数が活動量を表す値となる。活動量の記録から,活動の周期が求められる(活動量の経時的変化にさまざまな長さの周期を当てはめ,最も良く当てはまる周期を求める。ここで用いたのは,カイ二乗ピリオドグラムという分析方法である。分析方法の詳細については,富岡ら(2003)を参照)。アズキゾウムシは主に昼行性で,24時間の明暗周期の下におくと,暗期の終盤から明期の終盤まで活発に動き,明期の終わる少し前から暗期の中頃にかけてはあまり活動しないという様子が記録される(図2)。概日リズムを測定する個体の条件は,豆から出てきて24時間以内のオス成虫に統一した[*2]。温度を25℃に保った実験室内で,常に光を遮断した恒暗条件をつくって,活動を記録した。各個体の概日リズム周期を求め,周期が当てはまらない(どの周期長でも当てはまりの良さが基準値に達しない)

図1 アズキゾウムシの活動を観測するアクトグラフ
シャーレに成虫を1個体入れる。写真左側の光電スイッチから赤外線ビームが照射され、右側のセンサーで受光する。アズキゾウムシが動いて赤外線を遮断すると、センサーに接続されたパソコンに遮断の信号が送られて記録される。アズキゾウムシが活発に動くほど遮断回数が多くなる。

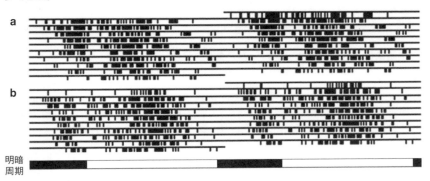

図2 明暗周期下でのアズキゾウムシのアクトグラム（actogram、活動量の時間的変化を表す図）
黒い部分が活動の記録された時間を示す。アクトグラムの下に付した白抜きのバーは明期（7:00〜23:00）、黒塗りのバーは暗期（23:00〜7:00）を示す。ダブルプロット法（1行目に1日目の記録、2行目に1日目と2日目の記録、3行目に2日目と3日目の記録というように、順次1日ずつ重複させて表記する方法）で表している。**a**: 概日リズム周期の短い系統の1個体（smC02系統）および**b**: 概日リズム周期の長い系統の1個体（jC-S系統）のもの（**表1**参照）。活動の記録から周期を算出すると、いずれの個体ともに24.0時間である。概日リズム周期の異なる系統であっても、明暗周期下では、それに対応した活動周期が検出される。このように周期が24時間であると、黒い部分が上下方向で同じ位置に並ぶ。

個体は、無周期と見なした（図3）。
　飼育していたアズキゾウムシの系統の内7つで、概日リズムを測定した。そ

＊2: メスも測定するのが理想であるが、一度に測定できる個体の数はアクトグラフの台数分に限られるので、オスと同じ数だけメスも測定するには、2倍の時間が必要となる。この研究の最中であった2007年の秋、私は日本学術振興会特別研究員に採用されることが決まって、翌年4月から九州大学に移ることになった。アクトグラフを使った実験に区切りをつける必要があったので、測定はオスのみとした。

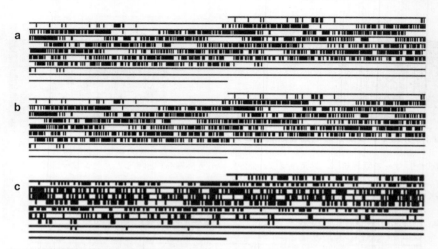

図3 恒暗条件下でのアズキゾウムシのアクトグラム
ダブルプロット法で表している。周期が24時間よりも短いと，日ごとに活動時刻が早まるため，黒い部分が左にずれていき，周期が24時間より長いと黒い部分が右にずれていく。周期が24時間から外れるほど大きくずれる。無周期であると，黒い部分が不規則に現れる。**a**: 概日リズム周期の短い（17.5時間）1個体（smC02系統），**b**: 概日リズム周期の長い（23.3時間）1個体（jC-S系統）および **c**: 無周期の1個体（smC02系統）のもの（**表1**参照）。

れぞれの系統は，採集された時期と場所の異なる集団として確立されている（**表1**）。最も古くから飼育されている系統は，飼育期間が70年以上に達しており，1年に10世代以上経過するので，700世代を越えている。7系統の内4つ（**表1**の上から4つの系統）では，ほぼすべての個体が概日リズム周期を示したが，残りの3系統（表1の下から3つの系統）では，無周期の個体が多数を占めた。全体的に周期は24時間よりも短かった（表1）。大体の生物の周期は24±4時間の範囲内におさまる（富岡ら，2003）ので，測定したアズキゾウムシの系統の大半が下限に近いか，下限を越えるほどの短さである。最も短い2つの系統（smC02およびmC）の周期は約19時間で，これはキイロショウジョウバエの突然変異体 per^S（Konopka & Benzer, 1971）および別のショウジョウバエの1種（*Drosophila littoralis*）の最も周期の短い系統（Lankinen, 1986）とほぼ同じである。なおこれら2つのアズキゾウムシの系統では無周期個体の割合が高かった。最も周期の長い系統（jC-S）では約23時間であり，系統間の差は約4時間に及んだ。このように，概日リズム周期の系統間変異が検出された。周期の違いは実験前に想像していた以上に大きなものであった。

表1 アズキゾウムシ7系統の起源，概日リズムを測定した個体と周期を示した個体の数および周期の長さ

系統名	起源		測定個体数	周期を示した個体数	周期長（h）平均 ± 標準誤差
	採集場所	採集時期			
isC	沖縄県石垣市	1997年	19	19	20.0±0.2
yoC02	岡山県赤磐市	2002年	19	19	20.1±0.4
jC-S	京都府京都市	1936年	21	20	22.6±0.2
kiC07	兵庫県稲美町	2007年	19	16	21.0±0.3
smC02	島根県出雲市	2002年	21	7	18.7±0.3
mC	岩手県盛岡市	1960年代	7	2	18.8±0.8
rdaCmrkt	バングラデシュ	1998年	9	1	21.4

3.2. 交雑実験から明らかになった概日リズムの遺伝

系統によって概日リズム周期が違うとわかったので，周期の短い系統と長い系統との間で交雑実験を行って，概日リズムの遺伝様式を明らかにしようと考えた。周期が最も短いsmC02系統（平均18.7時間；ただし約67%の個体が無周期）のメスと，周期の最も長いjC-S系統（平均22.6時間）のオスとをかけ合わせ，メスとオスを逆にした組み合せでもかけ合わせ（正逆交雑）を行った。交雑の第1世代の子（F_1）を育て，正逆それぞれの中でF_1を交配させて，第2世代（F_2）を育て，F_1とF_2のオス成虫の概日リズムを測定した。F_1では正逆交雑の間で概日リズム周期に差はなく，すべての個体が周期（平均21.0時間）を示し，どの個体も両親系統の中間の周期長であった（図4-a, b）。F_2では，約30%の個体は無周期であり，短い親系統と同様の周期，F_1同様の中間的な周期，長い親系統と同様の周期の個体が現れた（図4-c）。別の組み合わせでも交雑を行った。無周期個体が見られなかったyoC02系統（平均20.1時間）を短周期の親系統とし，長周期のjC-S系統（平均22.6時間）と交雑した。やはり，F_1のすべての個体（平均21.3時間）の周期長が両親系統の間に位置し（図5-a, b），F_2では，短い親系統と同様の周期，F_1同様の中間的な周期，長い親系統と同様の周期の個体が現れた（図5-c）。

F_1とF_2の概日リズムは，2通りの交雑で同様のパターンであった。このパターンから，概日リズムを支配している遺伝子の特性がわかる。アズキゾウムシの性染色体は，メスがXXでオスがXYのXY型（オスヘテロ型）である（Kondo et al., 2002）。XY型の場合，オスのX染色体はメス親から，Y染色体はオス親から受け継いだものである。もし形質の違いの原因となる遺伝子がX染色体上にあるならば，F_1オスの形質はメス親似，Y染色体上にあるならば，F_1オスはオ

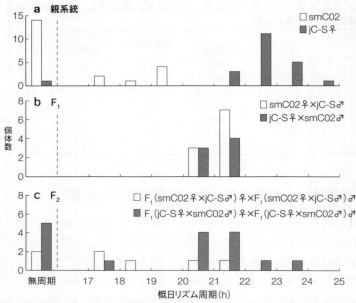

図4 アズキゾウムシの系統間交雑における親系統，F_1 および F_2 の概日リズムの違い（1）（Harano & Miyatake（2010）を改変）
平均周期長（h）は，smC02 が 18.7，jC-S が 22.6，F_1 が 21.0，F_2 が 20.4 である。

ス親似になる．概日リズム周期の短い系統と長い系統のどちらがメス親であっても同様に，F_1 オスは両系統の中間の周期を示した（図4-b, 5-b）ことから，遺伝子は常染色体上に存在するとわかった．F_1 個体の常染色体上の遺伝子座では，両親から受け継がれた遺伝子がヘテロ接合になる．親のどちらかの形質が F_1 に現れやすいならば，現れやすい方が優性で，現れにくい方が劣性である．F_1 の概日リズム周期は両親の中間であったので，短周期と長周期との間で優性になく，周期に対する遺伝子の効果は相加的である（個々の遺伝子がそれぞれ独立に一定の効果を持ち，それらの効果が加算される）といえる．さらに F_1 と F_2 の形質値の分布から，形質が大きな効果を持つ1つまたは少数の遺伝子によって決定されているのか，それとも個々の効果の小さい多数の遺伝子によって決定されているのかを推定できる．前者の遺伝子はメジャージーン（主遺伝子または主働遺伝子）と呼ばれ，後者はポリジーンと呼ばれる．もし形質が1遺伝子座の対立遺伝子によって決定されるならば，メンデルの分離の法則に従い，F_1 ではすべての個体が両親の対立遺伝子をヘテロ接合で持ち，F_2 ではオス親系

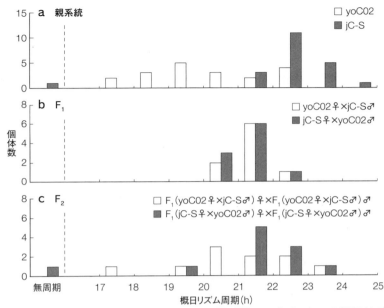

図5 アズキゾウムシの系統間交雑における親系統，F_1 および F_2 の概日リズムの違い（2）（Harano & Miyatake（2010）を改変）
平均周期長（h）は，yoC02 が 20.1，jC-S が 22.6，F_1 が 21.3，F_2 が 21.3 である。

統と同じ遺伝子型（オス親系統由来の対立遺伝子をホモ接合で持つ）およびメス親系統と同じ遺伝子型（メス親系統由来の対立遺伝子をホモ接合で持つ）の個体がそれぞれ 1/4 の割合で現れると期待される。遺伝子座の数が多くなるほど，親系統の一方のみに由来する対立遺伝子がすべての遺伝子座で揃う（ホモ接合になる）確率は減少するので，オス親系統あるいはメス親系統と同じ遺伝子型を持つ F_2 個体の割合は減少すると期待される。よって，ポリジーンの場合，F_2 の中にどちらかの親に匹敵するほど極端な表現型は滅多に現れず，F_2 の形質の分布は F_1 に近くなるはずである。今回の交雑実験では，F_1 の概日リズム周期は，どの個体も両親の中間であり，F_2 ではオス親同様およびメス親同様の概日リズムを持つ個体が現れ，分離が見られた。この結果から，概日リズムは，1つか少数のメジャージーンによって決定されていると考えられる。

まとめると，アズキゾウムシの概日リズム周期を支配するメジャージーンの存在が強く示唆され，このメジャージーンは常染色体上に位置し，優性がなく，相加的な効果を持つということが明らかになった。これらの研究結果を論文に

まとめ，Harano & Miyatake（2010）として発表した。

4. 概日リズムと発育期間の遺伝相関

4.1. 遺伝相関と進化

　身長の高い人ほど体重が大きい，昆虫なら体重の大きなメスほど産卵数が多いなどというように，2つかそれ以上の形質の間に相関があることは多い。遺伝要因によって生じる相関を遺伝相関（genetic correlation）という。遺伝相関の原因には，1つの遺伝子が2つ以上の形質に対して作用する多面発現（pleiotropy）と，異なる遺伝子座の間での対立遺伝子の組み合わせがランダムでない（ランダムに組み合わせが生じる場合に比べて，ある特定の組み合わせが存在する頻度が高い）連鎖不平衡（linkage disequilibrium）とがある*3。

　2つの形質の間に遺伝相関がある場合，一方の形質が進化するに伴って，もう一方の形質の進化も起こる。自然選択は，生物個体が生存，繁殖するうえで適応的な形質を進化させるように働く。もし，短い発育期間が適応的であり，かつ遺伝するならば，発育期間は短くなるように進化するはずである。このとき，発育期間の短い個体が短い概日リズム周期も受け継ぐとしたら，短い概日リズム周期は，適応的でなかったとしても進化するであろう。適応的な形質との間に遺伝相関があれば，生存や繁殖に不利な形質の進化が起こりうる。そのため，遺伝相関は進化に影響を及ぼし，ときには適応進化の障害になる。

4.2. ウリミバエとキイロショウジョウバエで見つかっている遺伝相関

　本章の「はじめに」で述べたように，ウリミバエの概日リズム周期と発育期間との遺伝相関が発見されている。発育期間は，栄養条件や温度などの環境要因に左右されるが，環境条件が全く同じであっても遺伝要因によって異なることがある。ウリミバエでは，卵から成虫になるまでの発育期間が短かった個体を選んで繁殖させるという人為選択を20世代以上行った系統の発育期間は約16日，反対に発育期間の長かった個体を選択した系統の発育期間は32日以上になった(Miyatake, 1995)。そして，発育期間の短い選択系統では，概日リズム周期が約22時間，発育期間の長い選択系統では約26〜31時間であった（Shimizu *et*

＊3：遺伝子座が同一染色体の近い位置にあるために，別々の遺伝子座上の遺伝子が行動をともにすることを連鎖という。連鎖不平衡は連鎖があるときに生じやすいが，連鎖がなくても生じることがある。

表2 アズキゾウムシ7系統の発育日数

系統名	オス		メス	
	n	平均 ± 標準誤差	n	平均 ± 標準誤差
kiC07	65	26.3±0.3	77	27.7±0.3
rdaCmrkt	61	26.7±0.2	81	28.0±0.2
yoC02	50	27.9±0.3	44	28.5±0.5
smC02	64	28.0±0.3	57	28.8±0.3
jC-S	103	28.2±0.2	95	29.5±0.3
mC	42	30.6±0.4	48	30.9±0.4
isC	45	31.3±0.4	39	31.8±0.5

al., 1997)。

　概日リズム周期と発育期間の遺伝相関が示された事例はもう1つあった。キイロショウジョウバエの概日リズム突然変異体である。野生型に比べて，短周期変異体（per^S）の発育期間は短く，長周期変異体（per^L）の発育期間は長いということが報告されている（Kyriacou et al., 1990）。私がアズキゾウムシでの研究成果を発表した後，キイロショウジョウバエでもウリミバエと同じように発育期間の人為選択を行い，概日リズム周期と発育期間の遺伝相関の存在を明らかにしたという研究結果が相次いで2つ発表された（Takahashi et al., 2013; Yadav & Sharma, 2013）。それでもなお，概日リズム周期と発育期間の遺伝相関が実証されているのは，2種のハエに限られている。

4.3. アズキゾウムシでは見つからなかった遺伝相関

　アズキゾウムシを飼育していて，系統によって発育期間が違うと経験的に気づいてはいたが，このことを科学的に明らかにするためには，定量的なデータが必要である。概日リズムを測定した7系統において，発育期間を測定するために，メスを交尾させた後，アズキの豆を与えて産卵させた。アズキゾウムシは豆の中で発育し，成虫になるまで外に出ることはないので，1粒の豆に多数の卵が産みつけられると，同じ豆の中で多数の幼虫が発育することになる。幼虫の数が多いと，食物をめぐる競争が起こり，発育に悪影響が及ぶ。競争を防ぐために，卵が孵化する前に，豆から余計な卵を剥ぎ取って1卵だけを残した。豆から成虫が出てきているかどうかを毎日確認し，卵で生まれてから成虫になって豆の外に出てくるまでにかかった日数を発育期間として記録した。オスの発育期間は，最も短かった系統で平均約26日，最も長かった系統では平均約31日であり，その差は約5日に及んだ（表2）。メスの発育期間はオスよりも長いが，系統間の違いはオスと同様であった（表2）。

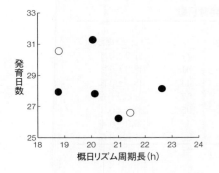

図6 アズキゾウムシ7系統における概日リズム周期長と発育期間との関係 (Harano & Miyatake, 2011 を改変)
○は，概日リズム周期のサンプル数がきわめて少なかった2つの系統（rdaCmrk; および mC）を示す（表1参照）。

概日リズム周期と発育期間との遺伝相関が存在するならば，概日リズム周期の長い系統では発育期間も長いと期待される。このことを検証しようというのが，研究のきっかけであった。しかし，期待される相関は見られなかった（図6）。概日リズム周期と発育期間との間には遺伝相関がないことを示す結果である。加えて，系統間交雑実験（本章3.2.）のデータを使った検証も行った。上述（本章3.2.）した通り，概日リズム周期の変異の原因は常染色体上のメジャージーンにあり，F_2 で分離した周期は，このメジャージーンの遺伝子型の違いを反映していると考えられる。このメジャージーンが発育期間にも影響するならば，F_2 の中で概日リズムと発育期間の相関が生じると期待されるが，そのような相関はなかった。やはり，概日リズムと発育期間の遺伝相関はないということを支持する結果である。したがって，アズキゾウムシでは，キイロショウジョウバエおよびウリミバエとは異なり，概日リズムと発育期間の遺伝相関はないと結論された。

4.4. 発育期間の遺伝

系統間交雑の F_1 および F_2 世代の発育期間から，発育期間を決定する遺伝子についてわかることがある。2通りの系統間交雑（本章3.2.）ともに，F_1 の発育期間はどちらの親系統よりも短かった（図7-a, b および図8-a, b）。発育期間は短いのに，羽化した F_1 成虫の体の大きさは2つの親系統の平均を上回るほどだった[*4]ので，発育が優れていると見なすことができる。F_1 が両親よりも優れた形質を示すことをヘテロシス（雑種強勢，heterosis）という。一般的に，ヘテロシスの起こる原因は2つ考えられる。その1つは，1遺伝子座の超優性であり，2通りのホモ接合個体のどちらよりもヘテロ接合個体の表現型が優れているというものである（Lynch & Walsh, 1998）。F_2 ではホモ接合個体とヘテロ

接合個体が半々に分離するので、超優性が原因であれば、発育期間が F_1 同様に短い個体と親系統同様に長い個体とが現れると期待される。このような分離はいずれの系統間交雑の F_2 でも見られなかった（図7-c および図8-c）。この結果は，発育期間がポリジーン支配であることを示しており，ヘテロシスのもう1つの原因があてはまりそうである。それは，複数遺伝子座上の優性遺伝子の蓄積効果であり，形質に関与する複数の遺伝子座すべてが F_1 でヘテロ接合になるために，劣性有害遺伝子の効果が現れないというものである（Lynch & Walsh, 1998）。この場合に想定される発育を遅らせる劣性有害遺伝子が，アズキゾウムシの飼育系統で存在していることが示されている（Harano, 2011）。

　アズキゾウムシと同様に，ウリミバエでも概日リズムはメジャージーン支配（Shimizu et al., 1997）であり，発育期間はポリジーン支配（Miyatake, 1997）である。しかし，ウリミバエでは，2つの形質の間に遺伝相関が存在する。この遺伝相関は，概日リズムを支配するメジャージーンが発育期間を支配する複数の遺伝子の内1つと共通であり，その遺伝子の多面発現によって生じると考えられている（Miyatake, 2002）。それに対して，アズキゾウムシの概日リズムを支配するメジャージーンは，発育期間を支配するポリジーンとは別の遺伝子であろう。ショウジョウバエやマウスの分子遺伝学研究から，概日時計には複数の時計遺伝子が関与しているとわかっている（Panda et al., 2002; Emerson et al., 2009）。それらの遺伝子のどれかに変異が起こると，概日リズムの変化が起こる可能性がある（Hall, 2003）。時計遺伝子の中に，概日リズムと発育期間の両方に多面発現するものと，発育期間には影響しないものとがあるのかもしれない。前者がウリミバエの概日リズム変異の原因となる遺伝子で，後者がアズキゾウムシの概日リズム変異の原因となる遺伝子と考えれば，両種の違いに説明がつきそうである。このことを確かめるには，今後アズキゾウムシの概日リズムの変異を引き起こす時計遺伝子を特定する必要がある。

　研究の結果，アズキゾウムシの系統間では，発育終了までに刻む時間の長さに遺伝的な違いがあることは明らかになった。この違いは，日々の活動周期を支配する体内時計とは別の遺伝要因によってもたらされているようである。概日時計の周期と発育期間の長さとの間で遺伝相関があるという当初の仮説に対

＊4：アズキゾウムシでは，体の大きさを表す指標として鞘翅（前翅）長がよく使われる。オスの鞘翅長（平均 ± 標準誤差）は，親系統では，smC02 系統が 1.74 ± 0.01 mm（$n=46$），yoC02 系統が 1.78 ± 0.01 mm（$n=39$），jC-S 系統が 1.92 ± 0.01 mm（$n=52$）であり，smC02 系統と jC-S 系統の交雑の F_1 では 1.85 ± 0.02 mm（$n=17$），yoC02 系統と jC-S 系統の交雑の F_1 では 1.90 ± 0.01 mm（$n=23$）であった。

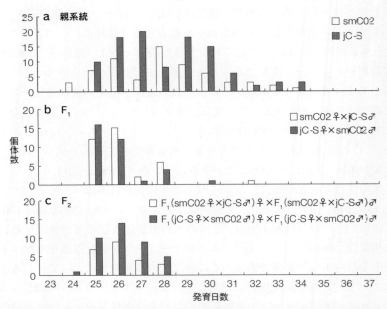

図7 アズキゾウムシの系統間交雑における親系統，F_1，F_2 の発育日数のヒストグラム（1）(Harano & Miyatake, 2011 を改変)
平均発育日数は，smC02 が 28.4，jC-S が 28.8，F_1 が 26.1，F_2 が 26.2 である。

しては，ネガティブな結果であった。それでも検証例がわずかしかない仮説を検証したことには意義があるので，これらのことをまとめた論文を Harano & Miyatake（2011）として発表した。

5. なぜ系統間で概日リズム周期に違いがあるのか？

本研究で明らかになったことから，1つ大きな疑問が沸く。それは，なぜアズキゾウムシの各系統は遺伝的に異なる概日リズムを持っているのか，である。可能性の1つは，偶然による要因が系統間変異をつくり出したということである。各系統の祖先個体は，元の野外集団の中から一部が採集されたものであり，たまたま特定の概日リズムの遺伝子を持つ個体だけが祖先になった（創始者効果）という可能性がある。また，元の野外集団において，あるいは実験室で飼育されている間に，遺伝的浮動によって特定の遺伝子が広まったという可能性もある。遺伝的浮動の場合，各系統でどんな概日リズムの遺伝子が広まるかは，全くの偶然によって決まる。

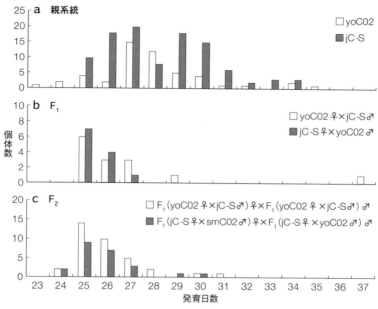

図8 アズキゾウムシの系統間交雑における親系統，F_1，F_2 の発育日数のヒストグラム（2）(Harano & Miyatake, 2011 を改変)
平均発育日数は，yoC02 が 28.2，jC-S が 28.8，F_1 が 26.2，F_2 が 25.9 である．

　生態学に興味を持っている人は，おそらく別の可能性に関心を抱くであろう．系統間の概日リズムの違いは自然選択によるという可能性である．各系統は異なる歴史を辿ってきたので，それぞれが受けた選択の結果として，各系統が異なる周期の概日リズムを持つようになったのかもしれない．自然選択をもたらす環境要因の中には，気温や日長など，地理的な傾向を持つものがある．系統の祖先個体の採集場所は，北は岩手県から，南はバングラデシュに及ぶ（表 1）．シロイヌナズナでは，150 品種の概日リズム周期長と生息地の緯度との相関が見られる（Michael et al., 2003）．しかし，表 1 からわかるように，アズキゾウムシの概日リズムでは，緯度に沿った変化のような地理的な傾向は見られない．
　アズキゾウムシの系統間でもう 1 つ明らかに異なるのは，実験室での飼育期間である（表 1）．実験室で累代飼育されている生物は，飼育下特有の選択を受け，実験室環境に適応した形質を持つように進化することがある（Garland & Rose, 2009）．沖縄県の増殖施設で飼育されているウリミバエでは，発育期間が短くなるように選択が作用し，発育期間と概日リズム周期の遺伝相関を通して，概日

リズム周期が短くなった（宮竹，2008a）。アズキゾウムシでは，発育期間にかかる選択の結果として概日リズムが変化するという仮説は，本研究で否定された。しかし，飼育下での選択が，発育期間ではなく，概日リズム自体に作用しているかもしれない。最も長く（70年以上）飼育下にあった系統（jC-S）の概日リズム周期は最も長かったが，次に長く（40年以上）飼育下にあった系統（mC）では周期が最も短かった（表1）。したがって，実験室で経過した期間と概日リズムとの関係はないようである。残念ながら，現時点で手持ちの情報からは，アズキゾウムシの各系統が異なる概日リズムを持つようになった理由は推測できない。今後の研究課題である。

おわりに——概日時計の適応的意義の解明に向けて

　概日リズムは，生物に広く存在することから，何らかの適応的な意義があり，自然選択を通して進化していると考えられている（Sharma, 1993）。しかし，その適応的意義を明らかにした研究は限られている。アプローチの1つは，概日時計の働きを阻害する実験操作を施して，概日リズムの重要性を確かめることである。シジュウカラ（*Parus major*）の研究（Greives *et al.*, 2015）では，メラトニン（ホルモンの1つ）を充填したシリコンチューブを皮下に埋め込むことによって，概日リズムの発現が抑制された。この処理を受けたオスでは，夜明け前の活動開始が遅れるとともに，つがい相手のメスに浮気（つがい外交尾）されやすく，巣の雛の父親が他のオスである割合が高いと判明した。この研究結果は，オスが自分の子を残すうえで，概日リズムの存在が重要な役割を果たすことを示している。他に，系統間または個体間の概日リズム周期の違いを利用して，外界の周期に近い概日リズムが適応的であることを示すというアプローチがある。シアノバクテリアでは，明暗周期に近い概日リズムを持つ系統が，他の系統と競争したときに高い成長率を達成するとわかった（Ouyang *et al.*, 1998）。シロイヌナズナでは，明暗周期に近い概日リズムを持つ植物体ほど，早く成長し，生存率が高いことが明らかにされた（Dodd *et al.*, 2005）。

　ある形質に①変異がある，②変異が遺伝的である，③変異が適応度（個体の残す子の数）に差をもたらす，という条件が満たされると，その形質は自然選択によって進化する。アズキゾウムシの概日リズムでは，遺伝的変異が存在する，つまり条件①と②が満たされることが明らかになった。残る③を明らかにすれば，概日リズムが自然選択によって進化することが実証される。進化生態学あ

るいは行動生態学では，主に適応的意義の解明に焦点が当てられ，形質の変異と適応度との関係の検証が試みられる。そのためには，形質の変異を探り出すか，または実験操作によって形質の異なった状態をつくり出す必要がある。概日時計を欠損させた生物体を利用した研究は行われているものの，実験操作によって時計の周期の長さを変えるのは容易ではないであろう。概日リズム周期の遺伝的変異が検出されているというのは，適応的意義を研究するうえでも大きな利点がある。アズキゾウムシは，概日リズムの進化の解明に道を拓くために，将来有望な研究材料であろう。

引用文献

Bruce, V. G. 1972. Mutants of the biological clock in *Chlamydomonas reinhardi*. *Genetics* **70**: 537-548.
Czeisler, C. A. *et al*. 1999. Stability, precision, and near-24-hour period of the human circadian pacemaker. *Science* **284**: 2177-2181.
Dodd, A. N. *et al*. 2005. Plant circadian clocks increase photosynthesis, growth, survival, and competitive advantage. *Science* **309**: 630-633.
Emerson, K. J. *et al*. 2009. Complications of complexity: integrating environmental, genetic and hormonal control of insect diapause. *Trends in Genetics* **25**: 217-225.
Edmunds, L. N. 1988. Cellular and molecular bases of biological clocks: models and mechanisms for circadian timekeeping. Springer-Verlag, New York.
Feldman, J. F. & M. N. Hoyle. 1973. Isolation of circadian clock mutants of *Neurospora crassa*. *Genetics* **75**: 605-613.
Garland, T. & M. R. Rose. 2009. Experimental evolution: concepts, methods, and applications of selection experiments. University of California Press.
Greives, T. J. *et al*. 2015. Costs of sleeping in: circadian rhythms influence cuckoldry risk in a songbird. *Functional Ecology* **29**: 1300-1307.
Hall, J. C. 2003. Genetics and molecular biology of rhythms in *Drosophila* and other insects. *Advances in Genetics* **48**: 1-280.
Harano, T. 2011. Inbreeding depression in development, survival and reproduction in the adzuki bean beetle, *Callosobruchus chinensis*. *Ecological Research* **26**: 327-332.
Harano, T. & T. Miyatake. 2005. Heritable variation in polyandry in *Callosobruchus chinensis*. *Animal Behaviour* **70**: 299-304.
Harano, T. & T. Miyatake. 2007. Interpopulation variation in female remating is attributable to female and male effects in *Callosobruchus chinensis*. *Journal of Ethology* **25**: 49-55.
Harano, T. & T. Miyatake. 2010. Genetic basis of incidence and period length of circadian rhythm for locomotor activity in populations of a seed beetle. *Heredity* **105**: 268-273.
Harano, T. & T. Miyatake. 2011. Independence of genetic variation between circadian rhythm and development time in the seed beetle, *Callosobruchus chinensis*. *Journal of Insect Physiology* **57**: 415-420.
Khare, P. V. *et al*. 2005. Altitudinal variation in the circadian rhythm of oviposition in

Drosophila ananassae. *Chronobiology International* **22**: 45-57.

Kondo, N. et al. 2002. Genome fragment of *Wolbachia* endosymbiont transferred to X chromosome of host insect. *Proceedings of the National Academy of Sciences of the USA* **99**: 14280-14285.

Kondo, T. et al. 1994. Circadian clock mutants of cyanobacteria. *Science* **266**: 1233-1236.

Konopka, R. & S. Benzer. 1971. Clock mutants of *Drosophila melanogaster*. *Proceedings of the National Academy of Sciences of the USA* **68**: 2112-2116.

Kyriacou, C. P. et al. 1990. Clock mutations alter developmental timing in *Drosophila*. *Herecity* **64**: 395-401.

Lankinen, P. 1986. Geographical variation in circadian eclosion rhythm and photoperiodic adult diapause in *Drosophila littoralis*. *Journal of Comparative Physiology A* **159**: 123-142.

Lingafelter, S. & J. Pakaluk., 1997. Comments on the Bean beetle Chrysomelidae. *Chrysomela* **33**: 3.

Lynch, M. & B. Walsh. 1998. Genetics and analysis of quantitative traits. Sinauer Associates.

Michael, T. P. et al. 2003. Enhanced fitness conferred by naturally occurring variation in the circadian clock. *Science* **302**: 1049-1053.

Millar, A. J. et al. 1995. Circadian clock mutants in *Arabidopsis* identified by luciferase imaging. *Science* **267**: 1161-1163.

Miyatake, T. 1995. Two-way artificial selection for developmental period in *Bactrocera cucurbitae* (Diptera: Tephritidae). *Annals of the Entomological Society of America* **88**: 848-855.

Miyatake, T. 1997. Correlated responses to selection for developmental period in *Bactrocera cucurbitae* (Diptera: Tephritidae): time of mating and daily activity rhythms. *Behavior Genetics* **27**: 489-498.

Miyatake, T. 2002. Pleiotropic effect, clock genes, and reproductive isolation. *Population Ecology* **44**: 201-207.

宮竹貴久 2008a. ウリミバエの体内時計を管理せよ！―大量増殖昆虫の遺伝的虫室管理―. 伊藤嘉昭（編）不妊虫放飼法―侵入害虫根絶の技術, p. 177-214. 海遊舎.

宮竹貴久 2008b. 時間のすみわけによる生殖隔離. 清水勇・大石正（編）リズム生態学―体内時計の多様性とその生態機能, p. 115-138. 東海大学出版会.

Ouyang, Y. et al. 1998. Resonating circadian clocks enhance fitness in cyanobacteria. *Proceedings of the National Academy of Sciences of the USA* **95**: 8660-8664.

Panda, S. et al. 2002. Circadian rhythms from flies to human. *Nature* **417**: 329-335.

Ralph, M. R. & M. Menaker. 1988. A mutation of the circadian system in golden hamsters. *Science* **241**: 1225-1227.

Sakurai, G. et al. 2012. Intra-specific variation in the morphology and the benefit of large genital sclerites of males in the adzuki bean beetle (*Callosobruchus chinensis*). *Journal of Evolutionary Biology* **25**: 1291-1297.

Sharma, V. K. 2003. Adaptive significance of circadian clocks. *Chronobiology International* **20**: 901-919.

Shimizu, T. et al. 1997. A gene pleiotropically controlling developmental and circadian periods in the melon fly, *Bactrocera cucurbitae* (Diptera: Tephritidae). *Heredity* **70**: 600-605.

Takahashi, K. H. *et al.* 2013. Genetic correlation between the pre-adult developmental period and locomotor activity rhythm in *Drosophila melanogaster*. *Heredity* **110**: 312-320.
富岡憲治ら 2003. 時間生物学の基礎. 裳華房.
内田俊郎 1998. 動物個体群の生態学. 京都大学学術出版会.
梅谷献二 1987. マメゾウムシの生物学. 築地書館.
Vitaterna, M. H. *et al.* 1994. Mutagenesis and mapping of a mouse gene, clock, essential for circadian behavior. *Science* **264**: 719-725.
Yadav, P. & V. K. Sharma. 2013. Correlated changes in circadian clocks in response to selection for faster pre-adult development in fruit flies *Drosophila melanogaster*. *Journal of Comparative Physiology B* **183**: 333-343.
Yamane, T. & T. Miyatake. 2008. Strategic ejaculation and level of polyandry in *Callosobruchus chinensis* (Coleoptera: Bruchidae). *Journal of Ethology* **26**: 225-231.
Yamane, Y. & T. Miyatake. 2012. Evolutionary correlation between male substances and female remating frequency in a seed beetle. *Behavioral Ecology* **23**: 715-722.

コラム1　一斉開花：多様な種が同調して刻む繁殖リズム

佐竹　暁子（九州大学）
沼田　真也（首都大学東京）
谷　　尚樹（国際農林水産業研究センター）
市栄　智明（高知大学）

植物の繁殖リズム

　私たちの住む地球は，地軸が傾いた状態で太陽の周りを1年で1周のスピードで回っている。こうした地球の公転によって，北半球の中緯度に位置する日本では，温度と日長が1年の間に周期的に変化し，季節が生まれる。多くの植物の開花時期はこの季節変化に強く制約を受けている。北海道では，冬は長く厳しく雪に閉ざされた毎日が続くが，毎年5月と6月になると春の盛りが到来し，サクラ，ライラック，シラネアオイなどの植物が一斉に咲き始める。1年周期で刻まれる繁殖リズムは，外的環境の季節変化に応答して植物が開花時期を調節し適応してきた帰結である。そして私たち日本人の文化は，植物が刻む1年周期の繁殖リズムを感じ取り，春夏秋冬の移ろいを愛でる繊細な感性を古くから育んできた。たとえば，日本最古の和歌集である「万葉集」には，季節の花々や植物を詠んだ和歌が数多く残されている。

　森林群集では天体の運行によってもたらされる1年周期のリズムとは異なる繁殖リズムも存在することをご存じだろうか。それは「なり年」や「豊凶」（あるいは英語をもとにマスティング（masting））と呼ばれ，開花や結実の季節は固定されているが，その量が大きく年変動し，森林全体で豊作と凶作のリズムが生まれることを指す。たとえば温帯のブナ林では平均約5年に1回の豊作年が訪れるといわれている（田中，1995; Yasaka et al., 2003; Kon et al., 2005; Suzuki et al., 2005）。また，私達の生活に身近なミカンやカキ，アボガドなどの果樹においても，果実のなり年と不なり年が交互に現れる隔年結果が頻繁に見られる。商品価値を伴う果樹においては，隔年結果は価格の変動や収益の低下をもたらし果樹農家の経営を圧迫する要因となるため，剪定や摘果，施肥管理など様々な予防対策も提案されてきた。

一般にマスティングは，植物の外的環境条件で見られる変動以上に個体レベルで花や種子量が年変動するだけではなく，異なる植物個体どうしで繁殖の年変動パターンが同調することによって，個体群レベルで繁殖のリズムが生みだされる現象を指す (Kelly, 1994)．したがって，マスティングの仕組みを理解するには，個体と個体群の振る舞いをつなぐロジック（同調の仕組み）を見いだす必要がある．本コラムで紹介する「一斉開花」とは，この個体群レベルで生まれた繁殖リズムが多様な種の間で同調することで，さらに上の群集という階層で繁殖リズムが生まれることを指す．群集レベルで見られる繁殖リズム，一斉開花は，東南アジア熱帯雨林で見られる特有の現象であり，現在盛んに研究が進められている．

一斉開花：多様な種の同調から生じる繁殖リズム

　温度と日長の周期的変動が見られる温帯域や，乾期と雨期のはっきりしている季節性熱帯林とは異なり，マレー半島からスマトラ，ボルネオにかけての東南アジア島嶼部では，温度，日長，降水量のいずれも明確な季節性を見せず1年中温暖で湿度も高く，1年間の日長変化はわずか15分程度である．このような非季節性熱帯低地（フタバガキ）林では，数年間隔で生じる一斉開花・結実現象が観察されている（井上，1998; 湯本，1999）．一斉開花の際には，多くの優占種を含むフタバガキ科の植物に加えて，林冠木を中心としたマメ科やクスノキ科などの幅広い樹種が開花するだけでなく，多くの亜高木や低木，つる植物や着生植物も開花する．この開花や結実の大きな年変動に応答して，送粉者，種子散布者，種子捕食者の個体群がどのように振る舞うかについて，現在数多くの研究が進められ，複雑な立体構造を持ち巧妙な生物間相互作用を含む熱帯雨林で多様な植物・動物種が存続するための機構が明らかになりつつある（井上，1998; 湯本，1999）．

　では，群集レベルで繁殖リズムが生じる仕組みはなにか[*1]．まず，外的な環境要因に原因を求める仮説を紹介する．一斉開花は花や種子量の変動が，広域的に，多岐にわたる分類群の樹木において同調する現象であるため，様々な植物種が同調を可能にする外的環境因子，すなわち稀に生じる気象条件が重要であると考えられてきた．半島マレーシアでは，20℃を下回る低温は数年に一度発生することが報告されている (Numata et al., 2013)．P. S. Ashton らは，半島マレーシアのマレーシア森林研究所における気象データと一斉開花イベントの解析から，最低気温が20℃を切る日が数日続くことと一斉開花の間に強い相関を見いだし，低温が一斉

[*1]：一斉開花の進化的意義については田中 (1995), 井上 (1998) を参照にされたい．

開花を誘導すると考える低温説を提唱した（Ashton et al., 1988）。その後も低温説を支持するデータは多く示されてきたが（Sakai et al., 1999; Yasuda et al., 1999; Numata et al., 2003），2000年代以降は最低気温の低下を伴わない一斉開花の存在も報告されており，低温以外の要因が検討されるようになった。

ボルネオ島のランビル国立公園や中央カリマンタンのバリトウル低地フタバガキ林においては，不定期に発生する異常乾燥（30日積算降雨量＜40 mm または＜60 mm）と一斉開花の強い関連性（乾燥説）が指摘されている（Sakai et al., 2006; Brearley et al., 2007）。現在は低温を伴わない一斉開花の発生も乾燥説によって説明できるため，一斉開花を引き起こす引き金は低温よりも乾燥が重要と考えられている。しかし，半島マレーシアの長期降水量データを解析したところ，一斉開花が見られる半島マレーシアの多くの地域では30日積算降水量が40 mmを下回るような強い乾燥は高頻度で，ほぼ毎年発生していたため（Numata et al., 2013），異常乾燥だけでは一斉開花の発生を説明できない。したがって，様々な地域で一斉開花が生じる仕組みを理解するためには，低温と乾燥以外の要因についても調べていく必要があるだろう。

こうした外的要因によって一斉開花の発生を説明する仮説に対して，植物体内の養分量という内的要因による制御を重視する仮説も提案されている。資源の供給可能性によって繁殖量が決まると考える資源マッチング説（Büsgen & Münch, 1929; Kelly, 1994）は古くから議論されているが，繁殖量の変動が資源量（ここでは光合成産物量）の変動よりも顕著に大きいことから，単なる資源量の反映として一斉開花を説明するのは難しい。また，繁殖に必要な炭素資源は繁殖年の稼ぎから十分供給でき枯渇しないことも示されていることから，フタバガキ科においては光合成産物量が開花および結実を制御すると考えるのは妥当ではない[*2]（Ichie et al., 2005, 2013）。一方で，D. Janzenは比較的やせた土壌を持つマレー半島からボルネオ地域では一斉開花が報告されているのに，火山活動の影響から土壌が肥沃なスマトラ地域では報告例がないことを指摘した（Janzen, 1974）。これは，繁殖に必要な資源をすばやく稼げるかどうかが開花の間隔を左右する可能性を示唆している。Janzenによるこの考え方は，植物内に毎年蓄えられる資源の動態（ダイナミクス）を考慮している点で，資源マッチング説と異なっている。

[*2]：しかし近年，開花や結実に必要なミネラルであるリンが，種子の成熟期間中に樹木の幹において減少することが報告されている（Ichie & Nakagawa, 2013b）。

資源収支モデル

　こうした資源の蓄積と繁殖による消費のダイナミクスを考慮した資源収支モデルによって，一斉開花が生じるメカニズムが理論的に説明されている（Isagi *et al.*, 1997; Satake & Iwasa, 2000）。このモデルでは，植物は毎年資源を蓄積するが，それが閾値を超えると開花，引き続き結実し，繁殖のため資源が枯渇すると考える。この繁殖後の資源枯渇によって，繁殖量の年変動が生じることになる。また，開花から結実へ至る際に，他の樹木の開花量が十分であるときにのみ受粉が成功し結実するという花粉制限を考慮すると，異なる植物個体間で繁殖リズムが引き込み合い，集団（個体群あるいは群集）レベルで新しいリズムが生じることが予測される[*3]。

　資源収支モデルは，これまでにない見方をマスティングおよび一斉開花の研究にもたらした。それは，温度や降水量などの外的環境が安定で，資源の稼ぎも毎年一定であったとしても，植物内の資源量は大きく変動し繁殖量は自律的に変動するという考え方である。そしてその変動パターンは，繁殖に必要な資源量と花粉制限の強さに依存して周期的にもカオス的にもなりうる多様さを持つ。こうした考え方が導入されたことによって，一斉開花研究を恒常的な環境下でも自律的な変動を見せるリズム現象と見なし，概日リズムなどの研究と同じ枠組みでとらえる道も開けた。

　しかし残された課題はまだまだある。もちろん，資源という内的要因のみによって，広範囲の空間スケールで見られる一斉開花は説明できない。むしろ，外的環境要因と内的要因の両方が統合されることで一斉開花が生じると考えるのが現実的であり，今後はこれらの因子がどのように統合されるのかについて研究を進める必要がある。また，資源収支モデルで仮定された「花芽形成を促す資源」とは一体何であるか，未だにわかっていない。最後に，これらの残された課題に挑戦するために我々が取り組んでいる新しいアプローチを紹介したい。

開花遺伝子ネットワークから見た一斉開花

　近年，分子遺伝学的研究の進展によって，シロイヌナズナやイネにおいて開花時期制御メカニズムの理解が急速に進み，花を咲かせる時期を決める遺伝子（開花遺伝子）が100以上も同定され，遺伝子間制御ネットワークが次々と明らかとな

＊3：近年この予測は，草本を用いた野外操作実験によって検証されている（Crone *et al.*, 2009）。異種間での同調については、送粉者の誘因と競争効果のバランスによって説明可能であると報告されている（Tachiki *et al.*, 2010）。

ってきた。開花遺伝子ネットワークは，日長や冬の低温という外的要因と，植物体のサイズや齢，ジベレリンホルモン量という内的要因にかかわる情報が独立の経路で伝わり，花成経路統合遺伝子（Floral pathway integrators；例えば，*FT*，*SOC1*，*LFY* など）によってこれらの情報が統合されるという情報伝達の構造を持つ (Simpton & Dearn, 2002; Andrés & Coupland, 2012)。これは，適切な外的・内的環境条件が整った時期にのみ花成経路統合遺伝子が発現し，下流にある花弁や薬などの花組織を形作る遺伝子群を発現させることによって，適切な季節に花成を誘導する非常に合理的な構造である*4。私たちが鑑賞する花々がつくられる背後には，長い進化の過程で形作られたこのような合理的で美しい遺伝子ネットワークが存在するのだ。

　この分子レベルで解明された花成の意志決定機構と，これまで多くの生態学者が明らかにしてきた一斉開花の仕組みの間に，アナロジーが見られるのは偶然ではないだろう。外生要因と内生要因を統合するシロイヌナズナと同様の花成制御の仕組みを，フタバガキ科樹木も持ち合わせているはずである。実際に，主要な開花遺伝子は系統の異なる種間でも高く保存されていることがわかっている (Tan & Swan, 2006; Andrés & Coupland, 2012)。また，フタバガキ科はシロイヌナズナが属するアブラナ科と系統的に近い位置にある。そこでシロイヌナズナで蓄積された開花遺伝子情報をもとに，フタバガキ科植物において関連した遺伝子を同定しその働きを調べることで，生態学的なアプローチだけでは踏み込めなかった一斉開花の謎により深く迫ることができると考えた。最近では，*Shorea beccariana* を対象に開花前と後の遺伝子発現量の変化を比較する研究が行われ，乾燥と花成の関連が遺伝子の発現レベルから分析されるようになっている (Kobayashi *et al.*, 2013)。こうしたアプローチをより多数の種や個体を対象に拡張し，遺伝子発現と資源量の経時間変化を長期間定期的に観測する体制を確立することが今後必要である。

一斉開花研究の新たな展開：
分子から個体，個体群，そして群集へ

　我々は，開花遺伝子の発現挙動をフタバガキ科樹木で追跡するために，2011年から半島マレーシアで林冠アクセスタワーを新設し一斉開花の長期的モニタリングに着手した。何年間も開花しないことを覚悟で開始した研究であったが，幸運にも2014年までの期間に対象木である *Shorea leprosula* と *Shorea curtisii* が2回ほ

＊4：ここで，花成とは栄養成長から生殖成長への切り替わりを指し，花芽形成の開始を意味する。

ど開花した。その結果，開花前から開花中，そして開花後までひと揃いのサンプルを手に入れることができたのである。入手したサンプルを用いた遺伝子発現解析によって，実際に開花が観察されるよりひと月前に，フロリゲン（花成ホルモン）として知られる *FT* 遺伝子（*FLOWERING LOCUS T*）や花芽分裂組織決定遺伝子である *LFY* 遺伝子（*LEAFY*）の発現量が上昇し，一過性のピークを迎えた後に，実際に観察される開花の終了よりも早くに抑制されほとんど発現が見られなくなることがわかってきた。これは，アブラナ科多年生草本と類似した挙動であり（Satake *et al.*, 2013），異なる系統間でも類似した分子的バックグラウンドが存在することが示唆される。また，窒素やリン，炭水化物などの資源量も同時に測定することで，これらの遺伝子の発現量変化と強く相関を持つ内生因子も特定されつつある。今後はその他の遺伝子群の発現量解析に加え，気象データの分析を合わせた統合的な解析によって，低温や乾燥などの外的要因と養分状態という内的要因がどのようなタイミングで統合され花成が生じるかを明らかにすることで，群集レベルで生じる繁殖リズムの謎を解き明かしたい。

野生植物の開花の仕組みを，複雑な自然条件において分子レベルから解明する研究はまだ始まったばかりである（たとえば Aikawa *et al.* 2010; Kobayashi *et al.* 2013; Satake *et al.* 2013）。今後，多様な生活史を持つ植物間で開花遺伝子ネットワークを比較することによって，分子レベルで一斉開花の仕組みを語ることができれば，一斉開花種に特有なシグナル伝達経路や開花遺伝子間制御関係を見いだし，それらが獲得された進化的背景について議論することが可能になるだろう。また，東南アジア熱帯雨林の生物多様性を支える基盤でもある一斉開花が，地球環境変化にどのように応答するのかを，遺伝子情報に立脚した形で予測することも可能になる。

実験室の人工気象器におさまる草本と異なり，40 m を超す巨木を対象に日本以外の土地で研究を行うには苦労が強いられ，研究できる内容も限られる。しかし，東南アジアの生物多様性の宝庫である熱帯雨林に特有の一斉開花の謎を解明し，現在失われつつある熱帯雨林の再生に役立つ技術提供に繋げたいという強い思いを原動力に，研究者は毎日研究に励むのである。

引用文献

Aikawa, S. *et al.* 2010. Robust control of the seasonal expression of the *Arabidopsis FLC* gene in a fluctuating environment. *Proceedings of the National Academy of Sciences of the USA* **107**: 11632-11637.

Andrés, F. & G. Coupland. 2012. The genetic basis of flowering responses to seasonal cues. *Nature Reviews Genetics* **13**: 627-639.

Ashton, P. S. *et al.* 1988. Staggered flowering in the Dipterocarpaceae: new insights into floral induction and the evolution of mast fruiting in the aseasonal tropics. *The American Naturalist* **132**: 44-66.

Brearley, F. Q. *et al.* 2007. Reproductive phenology over a 10-year period in a lowland evergreen rain forest of central Borneo. *Journal of Ecology* **95**: 828-839.

Büsgen, M. & E. Münch. 1929. The structure and life of forest trees. Chapman & Hall.

Crone, E. *et al.* 2009. How do plants know when other plants are flowering? Resource depletion, pollen limitation and mast-seeding in a perennial wildflower. *Ecology Letters* **12**: 1119-1126.

Ichie, T. & M. Nakagawa. 2013. Dynamics of mineral nutrient storage for mast reproduction in the tropical emergent tree *Dryobalanops aromatica*. *Ecological Research* **28**: 151-158.

Ichie, T. *et al.* 2005. How does *Dryobalanops aromatica* supply cardohydrate resources for reproduction in a masting year? *Trees* **19**: 703-710.

Ichie, T. *et al.* 2013. Are stored carbohydrates necessary for seed production in temperate deciduous trees? *Journal of Ecology* **101**: 525-531.

井上民二 1998. 生命の宝庫・熱帯雨林（NHKライブラリー）．日本放送出版協会．

Isagi, Y. *et al.* 1997. How does masting happen and synchronized? *Journal of Theoretical Biology* **187**: 231-239.

Janzen, D. H. 1974. Tropical blackwater rivers, anumals and mast fruiting by the Dipterocarpaceae. *Biotropica* **6**: 69-103.

Kelly, D. 1994. The evolutionary ecology of mast seeding. *Trends in Ecology and Evolution* **9**: 465-470.

Kobayashi, M. J. *et al.* 2013. Mass flowering of the tropical tree *Shorea beccariana* was preceded by expression changes in flowering and drought-responsive genes. *Molecular Ecology* **22**: 4603-4828.

Kon, H. *et al.* 2005. Evolutionary advantages of mast seeding in *Fagus crenata*. *Journal of Ethology* **93**: 1148-1155.

Numata, S. *et al.* 2003. Temporal and spatial patterns of mass flowerings on the Malay Peninsula. *American Journal of Botany* **90**: 1025-1031.

Numata, S. *et al.* 2013. Geographical pattern and environmental correlates of regional-scale general flowering in Peninsular Malaysia. *PLoS ONE* **8**: e79095.

Sakai, S. *et al.* 1999. Plant reproductive phenology over four years including an episode of general flowering in a lowland dipterocarp forest, Sarawak, Malaysia. *American Journal of Botany* **86**: 1414-1436.

Sakai, S. *et al.* 2006. Irregular droughts trigger mass flowering in aseasonal tropical forests in Asia. *American Journal of Botany* **93**: 1134-1139.

Satake, A. & Y. Iwasa. 2000. Pollen coupling of forest trees: forming synchronized and periodic reproduction out of chaos. *Journal of Theoretical Biology* **203**: 63-84.

Satake, A. *et al.* 2013. Forecasting flowering phenology under climate warming by modelling regulatory dynamics of flowering-time genes. *Nature Communications* **4**: 2303.

Simpson, G. G. & C. Dean. 2002. *Arabidopsis*, the rosetta stone of flowering time? *Science* **296**: 285-289.

Suzuki, W. *et al.* 2005. Mast seeding and its spatial scale in *Fagus crenata* in northern Japan. *Forest Ecology and Management* **205**: 105-116.

Tachiki, Y. *et al.* 2010. Pollinator coupling can induce synchronized flowering in different plant species. *Journal of Theoretical Biology* **267**: 153-163.

Tan, F. C. & S. M. Swain. 2006. Genetics of flower initiation and development in annual and perennial plants. *Physiologia Plantarum* **128**: 8-17.

田中浩 1995. 樹木はなぜ種子生産を大きく変動させるのか. 個体群生態学会報 **52**: 15-23.

Yasuda, M. *et al.* 1999. The mechanism of general flowering in Dipterocarpaceae in the Malay Peninsula. *Journal of Tropical Ecology* **15**: 437-449.

Yasaka, M. *et al.* 2003. Masting behavior of *Fagus crenata* in northern Japan: spatial synchrony and pre-dispersal seed predation. *Forest Ecology and Management* **184**: 277-284.

湯本貴和 1999. 熱帯雨林（岩波新書）. 岩波書店.

第2部
植物が
リズムを刻むしくみ

動物も植物も細菌も生物時計を備えている。近年の研究により，それらの生物時計の分子機構が少しずつ明らかになってきた。では，たとえば植物が毎年決まった時期に花を咲かせるのは，どのようなしくみによるのだろうか？　第2部では植物を対象に，リズムを刻むしくみに迫る研究を紹介する。特に，季節をはかるしくみは生態学の研究に密接にかかわるため，これからのこの研究分野の発展が期待される。

第6章　多振動子系としてみた植物の概日時計システム

福田 弘和（大阪府立大学大学院工学研究科）

はじめに

　植物への印象は読者によって様々かと思う。草刈りの青臭い印象から，成長点のフィボナッチ数[*1]に見られる幾何学的美しさ，膨大な分子生理学的研究がもたらす圧倒的な情報密度など。植物に対するイメージは多種多様である。その中でも，芽生えシーンの早送り映像や一斉に開花した草花の写真などは，見る者にとりわけ不思議な感覚を与えるのではないだろうか。それらの動作に，植物に秘められた調和と法則性の美しさを感じるからかもしれない。この植物に覚える美しさを科学的に明らかにしたい……。筆者の研究は，このような素朴な感覚から始まっている。

　本章では，植物の内部に秘められた調和について，1つの数理的研究を紹介したい。具体的には，おおよそ1日の振動周期をもつ「概日リズム」を対象とし，そこに見られる同調現象を紹介する。植物の概日時計が作り出す多彩な同調現象とその制御を例に，植物に秘められた調和と数理への理解を共有して，美しきシステムを堪能していただければ幸いである。

1. 植物は多振動子系

1.1. 植物は階層構造をもつ自律分散システム

　植物における同調現象を議論するにあたり，まずは植物個体がどのようなシステムとして見なせるかを考察してみよう。植物は動物と異なり，脳神経系のような情報処理器官を持たない。その代わり，体の各場所で生じたストレスなどは，その場所の細胞や組織，器官が自律的に判断し柔軟に処理することができる。このため植物は，全体を統合する中枢機能は持たないが，自律的に行動する各要素の相互作用によって全体として機能できるシステム，つまり，「自律分散システム」として

[*1]: 1, 1, 2, 3, 5, 8, 13, 21, 34……と続く，連続した2項の和が次の項になる数列。花に現れる螺旋状の模様や葉序がフィボナッチ数に関連することが多い。詳しくは『波紋と螺旋とフィボナッチ：数理の眼鏡でみえてくる生命の形の神秘』（近藤滋, 2003, 学研メディカル秀潤社）参照。

見なすことが可能である。動物も実際は体の各部位が自律的に機能し自律分散制御を行っているが，脳神経系による集中管理制御が強大であるため中枢制御システムとしての性格が強い。一方，植物は，強力な集中管理制御機構を持たないので，より純粋な自律分散システムであると言えるのである。

また，植物は自律的な細胞が互いに繋がり，組織，器官，個体を形作っており，その観点から「階層性のある自律分散システム」とも見なすことが可能だ。隣り合った植物細胞どうしは原形質連絡により相互作用し，また維管束系と呼ばれる導管や師管によって遠く離れた組織や器官どうしの相互作用を可能にしている。この長距離の相互作用を可能にするネットワークは，システムをさらに複雑化，高度化しており，器官によってもシステムの形状が異なる。例えば，多くの葉は平坦な2次元状の構造を持つが，多くの根は長細い1次元状の構造を持つ。このように植物システムは情報処理の観点からもユニークなシステムであるため，生物学者だけでなく物理学者や工学者にとっても興味の対象となってきた（甲斐・森川，2006）。

1.2. 植物細胞1つ1つが概日時計

植物細胞1つ1つが高い自律性をもち，それらが相互作用して植物全体としての機能を獲得している。それでは，概日時計も細胞1つ1つで自律的に振る舞っているのであろうか？ 1990年代から2000年初頭にかけて，ホタル由来の発光遺伝子（ルシフェラーゼ遺伝子）を利用して，光合成遺伝子などの発現量を生きたまま細胞レベルの分解能で可視化する研究が行われた。1995年，光合成遺伝子 *CAB2* の発現量の可視化によって，子葉全体で個々の細胞が概日リズムを刻んでいる様子が報告された（Millar *et al.*, 1995）。この成果は，「サイエンス」誌の表紙として取り上げられている。2000年には，葉の先端側半分と基部側半分で体内時刻（概日リズムの位相）を反転させた実験が報告され，1枚の葉に2つの体内時刻を同時に共存させることができることが示された（Thain *et al.*, 2000）。この結果は，葉の細胞1つ1つが"自律的な概日時計"になっていることを強く示唆するものであり，大いに注目された。以上の研究成果から，葉という2次元的に細胞が連結した器官は，細胞1つ1つが自律的な概日振動素子（概日リズムの位相だけ，または位相と振幅の情報だけをもつ素子）として振る舞っていることにより，2次元状の振動子系であると見なすことができる。またほぼ同時期に，CAM型光合成植物[*2]であるカランコエの葉表面においてクロロフィル蛍光[*3]の概日リズムが動画として可視化され，位相波（概日リズムの位相情報が波として規則的に伝わる現象）の存在が確認された（Rascher *et al.*, 2001）。また，培養細胞における概日リズム計測に

より，細胞単位で明確な概日リズムが形成しうることが確認された（Nakamichi et al., 2004）。これらの研究により，植物体は無数の振動子素子（以下，単に振動子という）で構成される「多振動子系」であり，しかも組織，器官，個体という階層構造をもった多振動子系であることが明らかとなった。

1.3. 多振動子系の研究と展開

上述のように，植物を構成するほぼすべての細胞が概日リズムを発振する振動子として振る舞っている。したがって，植物の概日リズムは個体で1つということではなく，細胞ごとに備わっており，細胞の数だけリズム状態の組み合わせが可能である。例えば，1枚の葉において葉の先端側の概日時計を昼の状態に，基部側を夜の状態にとることも可能である（Thain et al., 2000; Fukuda et al., 2007）。このように，植物体を多くの振動子が集まった「多振動子系」として見ることで，植物における概日リズム現象の多様性が突然姿を現す。しかし，このようなリズム現象の多様性はどのように取り扱ったらよいのだろうか？　また，このような現象の研究にどのような展開が期待できるのであろうか？

本章では，細胞を単純に振動子として見ることで，組織や器官といった細胞集団が生み出す多様なリズム現象を数理モデルによって記述できることを紹介する。ここで紹介する現象は生物学的には一見不可解で特異的（自然界では生じえないような特殊な状態）なものが多いが，それらはすべて数式で記述でき，多くの場合，実にシンプルな機構で発生していることを示せる。中には成長点近傍においてのみ発生する現象もあるが，これも多振動子系としての枠組みで取り扱いが可能であることを述べたい。また，数式を用いて現象を記述できる利点を活かして，コンピュータ・シミュレーションによって様々な未知のリズム状態を予測でき，さらには細胞集団のリズム状態を精密に制御できることを述べる。論理的かつ精密にリズム状態を予想できる点も，多振動子系の研究の魅力となっている。

2. 葉の多振動子モデル

2.1. 植物の同調現象の研究

上述のように，葉が2次元振動子系として振る舞っていることが明らかにされたのは，2000年頃である（Thain et al., 2000）。その頃，筆者は大学院生として，

＊2：多肉植物に多く見られ，夜間に取り込んだ CO_2 をリンゴ酸として貯蔵し，昼間にそれを用いて光合成を行う光合成の一様式。
＊3：光合成で利用されなかったエネルギーが蛍光として放出されたもの。

Belousov-Zhabotinsky 反応（BZ 反応）という振動化学反応を利用した同期現象の研究を行っていた。研究を始めた動機は，初めに述べたように，植物に感じる「調和の数理」を解明したかったからである。しかし，大学院生当時，研究室には遺伝子組換え植物を扱う環境もルシフェラーゼ発光[*4]を計測するための冷却 CCD カメラなどの機器もなかったので，植物の概日時計を頭の中で想像しながら BZ 反応を日々実験していた。

フェロインやルテニウム錯体などの金属触媒の性質を利用して周期的に変色する BZ 反応は，シャーレに薄く広げると 2 次元の振動場として振る舞い，ターゲットパターン（同心円状の波）やスパイラルパターン（らせん波）などの鮮やかな時空間パターンを呈する。さらに，直径 1 mm ほどのイオン交換樹脂製のビーズを用いると，粒状の BZ 反応系を作ることができる (Maselko et al., 1989; 三池ら, 1997)。このビーズ振動子を 2 次元格子状や 1 次元の鎖状に配列すると，葉のような 2 次元振動子系や，根のような 1 次元振動子系を構成できる（図 1；Fukuda et al., 2005a, 2005b）。また，振動子間の結合強度はビーズどうしの隙間の距離 d によって調節することができ，d を大きくして配置すると，物質拡散による結合が弱まり非同期状態となる。一方，d を小さくすると結合が強まる。ある臨界 d_c より小さくすると隣接する振動子どうしが同期し，位相波（位相情報が波として規則的に伝わる現象）が発生する。位相波が生じている状況では，個々の振動子の周期は完全に一致し同期している。これらの現象は，BZ 反応の標準モデルであるオレゴネーターモデルを用いて，定量的な数値シミュレーションをすることができる。このように筆者はこの BZ 反応系を利用して，同期現象の解析とシミュレーションについて，基礎研究を行った。

その基礎研究で学位を取り，現在の大学に職を得てからは，ルシフェラーゼ発光による概日リズムを計測するための冷却 CCD カメラを駆使する機会に恵まれ，葉や根における概日リズムを存分に観察することができている。

2.2. 葉におけるスパイラル波

BZ 反応に詳しい方はご存じだと思うが，スパイラル波は 2 次元振動子系の理解において基本となるパターンである。1 点を中心に螺旋を描き回転する位相波であるスパイラル波は，2 次元状の平らな振動子系で一般に形成される。そしてその中心には，「位相特異点[*5]」と呼ばれるリズムが消失し位相が定まらない点が存在す

[*4]：ホタル由来の発光遺伝子を遺伝子組換えなどにより植物に導入することで生じる生物発光。目的遺伝子の発現を非破壊で計測する際に用いられる。

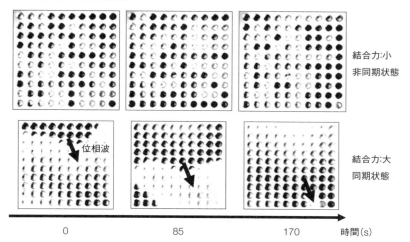
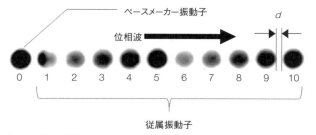

図1 BZビーズ振動子系

a：10×10の2次元格子振動子系。黒色のビーズは酸化状態，白色のビーズは還元状態を表す。結合力が弱い（ビーズ間隙 $d = 0.3$ mm）と非同期状態となり（上段），結合力が十分強い（ビーズ間隙 $d = 0.02$ mm）と全体が同期し位相波が生じる（下段）。**b**：ペースメーカー振動子をもつ1次元振動子系。No. 0のペースメーカー振動子は他の従属振動子と比べ約20％高い振動数をもつ。振動数の高いペースメーカー振動子が起点となり位相波がNo. 10へ向かって伝播する。ビーズのサイズは 0.9 ± 0.01 mm，自然振動数は約 0.005 Hz，位相波の伝播速度は約 4×10^{-2} mm/s である（**a**，**b**）。

る．物理学でよく研究されているスパイラル波を植物の葉で観察することができれば，植物を一気に物理学の対象にでき，数理的な研究を一気に進めることができるのではないか，そう思いスパイラル波を観察する研究を始めた．

＊5：コラム4参照

スパイラル波を植物の葉で観察するために，筆者は当時名古屋大学の大学院生であった中道範人さんに相談し，時計遺伝子 *CIRCADIAN CLOCK ASSOCIATED 1* (*CCA1*) の発現リズムをルシフェラーゼ発光により観察することができる遺伝子組換えシロイヌナズナ *CCA1::LUC* を用いて，葉における細胞レベルの概日リズムをルシフェラーゼ発光にて観察してもらった。そして，その発光動画から動画の各ピクセルにおける概日リズムの位相を抽出し，発光動画を位相情報の動画に変換した（このような作業は BZ 反応の研究で日々行っていた）。すると，10 枚ほどの葉の中に，1 枚，スパイラル波を描く葉が存在した。概日時計の研究分野において初めてスパイラル波が観察された瞬間であった。実はスパイラル波は，通常の条件下では発生しづらいため，この観察はとても幸運だった。

スパイラル波を発生させるためには，空間的に位相を操作する必要がある。例えば，葉に上半分白色・下半分黒色の映像をプロジェクターで照射する。これを 6 時間毎に 90°回転させ，これを 3 日間ほど繰り返す。すると，葉の先端側左部，先端側右部，基部側右部，基部側左部の 4 つの領域で，体内時刻が 6 時間ごとずれた状態になる。つまり，4 つの領域で 6 時間ごと異なる昼夜サイクルを与えることで，領域ごとに体内時刻の位相をずらしているのである。この操作によって，スパイラル波が誘導される（口絵 6）。また，連続暗期で長時間計測していれば，スパイラル波が自然発生することがある。その際，時計回りと反時計回りのスパイラル波が"対"で発生する。また，スパイラル波どうしは相互作用し，"対消滅"することもある。スパイラル波の生成数や発生地点は，位相の初期条件によって設定することができる。このようなダイナミクスの解析を通じて，細胞どうしの相互作用や葉全体のシステムの特性に迫ることができる。その一例を，次の小節で紹介しよう。

2.3. 葉脈による位相の遅れ

口絵 6 下段の位相画像をよく見てみると，葉脈の形が現れていることがわかる。葉脈の部分で少し概日リズムが遅れているため，位相画像に葉脈の形が浮き出てくるのである。このように，時空間ダイナミクスを詳細に解析することで植物システムが持つ特性を発見することができる。

筆者らは，この特性の発生機構を解明するために，2 層からなる葉の数理モデルを考案した（Fukuda *et al.*, 2007）。まず，表皮細胞や葉肉細胞は概日リズムを自分自身で発振できる「アクティブな細胞」であり第 1 層を形成するとする。一方で，葉脈細胞には細胞核がないため，自分自身では時計遺伝子の発現による概日リズムを発振できない。そこで葉脈細胞を「非アクティブな細胞」とみなし第 2 層を形

成するとする。そして、それぞれの細胞の状態を W と Z で表すとした。ここで W と Z は複素数であり、$W=A^{(W)}\exp(i\phi^{(W)})$, $Z=A^{(Z)}\exp(i\phi^{(Z)})$ と表されるので、それぞれの細胞において振幅 A と位相 ϕ を同時に議論することができる（Pikovsky ら, 2009）。また、概日リズムの発振機構については自律振動を記述する一般式としてよく利用される Stuart-Landau 方程式（Pikovsky *et al.*, 2009）を用い、非アクティブな性質は減衰の式を用いるとした。以上のことを式で表すと

$$\frac{dW_k}{dt} = (\alpha + i\omega_k - |W_k|^2)W_k + K_p \sum_{<l>}(W_l - W_k) + K_{pv}(Z_k - W_k)$$
$$\frac{dZ_k}{dt} = -\beta Z_k + K_v \sum_{<l>}(Z_l - Z_k) + K_{pv}(W_k - Z_k)$$
(1)

となる。ここで、$W_k=(A^{(W)}{}_k \exp(i\phi^{(W)}{}_k))$ は第1層における振動子 k の状態を、$Z_k=(A^{(Z)}{}_k \exp(i\phi^{(Z)}{}_k))$ は第2層における振動子 k の状態を表す。したがって、式(1) は第1層における振幅 $A^{(W)}{}_k$ と位相 $\phi^{(W)}{}_k$、そして第2層における振幅 $A^{(Z)}{}_k$ と位相 $\phi^{(Z)}{}_k$ に関する時間発展方程式となっている。$\alpha(>0)$ はアクティブな細胞のアクティビティを表し、α が大きければ大きいほどリズムの振幅が大きくなる（α：ホップ分岐の分岐パラメータ）。ω_k はアクティブな細胞 k の自然振動数（独立した振動子のもつ振動数。コラム4を参照）である。$\beta(>0)$ は Z の減衰の強さを表す。細胞間は物質拡散によって最近接のものとのみ結合しているとし（$\sum_{<l>}$ は最近接振動子との総和）、アクティブ細胞どうしの結合係数を K_p、非アクティブ細胞どうしの結合係数を K_v、2層間で隣接するアクティブな細胞と非アクティブな細胞の結合係数を K_{pv} で表した。ここで K_p, K_v, K_{pv} は結合する相手がいない場合は 0 とした。

口絵7は式(1)を用いて行ったシミュレーションの例である。口絵7-e はスパイラルの中心を算出したもので、スパイラル波が計6つ（時計回りと反時計回りのスパイラル波のペアが3対）発生していることがわかる。また、口絵7-f は振幅を表し、スパイラルの中心部で振幅が小さくなっている様子がわかる。このようなスパイラル群は、実際の葉でも観察できている。スパイラル群の動きから、細胞間の相互作用の方向性や強度など、通常の分子生物学的手法では解明できない性質を明らかにできると期待され、今後の課題となっている。

3. 根の多振動子モデル

3.1. 根におけるストライプ波

近年、根における興味深いリズム現象が次々と報告されている。2008年、根の

概日時計が地上部の概日時計と状態が異なっており，地上部の概日時計の支配下にあると報告されている（James et al., 2008）。また2010年には，オーキシン誘導性遺伝子である DR5 の発現イメージングにより，根先端部におけるオーキシン誘導プロモータの活性が約6時間周期のリズムを刻み，規則的な側根形成に大きな影響を与えていることが報告されている（Moreno-Risueno et al., 2010）。この他にも，根の伸長速度に概日リズムが観察されること，そしてそれが地上部からの炭素源の供給と関連付けて議論できることが報告されている（Yazdanbakhsh et al., 2011）。このように，根におけるリズム現象について近年新たな知見が得られてきている。

葉における研究と同様に，根における時空間パターンの研究においてもルシフェラーゼ発光を用いた時計遺伝子の発現量の可視化が有力なツールである。2007年頃から筆者の研究室では，シロイヌナズナ（CCA1::LUC）の成長過程における個体レベルの可視化を試みていた。明所で発芽させたばかりの植物個体を，糖を含んだ植物栽培用無菌培地上で2週間ほど連続暗条件で栽培した。2週間の栽培期間中，ルシフェラーゼ発光を観察すると，驚くことに，伸長する根において縞状の発光パターンが観察された。その縞状の発光パターンは，クリスマスの電飾で見られる流れ落ちる光のように，地上部から根の先端に向かって伝わるものであった（Fukuda et al., 2012）。この縞状パターンは連続明条件で伸長させた根においても，鮮明に形成される（図2-a, b）。ルシフェラーゼ発光の位相波に慣れている私であったが，この流れ落ちる発光パターンの圧倒的な規則性と再現性には，格別の印象を覚えた。すぐに知り合いの概日時計の生物学者と非線形系の物理学者に相談し，この現象の新規性を確認したのを今でもはっきりと思い出す。この縞状の発光パターンは，根の伸長速度と同じ速度で先端に向かって移動する移動波となっている。移動する縞状パターンであるため「ストライプ波」と呼んでいる。

ストライプ波における発光強度は CCA1 の発現量を反映しているので，発光が極大となっている場所は概日時計が夜明けの状態となっていることを意味し，発光が極小となっている場所は概日時計が夕暮れの状態となっていることを意味する。したがって，ストライプ波は様々な体内時刻を一度に含んでいる，つまり根全体レベルでは位相が統一されていない非同期状態を表している。

3.2. 成長点における位相リセットとストライプ波の形成モデル

根のストライプ波において，根の成長点近傍，特に伸長分化領域においては常に発光が弱く，CCA1 の発現量が常に極小となっているという特徴が見られる（図2-c, d）。根の伸長分化領域で CCA1 の発現量が極小となっているということは，そ

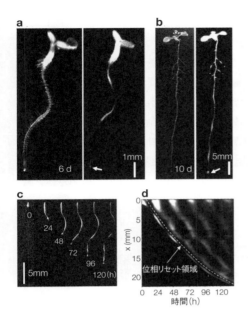

図2 根におけるストライプ波
a, **b**：連続明条件下で6日間 (**a**) と10日間 (**b**) 育成したシロイヌナズナ *CCA1::LUC* の明視野画像（左）とルシフェラーゼ発光画像（右）。**c**：切り取った根の先端部を連続暗条件下で育成したときのルシフェラーゼ発光のスナップショット。**d**：**c** における発光強度の時空プロット。各時刻において根に沿った発光強度をプロットした。伸長・分化領域に相当する領域の発光が常に弱いことから，その領域が常に夕方に位相リセットされていることがわかる。

の領域の概日リズムが常に夕暮れにリセットされていることを意味する。このリセット効果によって新しくつくられた細胞の概日時計がいつも同じ時刻に揃えられるため，ストライプ波が形成されるのである。この成長点における位相リセットのメカニズムはまだ解明されていないが，生物学的に重要な課題だと思われる。

胚や成長点における概日時計の振る舞いは，発生学における未解決課題の1つである。「多細胞生物の器官発生」におけるこの未解決問題は，近年，ES細胞やiPS細胞を用いた研究によって解明の糸口が見出されつつある (Yagita *et al.*, 2010)。哺乳類の概日時計は，発生段階の初期においては停止しているが，特別な条件が揃えば振動を開始すると予想されている。一方，植物の根は成長点を半永久的に維持できる「無限成長器官」であるため，器官形成過程における概日時計の振る舞いを明らかにするうえで便利な生物モデルとなると思われる。植物の根におけるストライプ波の研究は，多細胞生物の器官発生に関して重要な知見を与えてくれると期待できる。

以下ではストライプ波の形成メカニズムについて数理モデルを用いて述べたい。まずは，ストライプ波の形成メカニズムを理解するために，一般的な1次元振動子モデルを考察する。根の細胞は1次元状に並んでいるものとし，細胞 i の位相 ϕ_i は以下の式で決まるとする。

$$\frac{d\phi_i}{dt} = \omega_i + \sum_{j \neq i} k_{ij} f(\phi_i, \phi_j) + S_i(\phi_i, \Theta) + E_i(\phi_i, t) \tag{2}$$

ここで，ω_i は細胞 i の自然振動数（$=2\pi/$概日周期），k_{ij} と $f(\phi_i, \phi_j)$ は細胞 i と細胞 j の結合強度と結合関数を表す．$S_i(\phi_i, \Theta)$ は位相 Θ をもつ地上部からの影響を表し，$E_i(\phi_i, t)$ は直接根の細胞 i に届く温度や光などの環境シグナルを表す．

ストライプ波は，光や温度が一定な恒常条件で形成されるため，$E_i(\phi_i, t)$ は消去される．また，ストライプ波は，根の先端部だけを培地上で生育・伸長させた場合でも形成されることから，地上部の影響 $S_i(\phi_i, \Theta)$ も消去できる．さらに，カミソリ等で根を数か所で切断しても，各細胞は概日リズムを刻み続け，ストライプ波を維持し続けるので，細胞間の相互作用 $\sum k_{ij} f(\phi_i, \phi_j)$ はそれほど重要でないと考えられる．したがって，結局，ストライプ波の形成に必要な方程式は

$$\frac{d\phi_i}{dt} = \omega_i \tag{3}$$

となる．式(3)は，細胞の自律振動性のみを記述している．実際，式(3)に①新たな振動子が先端部で継続して形成され，②先端部で位相リセットが生じるという境界条件を与えると，シミュレーションでストライプ波を再現することができる．ここで，自然振動数 ω_i がすべての細胞で等しい場合，ストライプ波は崩壊せず維持される．一方，ω_i が細胞ごとに大きく異なると，ストライプ波は時間とともに崩壊する．

結局，ストライプ波は，振動子が根の先端で継続して形成され，振動子の形成時において位相がリセットされているという2つの条件だけで発生する単純な現象であった．しかしながら，自発的に根全体の同調を壊していくという生物学的に特異的な現象であり，リズム現象としてだけでなく植物生理学としても興味深い現象である．

4. 概日時計のシステム制御

概日時計は，数理モデルで記述でき，光などの環境刺激に対する応答関数も得やすく，制御の対象として取り扱いが比較的容易である．また，多数の遺伝子の発現が概日時計に調節されていることから，概日時計を利用した様々な応用研究が期待できる．ここでは，概日時計のインパルス応答とそれを用いた細胞集団の同期制御について紹介する．

まず，植物個体を多数の位相振動子（位相だけの情報をもつ振動子）が集まり，それらが大域結合（すべての振動子がすべてと結合）しているシステムと見なす．図3-aは，インパルスとして連続明条件における短時間（2h幅）の暗期刺激（ダ

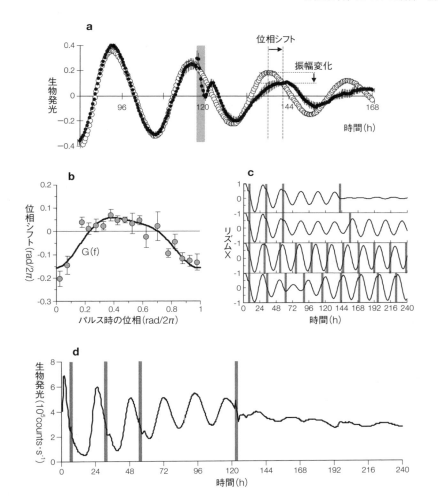

図3 ダークパルスによる概日リズムの位相応答とリズム制御
a：シロイヌナズナ *CCA1::LUC* のルシフェラーゼ発光が示すダークパルスに対する応答。白丸はパルスなし条件，黒丸はパルス印加条件における発光データ。灰色のバーは2時間幅のダークパルスを示す。**b**：ダークパルスに対する位相応答曲線 $G(\phi)$。**c**：式 (4) を用いたコンピュータ・シミュレーション。上から，シンギュラリティー現象，リズムの回復，短周期パルス列（23 h 周期）への同期，長周期パルス列（27 h 周期）への同期を表す。**d**：シンギュラリティー現象についての実験データ。

ークパルス）を用い，時計遺伝子 *CCA1* の発現リズムの位相応答を調べた例である（Fukuda *et al.*, 2008; Fukuda *et al.*, 2013）。図3-b はこのダークパルスに対する時計遺伝子 *CCA1* の発現リズムの位相応答関数 $G(\phi)$ である。図3-c は，複数回のダー

クパルスが振動子集団の平均リズム X $(X=\frac{K}{N}\sum_{j\neq i}^{N}\cos(\phi))$ に与える影響を，以下の位相方程式を用いてシミュレーションした結果である．X は個体レベルのリズムに相当している．

$$\frac{d\phi_i}{dt} = \omega_i + (1-L(t))Z(\phi_i) + \frac{K}{N}\sum_{j=i}^{N}\sin(\phi_j-\phi_i) \quad (4)$$

ここで，ϕ_i は細胞 i の位相，ω は固有振動数，$L(t)$ は光強度，$Z(\phi_i)$ は $G(\phi)$ から得られる位相感受関数，K は細胞間の結合強度，N は細胞の総数である．

数値シミュレーションでは，振動子集団の脱同期によるリズム X の消失（シンギュラリティー現象）や，再同期によるリズム X の振幅の回復，短い周期または長い周期をもつ周期的なダークパルス列への同期とそれによるリズム X の振幅の増強などが見られた（図3-c）．実験でも，シンギュラリティー現象をはじめとする予測されたすべての現象を観察することに成功している（図3-d）．この制御実験では，わずか2時間の暗期刺激を，全細胞に等しく与えているにもかかわらず，細胞間の同期を壊したり回復したりできており，驚きである．

おわりに

本章では，植物の概日時計システムを多振動子系として捉える研究を紹介した．本章で紹介したモデルは，分子レベルの現象は議論せず，位相方程式などを用いて細胞リズムどうしの相互作用を数理モデル化したものである．口絵6や図2のような器官レベルの全体的な時空間ダイナミクスは，分子レベルの情報を特に必要と

Box 植物工場

植物工場は，閉鎖空間内で人工の光などを利用しながら野菜などを安定的に生産するシステムである（高辻，2007; 古在，2009; 野口ら，2012）．そこでは，照度や温度，湿度，CO_2 濃度，養液濃度などのすべての環境要因がコンピュータで制御されている．植物工場は，自然環境に関係なく四季を通じて一定の品質の植物を無農薬で安定供給できるだけでなく，従来の農法のように良好な気候と広い土地を必要としないため，寒冷地，砂漠等の不毛地，地下スペース，都市の未利用空間，大型船舶上等，あらゆる場所での植物栽培を可能にする．また，コンピュータに制御された人工環境下において，一連の工程を実施できるという特徴から，医薬用原材料の生産工場としての利用についても期待が高まっている．

はせず，細胞リズムどうしの相互作用のみを議論すれば十分である．また，このような時空間ダイナミクスの制御も，制御因子となる光などとの位相応答性が関数で与えられていれば，それを用いて議論可能である．多振動子系の研究は，細胞集団という複雑なシステムを単純化して見るための指針を与え，さらにその制御についても手掛かりを与えてくれる．

　概日時計（体内時計）の科学における今後の課題の1つに，「体内時計制御工学」の構築がある．体内時計の制御はもちろん古くから多種多様な生物で行われてきたが，今後は非線形動力学（徳田，2009; 蔵本・河村，2010; 郡・森田，2011）を軸とすることで，数式による精密な制御を実現できる"工学"として再構築できると思われる．もちろん，哺乳類や植物など異なる生物種を初めから統一して議論することは困難であると思われるので，初期の段階では個々の生物種に特化した制御工学を目指すのが合理的だと思われる（柴田，2011）．

　歴史を見ると，制御工学という学問は産業と密接にかかわっており，産業とともに発展してきた．したがって，体内時計制御工学も産業へ応用できるか否かで，その真価が問われると思われる．また，具体的な産業応用を早い段階から想定しておくことは，体内時計制御工学の構築に1つの指標を与え大変有益だと筆者は思う．では，植物の体内時計制御工学は，どのような産業へ応用可能なのであろうか？

　植物に関する最大の産業は，農業である．昨今，我が国の農業を取り巻く状況は課題が多く，特に環境変動や土壌汚染は農業における深刻な問題となっている．このため，作物を汚染物質から確実に隔離し安全に生産することができる「植物工場」は新たな農業として注目を集めている（Box参照）．

　植物工場では最適な昼夜サイクルによる高品質な野菜の栽培が研究課題の1つである．つまり，体内時計の最適制御による植物生産の技術開発が課題となっている．このため，本章4. で紹介したダークパルスを用いた高度な概日リズム制御も，植物工場における産業技術の基礎として利用できるかもしれない．多振動子系の研究は，植物工場という新たな農業にも応用可能な研究として今後が期待できる．

　本章では，植物の概日時計が作り出す多彩な同調現象とその制御を例に，植物に秘められた調和と数理への理解を共有し，さらにはその産業利用の可能性にも触れた．植物に秘められた調和の数理とその潜在的有用性を共有できれば幸いである．

参考文献

Fukuda, H. *et al*. 2005a. Global synchronization in two-dimensional lattices of discrete Belousov–Zhabotinsky oscillators. *Physica D* **205**: 80-86.

Fukuda, H. *et al.* 2005b. Entrainment in a chemical oscillator chain with a pacemaker. *Journal of Physical Chemistry A* **109**: 11250-11254.

Fukuda, H. *et al.* 2007. Synchronization of plant circadian oscillators with a phase delay effect of the vein network. *Physical Review Letters* **99**: 098102.

Fukuda, H. *et al.* 2008. Effect of dark pulse under continuous red light on the *Arabidopsis thaliana* circadian rhythm. *Environmental Control in Biology* **46**: 123-128.

Fukuda, H. *et al.* 2012. Self-arrangement of cellular circadian rhythms through phase resetting in plant roots. *Physical Review E* **86**: 041917.

Fukuda, H. *et al.* 2013. Controlling circadian rhythms by dark-pulse perturbations in *Arabidopsis thaliana*. *Scientific Reports* **3**: 1533.

James, A. B. *et al.* 2008. The circadian clock in *Arabidopsis* roots is a simplified slave version of the clock in shoots. *Science* **322**: 1832-1835.

甲斐昌一・森川弘道（監修）2006. プラントミメティックス～植物に学ぶ～．エヌ・ティー・エス．

蔵本由紀・河村洋史 2010. 同期現象の数理―位相記述によるアプローチ（非線形科学シリーズ 6）．培風館．

古在豊樹 2009. 太陽光型植物工場－先進的植物工場のサステナブル・デザイン－．オーム社．

郡宏・森田善久 2011. 生物リズムと力学系．共立出版．

Maselko, J. *et al.* 1989. Regular and irregular spatial patterns in an immobilized-catalyst Belousov-Zhabotinskii reaction. *The Journal of Physical Chemistry* **93**: 2774-2780.

三池秀敏ら 1997. 非平衡系の科学Ⅲ－反応・拡散系のダイナミクス．講談社．

Millar, A. J. *et al.* 1995. Circadian clock mutants in *Arabidopsis* identified by luciferase imaging. *Science* **267**: 1161-1163.

Moreno-Risueno, M. A. *et al.* 2010. Oscillating gene expression determines competence for periodic *Arabidopsis* root branching. *Science* **329**: 1306-1311.

Nakamichi, N. *et al.* 2004. Characterization of plant circadian rhythms by employing *Arabidopsis* cultured cells with bioluminescence reporters. *Plant and Cell Physiology* **45**: 57-67.

野口伸ら 2012. 太陽光植物工場の新展開．養賢堂．

Pikovsky, A ら（徳田功 訳）2009. 同期理論の基礎と応用．丸善．

Rascher, U. *et al.* 2001. Spatiotemporal variation of metabolism in a plant circadian rhythm: the biological clock as an assembly of coupled individual oscillators. *Proceedings of the National Academy of Sciences of the USA.* **98**: 11801-11805.

柴田重信（監修）2011. 体内時計の科学と産業応用 シーエムシー出版．

高辻正基 2007. 完全制御型植物工場．オーム社．

Thain, S. C. *et al.* 2000. Functional independence of circadian clocks that regulate plant gene expression. *Current Biology* **10**: 951-956.

Yagita, K. *et al.* 2010. Development of the circadian oscillator during differentiation of mouse embryonic stem cells in vitro. *Proceedings of the National Academy of Sciences of the USA.* **107**: 3846.

Yazdanbakhsh, N. *et al.* 2011. Circadian control of root elongation and C partitioning in *Arabidopsis thaliana*. *Plant, Cell & Environment* **34**: 877-894.

第7章 短日植物イネが夏至の頃に花芽形成を起こす！？
―光周性花芽形成能の生物学的意義について―

井澤 毅（独立行政法人農業生物資源研究所）

なぜ光周性研究をはじめたのか？――イントロダクションに代えて――

　うちの本棚には，大学生の時に使っていた教科書がかなり"放置"されている。この執筆を機に，その中の1冊を手に取ってみた。その植物生理学（増田，1988）からの引用である。"植物における花芽分化に光条件，すなわち日長が決定的な役割を果たすことは，1918～1920年，アメリカのガーナー（W. W. Garner）とアラード（H. A. Allard）によって発見された。（中略）植物には，ダイズやメリーランドマンモスのタバコのように，日が短くならないと花芽を形成しないもの，その反対に，日長が長くならなければ花芽を分化しないものがあることがわかった。前者を短日植物（short-day plant），後者を長日植物（long-day plant）とよぶ。また，植物の中には日長に関係なく花芽を分化するものもあり，これらは中性植物（neutral plant）と呼ばれる。（中略）このように，光周期によって花芽分化の誘導を起こす現象を光周誘導と呼ぶ"とあった。

　約20年前から，この「光周性」をメインテーマに研究を進めてきた自分であるが，不思議なことに，この教科書の記述を含め，光周性について初めて習った時のことをまるで覚えていない。修士課程中に，自分は〇〇博士という柄じゃないなあと思い，課程修了後，当時のバイオテクノロジーブームの風に乗って三菱系のベンチャー企業に就職した。2年間の海外留学を含む6年間を企業で過ごした後，縁あって，1994年に新設の奈良先端科学技術大学院大学の助手に転職した。留学時の仕事を纏めて，なんとか博士号も取得した。ロンパク（論博）というやつである。この転職を契機に，初めて基礎研究を生業とする「研究者」としての自分を意識したことをよく覚えている。当然のように，自分自身の研究テーマを探すためにいろいろと模索することになったわけだが，お世話になった所属講座の教授から，「イネを材料にすべし」という条件を付けられて，はたと困った。当時は，シロイヌナズナという雑草が植物分子遺伝学のモデル植物として確立したばかりで，自分も最先端の

シロイヌナズナの研究論文ばかりを読み漁っていたのだった。華々しい成果が次々と発表されるシロイヌナズナ研究に後ろ髪を引かれつつ,「イネを実験材料にすることがメリットとなる研究テーマなんかあるのかな?」とぼやいていたのを覚えている(若かったといえばそれまでである。今なら,あまり多くの人が研究していない材料こそ,新しい生物学的知見に出会う絶好の機会だと考えたかもしれない)。そんなある日,ふと思いついたアイデアが,光周性を研究テーマにすることであった。ちょうど,シロイヌナズナで開花期が変化する突然変異体の選抜事例が多数報告され,その中で,開花期の制御で重要な機能を持つと考えられる遺伝子の単離(つまり,原因となる遺伝子のDNA配列の同定)も報告され始めた頃だった。「そうだ!シロイヌナズナは長日植物だ。イネは短日植物だから,(仮に分子機構に相同な部分が存在したとしても)花芽形成を制御する分子メカニズムが完全に同じはずはない。これを研究テーマにすれば,シロイヌナズナで研究が先行するのはかえって好都合かもしれない。」こう思いついたのである。我ながら,安易な発想であった。知り合いの先生からは,植物の開花期制御の遺伝機構は,複数の遺伝子が相互作用して成り立っている量的な遺伝形質であり,(ゲノム情報が充実していなかった当時)図体が大きく1世代が長いイネの花芽形成の分子遺伝学的研究はハードルが高いから止めた方がいいよとアドバイスされたりした。でも,いったん研究の成功イメージが自分の頭に浮かぶと他の選択肢には興味が持てなくなってしまったのである。

　こんなふうに,かなり安易に生涯の研究テーマを決めてしまった自分であったが,光周性研究の魅力をより強く意識したのには,ある本との出会いがあった。瀧本敦による『花を咲かせるものは何か』(中公新書, 1998年)である。この本には,光周性の発見当時の状況や,その後の生理学的解析が概説されていて,多くの研究者が光周性花芽形成機構のメカニズム解明に挑戦し,いろいろなモデルが提唱されてきた歴史に触れられていた。当時,この本をわくわくしながら読んでいた自分を今でも思い出す。今になって読み返してみると,近年の分子遺伝学の知見とのズレが結構目立つ。現在の主流の考えである概日時計をベースにしたメカニズムの説明ではなく,植物の光受容体の1つであるフィトクロムの光照射後の経過時間依存的な(もしくは,照射光の波長依存的な)光信号の伝達活性の変化が「計時機構」の中心であることを示唆する記載が多く,筆者には,当時の「理解」を反映した記述がかなり気になるのである。それでも,光周性研究の歴史を知る意味でも,また現在でも通用する示唆に富んだ考察が多いことからも,いまなお名著であることに間違いはない。興味をもたれた方は,是非御一読いただきたい。実は,瀧本先生が

強調されているフィトクロム光受容体自体の活性型・不活性型の変換機構が光周性計時機構の一部を担うという仮説は，当時から筆者が大好きな仮説で，部分的にはその可能性はまだ残されていると自分は考えている．そのため，自分のラボの若いメンバーに新しい証明実験を提案しては，いつも煙たがられたりしているのである．

　生涯の研究テーマとの出会いは人それぞれであろうが，ここで筆者が強調したいことは，自分自身に関しては，研究テーマの決定に際し，そのテーマの生物学的意義をまるっきり考えていなかったという事実である．これまで述べたように，光周性という現象は生物学の教科書にも取り上げられていた生物学的現象だったのだから，その現象の分子機構に迫る研究をテーマにするのに，それ以上なんの理由を探す必要もなかったのである．そう，実際の植物が光周性花芽形成の能力をもつことが生物学的にどの程度意義深いものであるのかは，当時の自分にとっては二の次であったのだ．この20年間，人前で自分のチームの研究成果を講演させていただく折には，我々人間が日長変化を認識する「光周性」という生物学的能力を持っていないのに，多くの植物がこの能力を持っている．そのことが不思議で，その分子メカニズムを解明したくなったと自分の研究の動機を紹介してきたのだが，この説明も光周性の生物学的な意義を考慮してのものではない．当時の自分にとっての光周性とは，自分がその分子メカニズムを明らかにしたくなった，ただ不思議な現象だったのである．

　自分が光周性研究を始めて20年近くが経った現在，いまなお光周性に関する原著論文や総説が毎年数多く発表され，枚挙にいとまがないが，その多くの序説に，多くの植物は，春に日の長さが長くなるのを感じて花を咲かせたり，秋に日の長さが短くなるのを感じて花を咲かせたりといった記述があり，加えて，生き物は季節変化を予期し，効率的に子孫を残すのにベストなタイミングで生殖活動を行うのであるとまで書かれることもある．果たして，これは本当のことであろうか？　今になって，そういったことがすごく気になり始めている．この章では，「光周性の生物学的意義」に関する考察から書き始めたい．

1. 短日植物は，本当に「短日」を認識して花芽形成しているのか？

　今でこそ，イネは短日植物のモデルであるといっても変に思う人はほとんどいなくなったが，我々がイネの開花期制御の研究を始めたころは，短日植物のモデルはアサガオであり，ウキクサであった（Thomas & Vince-Prue, 1996; 瀧本, 1998; 海

老原・井澤, 2009)。ここで,「短日植物」の定義に関して, 改めてはっきりさせておこう。こう書くと, 当然イントロダクションの引用を思い出される読者もいらっしゃると思う。前述の教科書の引用では, 短日植物は, 特定の日長より短い日長条件でないと花芽形成を起こさないような印象を与える。しかしながら, 多くの植物は必ずしもそういった反応をしない。瀧本先生の著書から引用させてもらうと, "ガーナとアラードは日が短くならなければ花芽をつけない, または, 日が短くなると花芽形成が促進される植物を短日植物, 日が長くならなければ花芽をつけない, または, 日が長くなると花芽形成が促進される植物を長日植物, 日の長さとほぼ無関係に花芽をつける植物を中性植物と呼ぶことにした。" とある。専門的な用語で定義を紹介しておくと, 花成が短日条件に絶対的に依存する植物を絶対的短日植物 (absolute short-day plants, または qualitative short-day plants, または obligatory short-day plants) と呼び, 短日条件で花成を促進される植物を条件的短日植物 (facultative short-day plants, または quantitative short-day plant) と呼ぶ。長日植物にも, 絶対的/条件的の区別は知られている。つまり, より短い日長ほど花芽形成に促進的に働く植物を短日植物と考えれば間違いはないことになる。たまに, 1日の半分である12時間より短い日長の日を「短日」と考えている人を見かけるが, そうではないので注意頂きたい。

　言葉の定義が再確認できたので, 次に短日植物のモデルとして長く研究されてきたアサガオの花芽形成に関して考察をしてみよう。小学校の時に, アサガオを育てた経験のある方も多いのではないかと思うが, 読者の方々の記憶では, アサガオは秋になり日が短くなってから花を咲かせただろうか？　震災後, 節電の機運が高まっている昨今, 夏にすだれにアサガオのつるを這わせて, きれいな花を楽しみながら涼をとった方もいらっしゃるのではと思うが, その時の風景を思い出していただければよい。多くのアサガオは盛夏に花を咲かせたはずである。つまり, アサガオが花芽形成を始めたとき, 野外環境はかなり長日条件であった可能性が高い。北半球にある日本では, 6月下旬の夏至の日まで日の長さが長くなり, それから, 冬至まで徐々に日が短くなり続けることを思い出していただきたい。ここで, 光周性のことをある程度ご存じの方は, アサガオの開花期を議論するには, 限界日長を考えないといけないと指摘されるかもしれない。限界日長というのは, 絶対的短日植物の定義にあった特定の日長のことで, その植物が「短日」と認識する日長の閾値のことであり, 多くのアサガオの場合, 約14時間である (瀧本, 1998)。国立天文台のホームページで計算してくれる情報では, 東京の日長 (地平線での日の入りと日の出の差) は夏至のころで14時間35分。14時間を超えるのは, 5月13日から

7月30日までである。つまり，限界日長を感じて花芽形成を開始すると8月に入ってからの花芽形成開始となり，実際の開花はそのあとになる。このタイミングがアサガオの開花時期とすると，多くの読者の方にかなりの違和感が残るのではないだろうか？　毎年のようにTVできれいなアサガオの花が咲いている風景が紹介される入谷の朝顔市は，7月初旬である。インターネットで公開されていたアサガオの開花期の様々な情報の中には，6月から開花を始めるとの記述も見つかった。アサガオの中でも，西洋アサガオは8月後期からの開花が主流なので，この種は限界日長以下の短日を認識して花芽形成を起こしているのかもしれないが，日本でよく栽培されているアサガオの品種が自然界で「短日」を認識して花芽をつけているという考えは，かなり疑わしい。読者の中には，物理にくわしい人がいて，物理学上と生物学上の日長が異なる可能性を指摘される方もいるかもしれない。確かに，生物学的日長の定義も重要なポイントである。植物が光を受けたと認識できる日射量には，その生物種固有の閾値があるであろうから，生物学的日長の定義は種ごとに実験での検証が必要であり，天文台から入手した日の出時間を，アサガオが朝日を感じた時刻とまったく同じと考えるのは乱暴かもしれない（Nagano *et al.*, 2012）。これらの例示からも，「季節変化を予期するために，日が短くなるのを感じて，花芽を形成する」という表現は，科学的な表現としては，「過度な単純化」があることを，読者に実感してもらえるとありがたい。

　それでは，筆者が研究材料としている短日植物のイネは，「短日」を認識して花芽形成しているのだろうか？　実は，イネでも長日条件下での花芽形成開始が当たり前のように起こっているのである。正直に書けば，研究を始めた20年前から，筆者は教科書の記述を鵜呑みにして，イネは短日植物だから，自然界でも「短日」を感じて花芽形成をしているのだろうと思い込みながら，研究を続けてきたのである。それなのに最近になって，日本では夏至のころに花芽形成を開始しているイネ品種が多いという事実に気づき，（上手く表現できないのであるが，多分，）教科書にだまされたという感覚がぬぐいきれない自分がいるのである。

　教科書での定義では，イネは条件的短日植物である（Thomas &Vince-Prue, 1996）。より日が短い日長で栽培すると花芽形成が促進される。多くのイネ品種で，10時間ほどの日長で一番短い期間で花が咲き（これ以上短いと光合成量が不足し，成長が悪くなる），14時間を超えるような長日条件下では日長に応じて遅くなり，極端な条件である24時間照明での栽培では，全く開花しないようになる。では，通常の水田栽培においての花芽形成時期はいつになるのだろうか？ここでは，関東地方でのコシヒカリ栽培を例にあげて説明する[*1]。実際のイネ栽培では，播種を4

月初旬に行い，約1カ月の育苗ののち，5月初旬に田植えを行うのが一般的である．兼業で農業に従事されている方々のGW中に移植作業をしたいという希望がこの時期の田植えを一般化した一因と考えられており，関東以外でもよくこの時期の田植えを目にする．5月初旬に移植したコシヒカリは，7月の終わり〜8月の初めに穂を出す．穂を出す（出穂する）とすぐに小花が開花しはじめ，1週間ほどで穂につくすべての小花が咲き終わる．イネの生活環を考えると，茎の頂端にある茎頂分裂組織の穂への分化がイネでは花芽形成に相当し，ほとんどのイネ品種では，穂が出る日から遡って，1か月より少し前に穂の分化が始まる．つまり，6月20日過ぎに花芽分化が始まるというタイミングが，コシヒカリの花芽形成開始となる．まさに，夏至のタイミングでの花芽形成である（Izawa, 2007）．つまり，短日植物であるイネが，その栽培地域の一番日が長い環境条件下で花芽形成を起こすのである．北海道で栽培されるイネ品種など一部のイネ品種は，育種の過程で光周性をほとんど示さない系統が選抜され，かつ早生の品種が選ばれることで，北方での栽培が可能になってきた．単純に，日長変化による花芽形成機構だけでは説明できない部分もあるが，北海道での典型的な栽培時期からの考察でも，その花芽形成開始時期が6月下旬であることは明らかである．また，九州等南方で栽培される品種には比較的晩生のものが多く，光周性がかなり弱くかつ遅咲きのタイプの品種と，本州の品種以上に光周性が強く明らかな短日になって花芽形成を起こしているタイプの品種が，早期作や普通期作といったニーズに応じて栽培されている．

短日植物であるイネが，日本での実際の栽培では，夏至の頃という1年で一番日が長い時期に花芽形成を始めているこの事実は，自然界における植物の花芽形成の実際が，教科書に書いてあるほど単純に説明できないことを示している．この「誤解」の誘因は，あくまで個人的な意見ではあるが，「専門用語」の使われ方にあるのではと考えている．多くの研究者は，往々にして，非常に複雑な現象を抱合している自分の研究対象を，端的に表現できる「わかりやすい専門用語」を定義し，多くの人にわかってもらおうと努力する．また，その分野の研究者が，専門用語を多用しながら，現象のコアとなる部分をメッセージ的に伝えようとすることで，今回紹介した事例のように，必ずしも証明されていない生物的意義（元来は誰かの考察だったのであろうが）を含んだ形での短日植物の定義が独り歩きしたことに誤解の

＊1：念のため付記しておくが，平成24（2012）年の都道府県別水稲作付上位品種（http://www.komenet.jp/ より）によると，東京都，群馬県，神奈川県を除く関東地方のコメ主要産地でのコシヒカリ作付面積はどの県も約80%である．つまり，コシヒカリは北陸だけでなく関東でも主要な栽培品種である．

一因があると考えている．その中には，多くの研究者が先達の記述に影響を受けながら，わかりやすく魅力的なイントロダクションを書こうと恣意的に使用したフレーズが定着してしまったこともその一端にあるように思う．この点に関しては，安易に現象の表面的な面白さだけに注目するのではなく，その生物学的意義にもっと意識を回すだけのゆとりをもち，専門用語の陰に隠れている本質を見抜く力を若い時から身につけていたら，もっと早くに自然界のイネの花芽形成に目を向けていたのではと，今になって自戒するばかりである．

2. イネが短日植物であるという事実

　我々がイネで花芽形成の研究を開始した当時，イネの栽培には強光条件が必須で，健康なイネ植物体を人工環境で栽培するのは難しいとされていた．そこで，多少コストはかかったが，当時主流だったナトリウムランプではなく，より植物の栽培に適していると普及し始めていたメタルハライドランプを光源とした強光条件での栽培ができる人工気象室を準備したところ，なんとかイネを完全人工環境条件で健全に栽培し，種子もそれなりに収穫できるようになった（黄色い波長の光を多く含むナトリウムランプを光源にしていたら，イネの光周性研究は成り立っていなかったであろう）．狭いスペースではあったが，研究を始めるためのイネの栽培環境が確定したので，まずこの人工環境で，コシヒカリや日本晴といったイネ品種をいろいろな日長で栽培してみた．10時間日長という短日条件で栽培すると，播種から約2か月（60日）で出穂した．花芽形成開始は，播種後1か月（30日）ごろと考えられた．一方で前述の通り，極端な日長条件として恒明条件（24時間照明）で栽培すると，多くの品種で，1年経っても出穂しなかった（Izawa et al., 2000）．恒明条件での栽培は，現実的には存在しにくい日長なので，実際の日長変化に準じて14時間30分（14.5時間）といった日長で栽培したところ，品種間差が目立ってくるが，本州で栽培される品種の多くは播種後80～100日で出穂した．（単位時間当たりの）生物学的な成長は気温条件等で変わるので，シロイヌナズナでは，茎の先端で花芽形成が起こるまでの本葉の枚数で開花時期を評価することが多い．本葉の枚数は，植物の栄養成長期間のいい指標になるのである．イネは1週間に1枚程度しか新しい葉を分化させないので，あまり解像度が高くない指標になってしまうのであるが，シロイヌナズナの真似をして，葉の枚数で花芽形成のタイミングを評価すると，短日条件との20～40日の差は，葉の枚数にして4～5枚の差に相当する．10時間日長で9～10枚前後の葉の分化後に茎頂で穂の分化が起こるのが，14.5時間日長だと14～16枚前後となる（ちなみに，イネの胚発生では，本葉は3

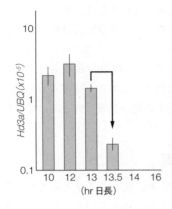

図1 イネフロリゲン遺伝子 *Hd3a* の限界日長認識を受ける転写制御
イネ品種である農林8号のフロリゲン遺伝子 *Hd3a* の発現を，播種後2週間，長日条件（14.5時間日長）で育成後，それぞれ10時間日長，12時間日長，13時間日長，13.5時間日長，14時間日長，16時間日長で5日間栽培し，次の日の朝10時過ぎにサンプリングして，発現量を定量RT-PCR法で解析した（Itoh *et al*., 2010; Fig.1を改変）。縦軸は，*Hd3a* 遺伝子のcDNAの推定コピー数を *UBQ* 遺伝子のcDNAの推定発現量で割って，その比を対数軸で表記したもの。ひと目盛が一桁の発現量の違いに相当する。その結果，*Hd3a* 遺伝子は，13.5時間前後を限界日長とする転写制御を受けることが明らかとなった。

枚分化後に休眠に入るので，種子発芽時は，4枚目の本葉からの分化になる）。このように，自分自身でイネを栽培して実際に確かめても，イネは確かに，より短日条件で開花が促進される短日植物なのであった。その短日植物であるイネの多くの品種が野外の栽培では夏至に花芽形成する。この不思議な現象を説明するには，遺伝子レベルの解析が必須となる。

さて，遺伝子発現を指標にイネの花芽形成時期を評価すると，イネが短日植物であるという特徴は，さらにはっきりしてくる。近年，分子遺伝学的な解析が進み，葉で合成され茎頂端に移動し花芽を形成すると古くから考えられてきた，花芽形成ホルモン（フロリゲン）の分子実体が明らかとなった（Corbesier *et al*., 2007; Tamaki *et al*., 2007）。イネでは，矢野博士らのグループにより単離された *Hd3a* 遺伝子がフロリゲンであったことが明らかとなっている（Kojima *et al*., 2002）。*Hd3a* 遺伝子産物は179アミノ酸残基長からなり，進化的に非常によく保存されたタンパク質である。そこで，品種農林8号の約2週齢の幼苗を，5日間いろいろな日長条件で処理し，次の日の朝にサンプリングし，*Hd3a* の発現を定量測定したところ，14時間日長では検出限界以下の発現だった。一方で，13時間30分以下の日長では，*Hd3a* の発現を確認できた（Itoh *et al*., 2010 図：図1）。この実験の検出限界から考えて，30分の日長の違いで，*Hd3a* 遺伝子の発現が数十倍に変化することを明らかにできたのである。つまり，イネのフロリゲンである *Hd3a* 遺伝子の転写は，1日（24時間）に，30分の日長の違い（48分の1の日長の違い）を認識し，機械的なスイッチのオン状態・オフ状態のように二値的に制御されていることがわかったのである。*Hd3a* の発現量そのものは成長ステージに応じても変化し，茎頂での *Hd3a* タンパク質の感受性も成長ステージで変化するであろうが，葉での *Hd3a* の日長依存

的な発現が，13時間30分という限界日長を持ち，非常に正確な分子スイッチとして短日条件でのみ働くという事実は，イネが短日植物であることを如実に表しているのである。

　この分子スイッチがどういった分子メカニズムで構成されているかを知るために分子遺伝学的解析を行ったところ，*Hd3a*遺伝子の転写を活性化する遺伝子である*Ehd1*遺伝子（GARPタイプのDNA結合ドメインを持つ；Doi *et al.*, 2004）と*Ehd1*遺伝子の転写を抑制する転写因子である*Ghd7*遺伝子（CCTモチーフタイプのDNA結合ドメインを持つ；Xue *et al.*, 2008）が主要な構成メンバーである遺伝子ネットワークが重要であることが明らかとなってきた（Box 1参照）。興味深いことに，どちらの遺伝子も光信号によって転写誘導を受けるが，その光信号伝達系は異なっていたのである。*Ehd1*は，比較的強光量の青色光によってのみ誘導を受ける。この反応を担う光受容体はまだ同定できていないが，クリプトクローム青色光受容体であろうとの予備的結果を得ている（伊藤ら，未発表）。一方で，*Ghd7*遺伝子は，主に赤色光を受容するフィトクローム光受容体の信号伝達系により誘導を受ける。フィトクローム遺伝子はイネゲノムに3つあり（Takano *et al.*, 2009），それぞれ，*PhyA*，*PhyB*，*PhyC*と名前がつけられているが，*Ghd7*の転写誘導には，*PhyA*遺伝子単独か，もしくは，*PhyB*と*PhyC*の両遺伝子が機能している必要があることがわかっている（Osugi *et al.*, 2011；後者の2遺伝子は，シロイヌナズナの解析結果からの類推で，細胞内でヘテロダイマーとして働くと考えられている）。つまり，同じ太陽光からの光信号を受けても，*Ehd1*と*Ghd7*では，違う光信号伝達系が働いているわけである。ここまで読まれた方の中には，なぜ，このような冗長な光信号伝達系による，しかも，促進と抑制という相反する制御を受けているのだろうと疑問を感じた読者も多いのではと思う。この一見冗長で矛盾する光信号伝達機構に生物学的な意義を与えているのは，2つの異なる光信号伝達系と概日時計の相互作用である。概日時計は，体内時計とも呼ばれるように，個体内の内在的な「時刻」を決める機構であり，多くの遺伝子の発現が概日時計の影響を受けることが明らかになっているが（Izawa *et al.*, 2011），光照射で転写誘導を受ける遺伝子も概日時計の制御を受けることがあり，その結果，光による転写誘導が時刻依存的になるケースがあるのである。この現象を「ゲート（門）効果」と呼ぶ（Box 2参照）。実際，*Ehd1*遺伝子の青色光による転写誘導も，*Ghd7*遺伝子のフィトクロームを介した赤色光による転写誘導もゲート効果を示すのである。*Ehd1*遺伝子の青色光誘導のゲート（門）は朝に開く（Box 1参照）。つまり，*Ehd1*遺伝子は，朝の太陽光の青色成分を受けて，転写が誘導されるのである。朝以外の光信号への反応はかなり鈍くなる。また，こ

のゲートは，植物が短日条件で栽培されていようと長日条件で栽培されていようと，あまり影響を受けない．つまり，朝でさえあればいいのである．この $Ehd1$ の転写を制御するゲートの形成に必須な概日時計遺伝子が既に同定されている．それ

Box 1　若いイネ植物体におけるフロリゲン遺伝子の転写抑制

　イネのフロリゲン遺伝子 $Hd3a/RFT1$ は，転写促進因子 $Ehd1$ により転写活性化を受ける．この $Ehd1$ は青色光による誘導を受けるが，この誘導はゲート効果を示し，朝にのみ強い光誘導を起こす．このゲートの開く時間は植物が置かれている日長によらず，短日条件でも長日条件でも同様に朝に開く．

　一方，この $Ehd1$ を抑制する機能を持つ $Ghd7$ 遺伝子は，フィトクロム光受容体を介した光信号伝達系により転写される．この光誘導もゲート効果を示すが，植物が短日条件に置かれているとゲートは夜中に開き，長日条件に置かれているとゲートは朝に開く．

　長日条件では朝にゲートが開き，$Ghd7$ 遺伝子が転写され，その遺伝子産物は次の日の朝まで $Ehd1$ 遺伝子の転写を抑制する．したがって，長日条件では $Ehd1$ も $Hd3a/RFT1$ も発現しない．一方で，短日条件では朝の $Ghd7$ のゲートは閉まっており，$Ghd7$ が発現せず，その代わり $Ehd1$ が青色光を受けて開いたゲートを介して転写され，その結果フロリゲン遺伝子 $Hd3a/RFT1$ も転写される．

　そして光中断実験では，夜中に開いた $Ghd7$ のゲートを介して，$Hd3a/RFT1$ の発現は抑制を受けるのである．

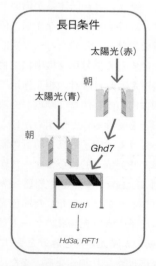
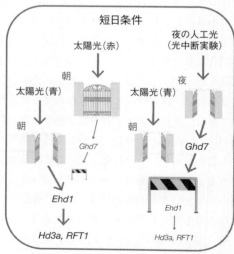

は，*OsGI* 遺伝子と呼ばれる遺伝子である（Itoh et al., 2010; Izawa et al., 2011; Izawa 2012）。詳細な解析によると，*OsGI* 遺伝子は，イネの葉で発現する遺伝子の約半数の遺伝子の発現量に影響があり（Izawa et al., 2011），かつ，その青色光による光誘導性を含めて，*Ehd1* の転写に必須な遺伝子である（Itoh et al., 2010; Izawa 2012）。*OsGI* 変異体では，*Ehd1* の発現のゲート効果が消失するだけでなく，その発現は検出限界までに減少する（Izawa, 2012）。

一方，*Ghd7* のゲート効果は非常に特徴的である（Box 1 参照）。というのは，栽培条件としての日長の影響を大きく受けるのである。植物が長日条件で栽培されていると *Ghd7* のゲートは朝に開く。しかしながら，短日条件で栽培されていると，ゲートが開くのは夜中になる（Itoh et al., 2010）。ここに，イネのもつ限界日長認識

Box 2　ゲート効果とは？

「ゲート効果」とは，概日時計研究において，外部の環境信号が，体内の時刻（生物学的主観時刻）で大きくその反応性を変える現象を指す。時刻によって門が開閉し，外部信号を下流に流すかどうかを決めているように見えることから，ゲート（Gate, 門）効果と呼ばれる。

図は光に対する反応性を例に挙げているが，光が信号である必要はなく，例えばヒトへの投薬のタイミングと薬効に関係があるという現象も，ゲート効果と呼べる。

左図は，実線で示しているように，ゲートが夜に開いている。光がやってくる朝や昼にはゲートは閉じていて反応は起こらないが，人工的に夜に光を当てれば反応が見られるので，夜にゲートが開いていることは実験的に確認できる。

右図は，実線で示しているように，朝にゲートが開いている。この場合，破線で示したように，問題なく朝の光に反応していることが観察できる。夕方にはゲートは閉じているので，朝の反応が強く，昼以降の反応は弱くなる。

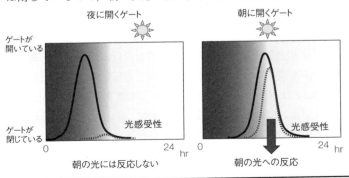

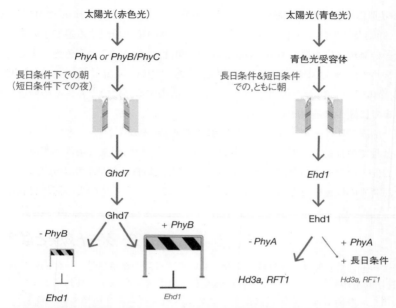

図2　限界日長認識を補償するフィトクロムの多面性転写制御システム

イネのフィトクロム欠損変異体の1つであるse5変異体の解析から，Ghd7の光による転写誘導にフィトクロムが必須であることが明らかになっていたが (Itoh et al., 2010)，この仕事を受けて，各フィトクロムのこの遺伝子発現ネットワークへの寄与を明らかにするために，WT, PhyA, PhyB, phyC, PhyAPhyB, PhyBphyC, PhyAphyC の6系統を用いて詳細に解析した (Osugi et al., 2011)。その結果，大きく，4つのことが明らかになった。

1. Ghd7の光誘導は，PhyA ホモ受容体か PhyBphyC ヘテロ受容体を介して起こる。
2. Ghd7の転写後活性は，PhyB により増強される。
3. Ehd1 の Hd3a の転写制御は，長日条件でのみ PhyA 光信号伝達系を介して抑制される。
4. 日長により開く時間が変わる Ghd7 のゲート効果は，フィトクロム信号伝達系を必要としない。

これらの制御機構が存在することで，Hd3aの限界日長への急激な反応が補償されていると考えられる。

を担保する分子メカニズムの核心となる部分が存在する。つまり，Ghd7遺伝子は，そのゲート効果により，長日条件のみで朝に誘導を受けるのである。裏返せば，短日条件の朝はゲートが閉まっていて，太陽光が来ても反応しないのである。もちろんこの条件で，Ehd1は青色光信号伝達系を介して転写誘導を受ける。そして，下流のHd3aの転写がオンになるのである。ちなみに，Ghd7のゲートは，OsGI変異の影響を受けはするものの，ゲートが消失したりはしないので，Ghd7のゲートは，Ehd1とは違う概日時計の相互作用で形成されていることも明らかになっている。加えて，前述したように，長日条件でもEhd1の青色光による誘導は受けられるの

であるが，長日の朝に発現した*Ghd7* の抑制効果で，*Ehd1* の転写は抑えられる。青色光による転写促進は，*Ghd7* 抑制に感受性なのである。この結果，*Ehd1* とその下流にある *Hd3a* は短日条件でのみ誘導を受ける。これが，イネが"機械的な"分子スイッチをもつ基本的なしくみである。この基本システムに加えて，イネの日長認識の「正確性」を担保するために，この２つのゲートを二重三重に活性制御する複雑な光信号伝達機構が存在することもわかっている（図2）。例えば，*Ehd1* 遺伝子の過剰発現体の解析から明らかになった事実は，*Ehd1* 遺伝子産物の活性を抑制する機構である。この抑制機構は，長日条件でのみ働くのである（Osugi et al., 2011）。この制御には，*PhyA* 遺伝子の関与が示唆されていて，事実，*PhyA* は *Ehd1* 遺伝子産物の *Hd3a* の転写促進の活性を長日条件で抑える作用を持つことがわかっている（Osugi et al., 2011）。また，*PhyB* 遺伝子は，*Ghd7* 遺伝子の *Ehd1* 遺伝子の転写抑制効果を転写後に強化できることが明らかとなっている（Osugi et al., 2011）。これらの機構がすべて働いて，*Hd3a* 遺伝子は，13.0 時間日長では転写が"オン"になり，13.5 時間では"オフ"になるのである。このように，実験室内での開花期や花芽形成ホルモン（フロリゲン）遺伝子の挙動で見れば，イネは"立派な"短日植物である。

3. イネにおける長日条件での花芽誘導の原因

　では，短日植物であるイネが，なぜ水田では長日条件である夏至の頃に，花芽形成を起こすのであろうか？　これに関しても，いくつかの分子遺伝学的知見が明らかになっている。最近，Rice Xpro (http://ricexpro.dna.affrc.go.jp/) というイネの全遺伝子発現（トランスクリプトーム）のデータベースが公開され（Sato et al., 2011），その中で，水田で生育段階を追って，トランスクリプトーム解析を行ったデータが載っている。日本晴という品種が使われているのだが，そのデータベースによると，イネのフロリゲン遺伝子でつくば市で栽培された水田の葉で発現が早く確認できるのは，上述の *Hd3a* ではなく，*Hd3a* の重複遺伝子で染色体上に隣に存在する *RFT1* という遺伝子であることが明らかとなっている。

　図3に示した結果から，圃場において，*RFT1* 遺伝子は 7 月の初期には誘導を受けているのに対し，限界日長認識をする *Hd3a* 遺伝子は，8 月の初めになって，初めて誘導を受けることがわかる。*RFT1* 遺伝子の RNAi 抑制系統は，長日でのみ開花に影響を与えることからも，日本の本州での栽培では，イネは長日条件下でも，花芽を誘導でき（Komiya et al., 2009），その際，発現するフロリゲンは，*RFT1* 遺伝子であることが明らかである。

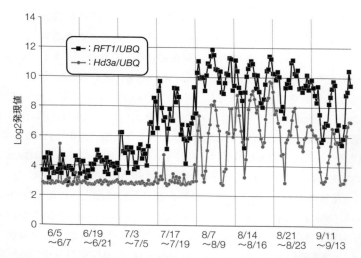

図3 長日条件に近い圃場条件で発現を開始する *RFT1* フロリゲン遺伝子
2008年のつくば市の圃場で栽培された日本晴というイネ品種の本葉を用いた全遺伝子発現解析（フィールドトランスクリプトーム，マイクロアレイ解析による）からの抜粋。
1週間に一度，2時間ごとのサンプリングを連続48時間行ったものを，記載されている8週間分解析したもの。RiceXpro データベースからの *Hd3a* と *RFT1* に関するデータを引用しグラフ化。

　また，Itoh ら（2010）の実験から，*Hd3a* と *RFT1* は同様な発現制御を受けるが，*RFT1* が長日条件での抑制に対し，リーキーな発現をすることが明らかとなっている。

　RFT1 の発現誘導が明確になるのは，7月の上旬で（図3），このこととつじつまが合うように，日本晴という品種の出穂期は，お盆前である。我々や他のグループの発現解析から，*RFT1* は短日条件で誘導がかかるものの，*Hd3a* ほどその反応は顕著ではなく，長日条件において *Hd3a* が検出限界以下に抑制を受けていても，*RFT1* は検出できてしまうことが報告されている（Itoh *et al.*, 2010; Komiya *et al.*, 2009）。また，*RFT1* に機能欠損変異アリルをもつイネ系統は，圃場での開花が大幅に遅れるとの知見もある（Hagiwara *et al.*, 2009）。加えて，RNAi[*2] 技術で *Hd3a* と *RFT1* の両方の発現を抑えたイネ系統は，花芽形成を起こさないとの報告もある（Komiya *et al.*, 2008）。これらの知見から，夏至付近の長日条件下でイネの花芽形成をオンにしているのは，*RFT1* の leaky な（漏れがある，リークがある）発現であ

[*2]：RNA 干渉ともいう。マイクロ RNA と呼ばれるごく短い RNA を mRNA に結合させてその発現を抑制する技術。

るらしい（図3）。つまり、*Hd3a*と*RFT1*の転写制御を行っている領域、つまり、プロモーター領域によるシス制御の相違に、1つの大きな秘密が隠されているようである。

それでは*RFT1*は、*Hd3a*とは異なる転写ネットワークの支配を受けているのであろうか？ 実はこれも、大部分は共通であることがわかっている。例えば*RFT1*では、発現変化がよりマイルドであるとはいえ、*Ghd7*や*EHd1*の変異により、*RFT1*も*Hd3a*と同様な変化を受ける。これを支持するデータとして、*RFT1*と*Hd3a*は進化上、比較的最近の遺伝子重複によることが既に報告されている（Charadon & Damerval, 2005; Higgins *et al.*, 2010）。ここからは想像が入るが、限界日長認識ができる*Hd3a*の祖先遺伝子がタンデムに重複を起こし、冗長性を獲得したうえで、*RFT1*遺伝子は、長日条件でのleakyな発現を起こすようにシス配列が進化し、今の栽培イネは、温帯域で栽培すると夏至の頃に花芽形成を行うようになったのである。*Hd3a*の発現様式が絶対的短日植物の反応に対応し、*RFT1*の発現様式が条件的短日植物の反応に対応すると考えると理解しやすい。イネは、両方の機能を内在する植物と考えることができる。

イネは本来熱帯原産であり、栽培化が進むことで北東アジアへと栽培域を広げてきた。この際、北方での栽培は、長い日長条件でかつ短い夏期を意味するので、13.5時間の限界日長では、寒くなるまで*Hd3a*が発現せず、花を咲かせても結実できない状況が起こる。イネが北方で健全に育つには、フロリゲンが長日条件でも発現することが必要となるのである。この時、長日条件において*RFT1*の発現を引き起こす働きを担う遺伝子として、再び*Ehd1*遺伝子の存在をあげる必要がある。というのは、*Ehd1*遺伝子が機能型アリルでないと、長日条件での出穂が起きないことが遺伝学的に明らかになっているからである（Doi *et al.*, 2004; Endo-Higashi & Izawa, 2011）。

ここで、水田栽培でのイネの花芽形成をさらに詳しく説明するうえで、紹介しておかなければいけない遺伝子がある。*Hd1*遺伝子である（Yano *et al.*, 2000；Box 3参照）。ゲノム比較から、長日植物の分子遺伝学のモデルであるシロイヌナズナにおいて、光周性機能の中心的な役割を担っている*CONSTANS*（*CO*；Putterill *et al.*, 1995）という遺伝子のオーソログ（進化的に同一起源の遺伝子）であることがわかっている。本州の水田で育つイネでは、*Hd1*は花芽形成を抑制する機能を持っている。興味深いことに、実験室での解析から、*Hd1*は短日条件では花芽形成を促進する機能を持ち、長日条件では抑制能を持つことがわかっている。また、それを支持するデータであるが、夏至の日長の短い九州以南で比較すると、*Hd1*変異は

開花期を遅らせる表現型を示す。分子レベルの詳細な解析はこれからであるが，*Hd1* は，やはり，*Hd3a* や *RFT1* の転写制御にかかわっており，二面性の機能を持つ遺伝子である。短日条件で開花促進，長日条件で開花抑制を起こす。さて，この遺伝子が長日での花芽形成に非常に大切な役割を果たしていることは，以下の結果からも明らかになっている。*Ehd1* と *Hd1* の遺伝学的な相互作用を確認する実験からである。*Ehd1* も *Hd1* が機能型だと，14.5 時間日長の長日条件で栽培しても，播種後，100 日ほどで開花するのに，*EHd1* が機能欠損型アリルで，かつ，*Hd1* が機能型だと，長日条件では 180 日でも咲かないのである（Doi *et al*., 2004; Endo-Higashi & Izawa, 2011）。つまり，長日条件において，*Hd1* による *RFT1* の転写の抑制状態が，*Ehd1* 遺伝子の作用で解除されることで，*RFT1* が長日条件でも発現し始め，閾値を越えると，フロリゲンとして茎頂に運ばれて，花芽形成を起こすのである（Box 3）。育種学上，*Hd1* 遺伝子には，品種間に複数のアリルが知られており，このことから，日本の中におけるイネ栽培域の変化に *Hd1* 遺伝子が貢献していることが明らかとなっている。

また，*Ghd7* の抑制機能が，イネという作物の栽培域の北進と重要な関連があることも明らかになっている（Box 1, 3）。*Ghd7* 機能欠損アリルを持つことが，北海道といった高緯度でのイネ栽培に必須な遺伝背景なのである（Xue *et al*., 2008; Lu *et al*., 2012）。この変異により，*Hd3a* や *RFT1* が幼苗の時から脱抑制状態で発現するので，イネは早生になり，また光周性を示さない。だから，北海道のような夏が短い気候では，ピンポイントに決まった時期に出穂するように移植することが十分な量の収穫に必須な栽培条件となるが，イネの栽培に適した気温の栽培期間も本州よりは短く限定されるので，早生になる *Ghd7* 欠損が非常に有効なのである（Box 3）。

さて，これまで，イネの長日条件での花芽形成抑制に，*Hd1* と *Ghd7* という 2 つの遺伝子が大きな関与をしてることを紹介したが，この 2 つの抑制は，どのような関係にあるのだろうか（Box 3）？ 最近の解析結果で，*Ghd7* が播種後 1 か月を過ぎた苗では転写レベルが下がり，ほとんど発現せず，このことから，*Ghd7* を介した抑制が生育初期に限られていることが明らかになりつつある。一方で，*Hd1* による花芽形成抑制が，生育後期の長日条件での抑制に効いていることが明らかとなっているので，これらの知見から，この 2 つの抑制因子の機能の違いは，植物体の成長ステージによって変わることが示唆されている。ただ，生化学的に *Hd1* タンパク質と *Ghd7* タンパク質が物理的に相互作用していることを示すデータも存在しているので（根本ら，私信），さらなる解析結果が待たれるところである。なお，*Hd1* が長日条件と短日条件で作用が異なる作用機作はまだ明らかになっていない。

4. 限界日長認識による短日認識の生物学的意義

さて，イネはもともと熱帯原産の植物である．つまり，日長の変化が非常に少ない地域での自生を行っていたと考えられる．事実，現存する野生イネの自生域の北限は，北緯 28°あたりである（Huang *et al.*, 2012）．考古学的な知見と合わせて考えると，イネという作物は，1 万年以上前にヒトの手による選抜を受けて，作物として進化したと考えられている．栽培化された地域に関しては諸説があるが，東南

Box 3 若いイネと成長したイネ個体における
フロリゲン発現抑制機構の比較

　若いイネ個体で，限界日長認識を可能にしている *Ghd7* 転写抑制因子は，発芽後 1 か月でその発現レベルが下がってしまうことが明らかになっている（Hori *et al.*, 2009）．したがって，下図の左に示した長日での抑制は，若い時期に強く働き，成長したイネでは，ほとんど働いていない可能性がある．

　一方で，Doi ら（2004）や Endo-Higashi & Izawa（2011）によると，機能型 *Ehd1* アリルの非存在下で *Hd1* 遺伝子の長日での抑制効果は長く続き，長日条件に置く限り，ほとんど開花しないイネ系統となる．この遺伝背景で *Ehd1* 遺伝子の機能を導入すると，14.5 時間等の長日条件でも播種後約 100 日で開花することから，成長したイネの長日での抑制は *Hd1* と *Ehd1* のバランスで決定されていると考えられる．また，長日での *Ehd1* の促進には，*OsMADS50* 遺伝子の関与も示唆されており，成長したイネでの開花抑制機構のさらなる解明が待たれている．ちなみに，*Ghd7* 欠損は，単独で，*Hd3a* や *RFT1* の脱抑制を起こし，イネを極早生にするが，*Hd1* の単独欠損ではこの脱抑制は起こらないことからも，*Ghd7* の抑制系と *Hd1* の抑制系が，成長段階で切り替わっている可能性は高い．

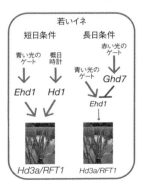 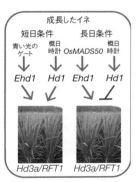

アジア，インドシナ半島，中国南部等で初めて作物として栽培されたと考えられている。コメ種子を大量に保存した遺構としては，長江下流域の遺跡が有名で，遺物の年代測定から約 7,000～8,000 年前と推定されている。少なくともこの時期には，稲作は長江下流域まで"北進"していたと考えられる (Izawa et al., 2009)。このイネの栽培化過程，または育種過程では，古代人が南アジアに移動し，さらに北に移動して生活するにつけ，当然，主食であるイネという作物もその地域での栽培に適応するように進化していく必要があることから，その過程で開花期による制約は大きなものであったに違いない。これまで紹介した知見からすると，この適応のために，ヒトは，長日条件下での $RFT1$ の leaky な発現や，幼苗での $Hd3a$ や $RFT1$ の脱抑制を，結果的に意図せずに利用してきたのである。その過程で，$Hd1$ や $Ghd7$ の自然変異アリルや関連変異の組み合わせを選びながら，その地域で栽培する系統を選抜してきたと考えられる。ちなみに，人工交配技術がイネで確立して 100 年ほどしか経っていないので，当時の育種選抜は，自然交配のみによる遺伝資源のプールからの選抜だったと考えられる。

では，なぜイネは $Hd3a$ の転写制御に見られるような限界日長を認識する分子機構を持っているのであろう？　自生する野生イネの栽培域を考えるに，限界日長が 13.5 時間というのは，自生域の限界での日長を反映している可能性がある。ここで可能性があると言ったのは，現在の野生イネの自生地の北限は北緯 28°前後で，かなり南に位置する。しかしながら，中国の古い文献では，数千年前には野生イネが現在の上海あたりまで自生していたことを示す証拠があるそうだ。となると，イネの限界日長認識は，そういった限界域での一斉開花を起こす仕組みとして考察することができるかもしれない。有性生殖と進化に関する著名な仮説である Hamilton の赤の女王仮説 (Hamilton et al., 1990) では，生物は進化を止めては存続できないという考えから，性別のある生殖（有性生殖）が，微生物やウイルスといった進化の早い寄生生物による病害に打ち勝つために，交配によって遺伝子資源の混合を早めることで，進化上有利な戦略だったと考える。この考えを少し拡張して考えると，動けない植物にとっては，毎年の気候変動も変化が早い病害に似たストレスとなる可能性があり，そういった変動する環境変動ストレスに適応するために，ある条件を満たすとイネが一斉に開花し，個体間の他殖率があがり，多くの新しい遺伝子セット（ゲノム）が産まれることが進化的に有利だったとは考えられないであろうか？　そう考えると，13.5 時間という限界日長は，栽培化以前，野生イネの自生の北限であったと言われる上海地域の 8 月初旬の日長であり，その地域での激しい気候変動が生存に大きな影響を与えるという意味でも整合性が取

れているようにも思う。栽培イネは自殖性の強い植物であり，自殖を繰り返すことで品種ごとに遺伝子型が固定し，結果的に同じ遺伝子群（同じゲノム）を持つ個体が広く繁殖する栽培形態をとる。一方，野生イネも，他殖性を維持しつつ，分枝により栄養生殖するものが多くある。こういった状況の中，限界日長は，上記のような栽培域においては種子が残せるかどうかのギリギリのタイミングで花芽形成時期を決める機構であり，そういった地域での繁殖形態は，ある種の一斉開花をもたらし，他殖率を増す可能性がある。当然，後代に相同組換えに起因する新しい遺伝子の組み合わせが多くなるわけで，それだけ子孫の遺伝的な多様な組み合わせが増し，環境ストレスに対応した機構が進化してくる可能性も高くなる。まさに，こういった生存効率に影響を与える環境ストレスを受けやすい栽培条件でこそ，限界日長を認識する機構の存在意義があるのかもしれない。つまり，限界日長を認識する機構は，イネならではのストレス下での適応戦略のひとつといえるのかもしれない。

　栽培イネにおいては，こういった環境ストレスを受ける栽培での対応機構を保持する必要はないので，この機構は存在しなくても「作物」としての存続は可能なはずである。東北以北のイネの栽培では，現在でも冷夏で病気にかかり，収穫量が激減する年が，ある頻度で存在するが，現在はヒトが人為的な交配により新しい遺伝子の組み合わせをもつゲノムを生みだし，育種選抜を経て新しい形質を持つ品種を生み出すことで，環境ストレスにより適応できる品種を開発しながら対応しているわけである。現在の育種スタイルでは，$Hd3a$ 遺伝子はなくてもいい遺伝子である可能性はある。自然交配での育種・進化過程を含めるとイネの栽培化過程は約1万年の歴史があり，非常に多様なイネ品種が存在している。その種内多様性の中で，$Hd3a$ の完全な機能欠損アリルがまだ発見されていないという事実は，作物としてのイネの栽培においても，$Hd3a$ 遺伝子の限界日長認識能が必要となる側面が存在する可能性は残されている。

おわりに

　基礎研究の分野で20年以上仕事をしてきたが，最近，自分の研究成果を実際の社会でどうにか役立てられないものだろうかと考えることがよくある。作物の開花期制御が専門なわけだから，当然，バイオマスとか収量性向上への貢献を考えがちになる。実は，これが基礎研究としても，結構興味深い研究に展開しそうなのである。関連の文献を読むと，栄養成長期が長いとバイオマスや収量があがるという記

述をよく目にする。単純に，長い期間光合成をしてたくさん同化すれば個体サイズは大きくなるはずだという単純な発想である。ただこれも，自分は「誤解」の部類の記述なのではと考えている。実際に，早生の品種，晩生の品種を並べて，バイオマスを比較すれば，それなりに相関は見えてくるのかもしれない。でも，少し見方を変えてみれば，こういった記述の恣意的な簡略化がはっきり見えてくる。身近な例として，50歳の自分が，なぜ20歳の時と比べて体重が増加した（つまり，太った）のかを考えてみよう。単位時間当たりの取得エネルギー，つまり「食事」の量は，間違いなく減っている。それでも，体重はいまでも少し増加傾向で，まだしばらくは続くかもしれない。これは，いわゆる基礎代謝量が下がったからであろう。単に開花期を制御し，栄養生殖期間を長くしても，低温や乾燥といった植物にとっての強い環境ストレスがかかる状態での栽培期間を長くしては，かえってバイオマスは増えないであろう。仮に，単純にある瞬間における光合成・同化と呼吸・代謝の差で産まれたエネルギーが，新しい細胞・組織・器官を作る原動力に変わっていくとしても，新しい器官がどの程度光合成をするかで，またその瞬間の植物の生育ステージによっても，その次の体づくりへの投資先は大きく変わるはずである。こういった成長ステージごとの生物学なニーズの違いで，バイオマスや収量性は大きく変わる可能性がある。

　結局，もっと社会に貢献したいと自分の研究テーマをまじめに方向転換しようとしても，"基礎研究上の答えを出すべき質問"に直面する可能性が高いのである。それなら，迷うことはなにもない。そこで，自分が実際にトライできることとして，現在，自分の研究チームでは，開花期の人為的な制御系をもつイネ遺伝子組み換え系統を創出することにチャレンジしている。このような応用をしっかり意識し，開花期制御とは異なる形質も視野に入れた解析をするという展開が今後の自分の進む道にはあってもいいのではと考えたりしている。それでも，基礎研究から足を洗うことにはならないであろう。

追記

　本節を執筆中に，野外での遺伝子発現を大規模に解析する研究を立ち上げたところ，例えば，$Ghd7$の遺伝子発現パタンが，既報で報告されている内容とにかなり異なる結果が出始めている。その意味で，本節で主張したモデルを早々に修正する必要が出てくるかもしれない。これも，実験室に閉じこもって研究をしてきたつけなのかもしれない。

文献

Chardon, F. & C. Damerval. 2005. Phylogenomic analysis of the *PEBP* gene family in cereals. *Journal of Molecular Evolution* **61**: 579-590.

Corbesier, L. *et al.* 2007. FT protein movement contributes to long-distance signaling in floral induction of *Arabidopsis*. *Science* **316**: 1030-1033.

Doi, K. *et al.* 2004. *Ehd1*, a B-type response regulator in rice, confers short-day promotion of flowering and controls *FT*-like gene expression independently of *Hd1*. *Genes & Development* **18**: 926-936.

海老原史樹文・井澤毅（編）2009. 光周性の分子生物学. シュプリンガー・ジャパン.

Endo-Higashi, N. & T. Izawa. 2011. Flowering time genes *Heading date* 1 and *Early heading date* 1 together control panicle development in rice. *Plant Cell Physiology* **52**: 1083-1094.

Hagiwara, W. E. *et al.* 2009. Diversification in flowering time due to tandem *FT*-like gene duplication, generating novel Mendelian factors in wild and cultivated rice. *Molecular Ecology* **18**: 1537-1549.

Hamilton, W. D. *et al.* 1990. Sexual reproduction as an adaptation to resist parasites. *Proceedings of the National Academy of Sciences of the USA*. **87**: 3566-3573.

Higgins, J. A. *et al.* 2010. Comparative genomics of flowering time pathways using *Brachypodium distachyon* as a model for the temperate grasses. *PLoS ONE* **5**: e10065.

Huang, X. *et al.* 2012. A map of rice genome variation reveales the origin of cultivated rice. *Nature* **490**: 497-501.

Itoh, H. *et al.* 2010. A pair of floral regulators sets critical day length for *Hd3a* florigen expression in rice. *Nature Genetics* **42**: 635-638.

Izawa, T. 2007. Adaptation of flowering-time by natural and artificial selection in *Arabidopsis* and rice. *Journal of Experimental Botany* **58**: 3091-3097.

Izawa, T. 2012. Physiological significance of the plant circadian clock in natural field conditions. *Plant Cell and Environment* **35**: 1729-1741.

Izawa, T. *et al.* 2000. Phytochromes confer the photoperiodic control of flowering in rice (a short-day plant). *Plant Journal* **22**: 391-399.

Izawa, T. *et al.* 2012. DNA changes tell us about rice domestication. *Current Opinion in plant Biology* **12**: 185-192.

Izawa, T. *et al.* 2011. *Os-GIGANTEA* confers robust diurnal rhythms on the global transcriptome of rice in the field. *Plant Cell* **23**: 1741-1755.

Kojima, S. *et al.* 2002. *Hd3a*, a rice ortholog of the *Arabidopsis FT* gene, promotes transition to flowering downstream of *Hd1* under short-day conditions. *Plant Cell Physiology* **43**: 1096-1105.

Komiya, R. *et al.* 2008. *Hd3a* and *RFT1* are essential for flowering in rice. *Development* **135**: 767-774.

Komiya, R. *et al.* 2009. A gene network for long-day flowering activates *RFT1* encoding a mobile flowering signal in rice. *Development* **136**: 3443-3450.

Lu, L. *et al.* 2012. Evolution and association analysis of *Ghd7* in rice. *PLoS ONE* **7**: e34021.

増田芳雄 1988. 植物生理学（改訂版）. 培風館.

Nagano, A. J. *et al.* 2012. Deciphering and prediction of transcriptome dynamics under fluctuating field conditions. *Cell* **151**: 1358-1369.

Osugi, A. *et al.* 2011. Molecular dissection of the roles of phytochrome in photoperiodic flowering in rice. *Plant Cell Physiology* **157**: 1128-1137.

Putterill, J. *et al.* 1995. The *CONSTANS* gene of *Arabidopsis* promotes flowering and encodes a protein showing similarities to zinc finger transcription factors. *Cell* **80**: 847-857.

Sato, Y. *et al.* 2011. RiceXPro: a platform for monitoring gene expression in japonica rice grown under natural field conditions *Nucleic Acids Research* **39** (Database issue): D1141-1148.

Takano, M. *et al.* 2009. Phytochromes are the sole photoreceptors for perceiving red/far-red light in rice. *Proceedings of the National Academy of Sciences of the USA.* **106**: 14705-14710.

瀧本敦 1998. 花を咲かせるものは何か（中公新書）. 中央公論社.

Tamaki, S. *et al.* 2007. Hd3a protein is a mobile flowering signal in rice. *Science* **316**: 1033-1036.

Thomas, B. & D. Vince-Prue. 1996. Photoperiodism in plants. Academic Press.

Xue, W. *et al.* 2008. Natural variation in *Ghd7* is an important regulator of heading date and yield potential in rice. *Nature Genetics* **40**: 761-767.

Yano, M. *et al.* 2000. *Hd1*, a major photoperiod sensitivity quantitative trait locus in rice, is closely related to the *Arabidopsis* flowering time gene *CONSTANS*. *Plant Cell* **12**: 2473-2484.

第8章　開花季節の調節における気温の記憶：気象と分子生物学からみた生物機能の頑健性

工藤　洋（京都大学生態学研究センター）
永野　惇（龍谷大学農学部植物生命科学科）

1. 生物機能の頑健性

　野外研究者だけでなく，山や海での仕事を持つ者は，道具選びにはこだわりを持っている．丈夫で耐久性に優れ，機能性が高く，激しい労働や過酷な自然条件に耐えられる実用性のあるものが選ばれる．どのような状況で使うかを考えて，それに合うものを持っていかなければ仕事にならないからだ．野外での作業環境は，天候や地形まかせで，大きく変化する．そのため，高温でも，低温でも，雨でも，雪でも，暗くてもといったことを想定しながら道具を選ぶ．個々の道具の持つ直接的な機能だけでなく，様々な状況での使用に耐えることが道具選びの基準の1つとなる．この，少々状況が変わっても大丈夫という性質のことを「頑健性」と呼ぶ．例えば，一般道路を離れて現場までいかなければならない者は，いわゆるオフロード（道路から外れた走行）用の車を選ぶであろう．オフロード車は，'走行する，方向を変える，停止する'といったすべての車に共通する機能に加えて，荒野での走行中に出くわす様々な路面状況でも機能する頑健性が付与されている．その開発の過程では，改良とテスト走行が繰り返されたはずであるが，テスト走行は'オフロード'という状況下で行われるであろう．

　野外に生育する植物の，生きるための機能を考えたとき，その「頑健性」はどうであろう．自然生育地では，複数の環境要因が複雑に大きく変動するのが一般的であり，こういった場所では，自然選択が生物の性質に頑健性を与えるように働くと予想できる．たとえば，遺伝子発現の調節は，応答すべき情報にのみ応答し，その他の変化には惑わされないといった機能を持つ必要があろう．オフロード車の開発と同じように，自然選択は，遺伝子発現の調節メカニズムに頑健性を付与してきたのではないだろうか（図1）．

　生物の機能の頑健性を考えるとき，自然生育地がどういう状況かということが

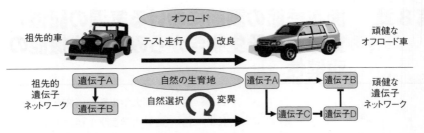

図1 オフロード車の開発（上）と生物の遺伝子発現の調節メカニズムの進化（下）における頑健性付与のしくみ
オフロード車の開発と同じように，自然選択は遺伝子発現の調節メカニズムに頑健性を付与してきた。オフロード車の開発の過程には，改良とテスト走行が繰り返されたはずであるが，テスト走行は'オフロード'という状況下で行われ，そこで機能するような頑健性が付与される。自然生育地は，複数の環境要因が複雑に変動するため，自然選択が遺伝子ネットワークの調節機構に頑健性を与えるように働くと予想できる。

重要である。つまり，使用される状況に応じて頑健性を備えた道具を選ぶように，どういう場所で機能するかという状況を考えれば，どのような頑健性が必要かということについて予測が可能であろう。この章では，自然生育地の状況から生物機能の頑健性の性質を予測し，それと実際の遺伝子調節のメカニズムを比較考察するということを試みたい。

例として取り上げるのが，植物の年間スケジュールである。日本は温帯に位置し，春夏秋冬のいわゆる四季が明瞭に現れる。この季節の移り変わりに従って，まるであらかじめ書かれた楽譜をなぞるかのように植物の開花・展葉・落葉が起こる。まるで，環境によって与えられたリズムに沿ってメロディーを奏でるかのようである。植物種によって事情は異なるが，開花などのピークは2週間程度の決まった時期である場合が多く，これを植物季節*という。

しかし，植物は人間に季節を知らせるために決まった時期に咲くわけではない。繁殖成功が高くなる時期に開花するように，その調節機構が進化してきたと考えられる（Elzinga et al., 2007）。西日本では3月上旬頃までは冬の寒さが残るが，春咲きの植物の中には開花を始めるものが見られる。この時期に，いち早く開花するのは自殖性の一年草が多い。3月中旬から昼間の気温は16℃〜20℃まで上がるようになり，多くの植物種で展葉や開花に向けた動きが始まる。この時期には，成虫越冬した昆虫が活動を始めるので，それらをポリネーター（花粉媒介者）として利用する植物が順次開花する。これらの植物にとっては，ポリネーターの活動時期や他

＊：フェノロジー（生物季節）ともいう。開花フェノロジーについては，コラム2を参照。

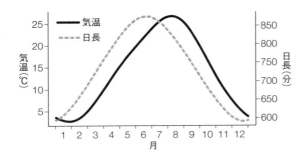

図2 典型的な気温と日長の季節変化パターン (兵庫県西脇市,北緯35度,東経135度のデータを使用)
実線は,日平均気温の30年(1981〜2010年)平均を平滑化スプライン法で滑らかにしたものである。気温は,日長の変化(点線)を約1.5か月遅れで追随するように明瞭な季節変化を示す。

の個体と同調して開花することが,繁殖成功のうえで重要となる。時期外れの開花は,そのまま送受粉の失敗を意味する。

それでは,どのようにして植物は季節を感知し,開花の時期を調節しているのだろうか。多くの植物は,日長と気温から特定の季節シグナルを感知して開花のタイミングを調節することが知られている。ここでは,この2大環境要因のうち,気温に着目して議論を進めていく。自然条件における気温の季節変化というのは,いったいどういう性質のシグナルであろうか。それをうまく感知するにはどのような仕組みが必要だろうか。それを考えるために,まず気温の季節変化を詳しく見てみよう。

2. 自然条件における気温変化

地球の公転面に対して地軸が傾いているために,自然の生育地では年間を通して日照時間が変化する。北半球では,夏至の6月22日頃に日長が最大に,冬至の12月22日頃には最小になる。その差は高緯度ほど大きくなり,このことが季節をうみだしている。気温は,日長の季節変化から約1か月半遅れるような変化パターンを示し,春から夏に向けて次第に上昇し,8月上旬が一番暑くなる。また,夏から秋に向けて低下し,1月下旬に一番寒くなる(図2)。図2に示してあるのは,'日本のへそ'兵庫県西脇市における日長と気温の年間変化を示す図である。西脇市では,東経135度線と北緯35度線が交わっており,この交差点近くにアメダス気象観測点が設置されている。東経135度線は日本標準時子午線であり,この線上では昼の12時に太陽が南中する。ここでは,西脇市の気象データを利用して議論を進める。

図2に示した気温の季節変化は,日平均気温の平年値(1981〜2010年の平均値)を滑らかにしたものである。実際の平年値のグラフは,図3の黒線に示されてい

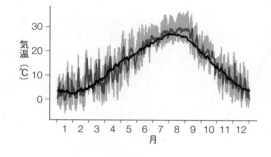

図3　日平均気温の30年（1981～2010年）平均と2010年の日平均
自然条件下における気温は，時間スケールによって大きく異なる。

― 日平均気温(30年平均)
― 日平均気温(2010年)
― 時平均気温(2010年)

るように少し細かな変動を含むようなものとなるが，それでも気温の季節変化パターンをよく表している。しかしこれら平年値のグラフは，私たちが実際に経験する気温の変化とは随分と異なる。平年値のグラフは季節の傾向を表すという点ではわかりやすいが，現実の気温変化が持つ重要な性質が省かれてしまっている。例えば，ある年の日平均気温の変化のグラフ（図3の濃い灰色の線）を描くと，日ごと，週ごとにかなり激しく変動するものであるということがわかる。これは私たちの実感とも合うものであり，「三寒四温」，「寒の戻り」，「秋の空」といった，気象の短期変動を題材とした慣用句にもそのことが良く表れている。あくまで，季節変化というのは数週間以上にわたる長い傾向なのである。つまり，季節変化とは春にだんだん暖かくなって暑い夏になり，秋にだんだん涼しくなって寒い冬になるということであるが，今日と明日，今週と来週といった短い期間の気温変化は，必ずしも季節の傾向と一致するわけではない。

さらに，昼夜の気温変化といった日内変化をこの図に表すと（図3の薄い色の線，隣どうしの線が重なって影のように見える），気温変化という情報がいかに変動に富むものかが良くわかる。1日のうちの変動が，日平均気温の平年値の数か月分の幅を越えることもそれほど珍しくない。

こうしてみると，気温変化の持つ季節情報が，いかに大きな誤差情報を含むかということがわかるであろう。この変動が激しく誤差情報が多いということが，まさに自然生育地での環境要因に普通に見られる状況である。ここで，季節応答という点から見た自然条件における気温変化の特徴を整理すると，以下の3点を挙げることができる（Kudoh & Nagano, 2013; 永野 & 工藤, 2014）。

①気温の季節変化とは，数週間から数か月にわたる長期の変化パターンである。
②気温情報は，季節変動だけでなく，日内変動，日間変動，週間変動といったより短期の誤差情報を含んでいる。

③気温情報を用いて季節応答を行うためには，短期の誤差情報を無視して，長期の傾向のみを感知する仕組みが必要である．

このように短期の誤差にまみれた情報から，いかに長期の季節情報をとりだすか，それこそが生物の季節応答が自然条件下で機能するための鍵となる．以下では，長期の季節変動のことを季節シグナル（あるいは単にシグナル），短期の誤差情報のことをノイズと呼ぶ．

3. シグナルとノイズから見た気温変化と過去の参照

季節を知るために，温度の情報しか利用できない場合，一体，どの程度の期間の情報があれば，季節を知ることができるだろうか．例えば，春と秋の平均気温がほぼ同じ頃を比較して，どのくらいの期間があればだんだん暖かくなっているのか，寒くなっているのかがわかるだろうか．今日と明日の気温を比べる程度ではわからないのは明らかであるが，1週間程度の期間でも難しいのではないかと思える．

ここで，ある一定期間にわたる過去の気温変化の情報を利用するときの，季節シグナルとノイズとの関係を考えてみたい．過去の一定の参照期間にわたる気温情報を代表するものとして，ここでは移動平均という比較的簡単な指標を用いる．移動平均とは，ある時点から過去一定期間にわたる気温の平均値である．例えば，3日間の移動平均は，ある時から過去3日間にわたる気温の平均値であり，1週間の移動平均といえば過去7日間にわたる気温の平均値である．移動平均は，どの瞬間についても計算できるので，7日間の移動平均を毎日について計算することができる．

図4に過去1日，3日，7日（1週間），14日（2週間），28日（4週間），42日（6週間），90日（約3か月），180日（約6か月）を参照期間とした気温の移動平均の季節変化を示した．1日の移動平均というのは日平均気温のグラフと同一のものとなる．参照期間が長くなるにつれて，ノイズが減少し，季節変動のみが明瞭に残るのが見て取れる．参照期間が1週間程度であると，まだまだノイズが大きいが，4週間を超えるとほとんどノイズがなくなるのがわかる．その一方で参照期間が長くなると，季節変動の振幅が小さくなることがわかる．グラフの形を見る限り，4週間程度以上の過去を参照できれば，気温情報から季節変化に応答できそうである．

それでは，実際に季節シグナルとノイズを定量化してみよう．季節シグナルとノイズの定義は，何に着目しているかによるのであるが，ここでは以下のように単純に定義して考えてみる．シグナルやノイズの定量化には，しばしば分散を用いる．

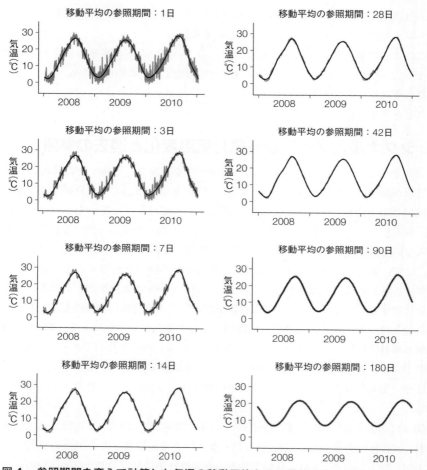

図4　参照期間を変えて計算した気温の移動平均とその季節パターン
西脇市の気温データを用い，2008〜2010 の 3 年間について計算した（前歴が必要なため，2007〜2010 のデータを用いて計算した）。移動平均とは，過去の一定の参照期間について平均値を計算したものである。

―― 季節変動　　―― 移動平均

　1 日毎に計算した特定の参照期間についての移動平均に関する 1 年分，365 点からなるデータを対象とすることにする。これにスムーズな線として長期傾向をあてはめたものを季節シグナルとし，残差をノイズとする。シグナルの分散の計算は季節シグナル線上の 365 日分の点の間の分散と定義する。一方で，それぞれのデータ点と季節シグナルとの間の残差から計算される分散をノイズと定義する（こちら

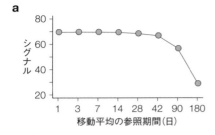
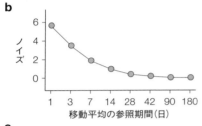
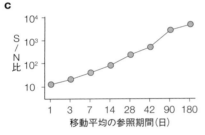

図5　気温の移動平均の参照期間を変化させたときの季節シグナル（a），ノイズ（b），S/N比（c）の大きさの違い

シグナルとノイズは分散を計算することで定量した（詳しくは本文）．参照期間は，それぞれ1日，3日，7日，14日，28日，42日，90日，180日について計算した．西脇市の気温データを用い，2008〜2010の3年間について計算した．

の分散も1日1点の365点で計算するものとする）．

　図5に様々な長さの参照期間をとった時のシグナル（図5-a）とノイズ（図5-b）の変化を図示した．年間の気温変化における季節シグナル，ノイズはともに，移動平均の参照期間が長くなるにつれて低下することがわかるが，そのパターンは大きく異なる．シグナルの低下は6週間までは緩やかであるが，参照期間が3か月に近づくと年間の振幅が小さくなってシグナル強度が急速に低下する．一方，ノイズは参照期間が長くなるにしたがって，最初から急速に低下し，4週間程度以上の参照期間があればかなり小さなものとなる．

　しばしば，シグナル情報の質を評価するときに，シグナル-ノイズ比（signal-noise ratio，S/N比）という値が用いられる．S/N比は，シグナルの分散をノイズの分散で割った値である．S/N比が高ければノイズの影響が小さく，S/N比が小さければ影響が大きいと考えるわけである．気温の移動平均の参照期間とS/N比の関係を示すのが図5-cである．このように参照期間を増やすにつれて，S/N比は急速に

高くなるのがわかると思う。つまり，過去の参照期間が長いと，ノイズに対する季節シグナルの割合が高まり，原理的には良い季節情報が得られるということになる。

それでは，参照期間は長ければ長いほど良いのであろうか。S/N 比だけから見ると，そのように判断できるが，これはあくまで，そのシグナルを受けとる側のセンサー感度がシグナル強度に対して十分であることを前提にした議論である。植物の季節応答にかかわる温度センサーの感度については不明な点が多いが，あまりに小さい温度差のシグナルを正確に読み取るのは難しいことであろう。したがって，最も良い参照期間は，ノイズは小さいが，ある一定のシグナル強度が得られる期間ということになる。

移動平均のグラフ（図4）やノイズのグラフ（図5-b）からもわかるように，参照期間が1週間程度であると，まだまだノイズが大きいが，4週間を超えるとほとんどノイズがなくなるのがわかる。その一方で参照期間が3か月にもなると，季節シグナルとしての強度が低下していくことがわかる。このことから，ノイズに惑わされずに気温変化の季節傾向をつかむには4～6週間程度以上の期間で，植物が温度を感知するセンサーの感度が許す範囲（シグナルの強度が十分に強い範囲）の過去を参照するのが良いということが予測できる（Kudoh & Nagano, 2013; 永野・工藤, 2014）。

4. 生物の温度応答

周囲の温度が変化すると，生物は急速な応答を示す。例えば，夏に外出すれば，たちまちに血管が拡張して血流が増大し，汗をかき始める。これは体の中の熱を皮膚表面から逃がすための応答である。一方，冬であれば皮膚近くの血管は収縮し，鳥肌が立ち，身体が小刻みに震えて体温が下がらないような反応が起きる。私たちが経験的に知っているのは，温度環境に対する応答は，数秒，数分あるいは長くても数時間以内に起きるということである。

同じことが遺伝子発現においても知られている。ショウジョウバエやシロイヌナズナを用いた研究において，温度の変化は多数の遺伝子発現の変化を引き起こすことがわかっている。遺伝子発現の温度変化に対する応答は，多くの場合，数秒から数時間の時間スケールで起きる。つまり，遺伝子発現の変化というのは，一般的には非常に短い時間のあいだに完了する応答と考えられてきた。

ところが，これまでの議論に見るように，気温変化をシグナルとして季節を感知するためには，4週間以上にわたる気温変化の傾向をつかむ必要がある。したがって，それをつかさどる遺伝子発現のしくみは，他の大半の遺伝子に比べて，その

状況に特化した特徴をもつことが予想される。さらに，4週間もあれば植物はかなり成長するので，体細胞分裂を通じて情報が伝達されるような仕組みが必要となるであろう。

　植物が花を咲かせるタイミングを調節する仕組みは，植物学者の関心の的であり，多くの研究が進められている。その結果，遺伝子のレベルでの仕組みがわかってきた。特に，モデル植物であるアブラナ科のシロイヌナズナ (*Arabidopsis thaliana*) での研究の進展が目覚ましく，花成（花芽の形成）を促進する4つの経路にかかわる遺伝子群とその調節のしくみが次々と明らかにされつつある (Andrés & Coupland, 2012)。4つの経路とは，気温の変化によって花成を促進する経路，日長の変化によって開花を促進する経路，齢の進行とともに自律的に花成を促進する経路，ジベレリンという内在性の植物ホルモンによって花成を促進する経路である（図6）。非常に興味深いことに，これらの4つの経路のうちから，環境応答によって変化した遺伝子発現調節の状態を長期間記憶し，さらに体細胞分裂を介してその調節状態を伝達することができる機能を持つ遺伝子が見つけられている。その経路とは，まさに気温の変化に応答して花成を促進する経路である。

5. 長期記憶を伴う温度応答－バーナリゼーション

　春先の花を咲かせる植物で良く知られる温度に応答した開花調節に，バーナリゼーション（春化）応答が知られている。低温を経験すると，その後の花成が促進されて開花が早まる現象である。バーナリゼーション応答が働くためには，通常，数週間にわたる長期の低温を経験することが必要である。長い期間の低温を経験したのち，暖かい条件におかれると，まるで冬が過ぎ去ったことを記憶しているかのように開花する。そのため，この仕組みは'冬の記憶'とも呼ばれてきた (Amasino, 2004)。

　バーナリゼーション応答は，イネ科のコムギやアブラナ科で良く調べられてきたが，温帯圏に分布する様々な植物で知られている。四季がはっきりした温帯にこれらの植物が分布を広げる過程では，越冬後に開花する生活スケジュールが繁殖成功を高めるうえで重要であったのであろう。モデル植物のシロイヌナズナは，バーナリゼーション応答を示すため，それにかかわる遺伝子の同定や発現調節の研究が進んでいる (Song *et al.*, 2012)。

　バーナリゼーション応答において中心的な役割を果たす遺伝子としてシロイヌナズナから同定されたのが *FLOWERING LOCUS C* (*FLC*) である。*FLC* は花成を強力に抑制する転写因子をコードしている。この転写因子は，花成ホルモンであるフ

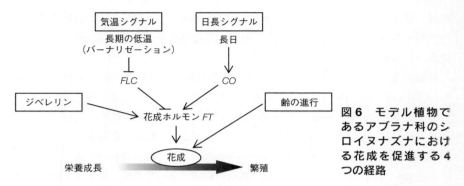

図6 モデル植物であるアブラナ科のシロイヌナズナにおける花成を促進する4つの経路

ロリゲンとして同定された FT タンパク質の遺伝子座のプロモータ領域に結合し FT の転写を強力に抑制する（図6）．そのため，FLC が強く発現している間は，花成ホルモンがつくられない．植物が葉をつくり続けている段階のことを栄養成長と呼び，花成以降の繁殖成長と区別するが，栄養成長を続けている間 FLC の発現は植物体全体で見られる．

シロイヌナズナにおける'冬の記憶'の正体は，低温に応答した FLC 転写の抑制であった (Amasino, 2004)．長期の低温を経験すると FLC の転写は低下していき，やがて強い抑制を受けるに至る．FLC の転写調節が特徴的なのは，低温の時期が過ぎ去り再び暖かくなっても，抑制が保たれることである．FLC による転写抑制がはずれているので，暖かくなるとフロリゲンである FT タンパク質が発現し，茎頂に運ばれ，花成が起こる．抑制が保たれている間は繁殖成長が継続する．つまり，シロイヌナズナは，FLC の転写抑制状態として冬を経験したことを記憶しているということになる．

6. 記憶装置としての FLC 転写調節

シロイヌナズナで詳しく調べられている FLC の転写抑制のしくみは，気温変化から季節シグナルを抽出するために必要な「遺伝子発現調節が環境に応答して変化した状態を長期記憶する」という特性を持ち合わせている．その記憶において鍵となるしくみが，ヒストン修飾によるエピジェネティックな転写調節である．

細胞核内にあるシロイヌナズナの DNA は1セットで1億3,000万塩基対からなる．長い DNA 鎖はヒストンタンパク質の8量体に1と3/4回巻きついたヌクレオソームと呼ばれる構造をとりながら，数珠玉状に連なる．これが規則的あるいは不規則的に高次に折りたたまれてクロマチンをなす．クロマチンには凝集の度合いが高い部分と低い部分がある．凝集度が低い部分をユークロマチンといい，ここにあ

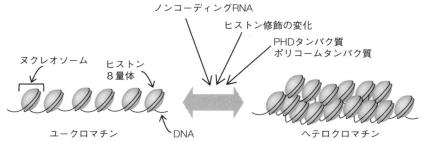

図7　条件的ヘテロクロマチンにおける，ユークロマチンとヘテロクロマチン
長いDNA鎖はヒストンタンパク質の8量体に巻きついた，ヌクレオソームと呼ばれる構造をとりながら，高次に折りたたまれてクロマチンをなす．凝縮がほどけたユークロマチンでは遺伝子の転写が活発である．FLC遺伝子のある領域は，長期の低温を経験することで条件的ヘテロクロマチンを形成し，それが比較的安定的な転写抑制状態をもたらす．それは，複数の過程からなっており，FLC領域由来のノンコーディングRNAが増加する過程，PHDタンパク質群とポリコームタンパク質複合体によって遺伝子領域のヒストンに修飾が付加されていく過程からなる．

る遺伝子の転写活性は一般的に高い．凝集度が高い部分をヘテロクロマチンといい，遺伝子の転写活動があまり行われない部位である．ただし，ヘテロクロマチンには常に凝縮している構成的ヘテロクロマチンと条件的ヘテロクロマチンの2種類が存在する．後者では条件によっては，凝縮がほどけたユークロマチンとして活発に転写を行う．FLC遺伝子のある領域は，長期の低温を経験することで条件的ヘテロクロマチンを形成し，それが比較的安定的な転写抑制状態をもたらす（図7）．

それでは，植物が低温を経験し始めてからの経過時間にしたがって，シロイヌナズナにおけるFLCの転写抑制の過程を詳しく見てみよう（Song et al., 2012）．それは，複数の過程からなっており，FLC領域由来のノンコーディングRNAが一過的に増加する過程，植物ホメオドメインに結合するタンパク質（PHDタンパク質）群とポリコームタンパク質複合体によって遺伝子領域のヒストンに修飾が付加されていく過程，クロマチン構造が変化してヘテロクロマチン化した状態が維持される過程からなる（図7）．

低温を経験し始めた最初の10日程度の間に，ノンコーディング（タンパク質には翻訳されない）RNAであるCOOLAIR（cold induced long antisense intragenic RNA）の量が増加してピークに達する（図8）．COOLAIRは，FLCセンス鎖から転写されるアンチセンスRNAであり，この時期にFLCのmRNAの低下が始まる．COOLAIRの転写量は低温処理開始後10日後をピークに，その後減少する（図8）．

FLC領域のヌクレオソームが凝集して条件的ヘテロクロマチンを形成する主要

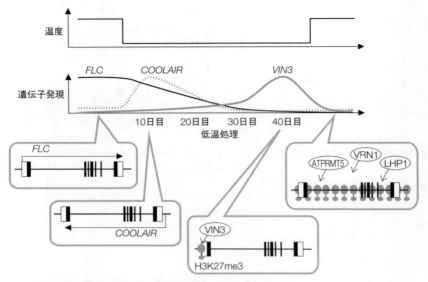

図8 低温による *FLC* 転写抑制の過程を説明する模式図
低温を経験すると，ノンコーディング RNA である *COOLAIR* の転写に引き続き，VIN3 の発現誘導が起きる．その結果，*FLC* の転写開始点付近に H3K27 me3 のヒストン修飾が蓄積する．再び暖かい温度を経験すると，*FLC* の全領域が H3K27 me3 の修飾を受ける．この H3K27 me3 を選好してクロマチンと相互作用する LHP1，VRN1，ATPRMT5 といったタンパク質が *FLC* 遺伝子領域で働いて，条件的なヘテロクロマチン化によるエピジェネティックな遺伝子発現の抑制が維持される．詳細と引用文献は本文を参照．

因は，この領域のヌクレオソームを構成する 3 番ヒストンタンパク質テール部の 27 番目のリシンがトリメチル化の修飾を受けることである．この修飾は動植物で共通に広く見られる抑制マークであり，H3K27 me3 と表記される．この修飾を付加するために，ポリコームタンパク質からなる抑制複合体 2（PRC2）と呼ばれるタンパク質複合体が必要である．低温処理開始後 30～40 日程度経過すると，PHD タンパク質 VERNALIZATION INSENSITIVE 3（VIN3）の発現誘導が起き，PHD-PRC2 複合体が形成される（図8）．この複合体の働きにより，*FLC* の転写開始領域付近に H3K27 me3 のヒストン修飾が蓄積する．再び暖かい温度を経験すると，*FLC* の全領域が H3K27 me3 の修飾を受ける（図8）．

メカニズムの詳細はわかっていないが，この H3K27 me3 を選好してクロマチンと相互作用する LIKE HETEROCHROMATIN PROTEIN 1（LHP1），植物特異的な B3 型 DNA 結合ドメインを 2 つ持ちクロマチンと相互作用する VERNALIZATION1（VRN1），タイプ II タンパク＝アルギニンメチル基転移酵素である Arabidopsis

PROTEIN ARGININE METHYLTRANSFERASE 5（ATPRMT5）といったタンパク質が*FLC*遺伝子領域で働いて，条件的なヘテロクロマチン化によるエピジェネティックな遺伝子発現の抑制が維持される．

以上のような，*FLC*の転写調節に見られる，ポリコームタンパク質からなる抑制複合体による H3K27 me3 ヒストン修飾を介した条件的ヘテロクロマチン化は，「細胞記憶」として知られる転写抑制メカニズムである．この転写調節機構は，シグナルに対して応答する能力と，安定的に体細胞分裂を通じても転写状態を維持する機能を併せ持つ．このメカニズムを通じて，過去一定期間の転写状態を反映させながら気温に応答することにより，ノイズに惑わされずに気温変化の季節傾向をつかむことが可能になっていると予想される．この予想については，複雑に変化する温度条件下でヒストン修飾状態の変化を調べる研究を通じて検証していく必要がある．

7. 冬の記憶？　年間を通した季節の記憶？

シロイヌナズナで明らかとなった*FLC*のしくみは，一度だけの冬の経過を記憶する装置としては十分に機能するものである．一定期間を越える低温を経験することで転写が抑制され，その後暖かくなっても転写抑制状態が維持されれば十分である．そういう意味では，冬の経験の判定を 1/0 信号としてとらえている比較的単純な記憶装置と見ることができる．しかしながら，自然条件における気温変化が持つ季節シグナルの特性を考えると，数週間以上の過去の温度を参照しながら変化する，移動平均のような記憶装置として働くならば，より汎用性の高いしくみとして機能することができる．

自然条件における気温変化から季節シグナルを読み取るには，4 週間以上程度の過去の気温を参照できるのが良いが，あまりに長い参照期間は必要ない．むしろ，遠い過去については'忘れる'ことができ，直近の 4〜6 週間といった気温の変化傾向を記憶するしくみならば，冬が過ぎたことだけでなく，春が終わったことも判断可能となる．*FLC*の転写調節はそのような汎用性の高い仕組みとみなすことができるのであろうか．

この疑問の答えは，シロイヌナズナに近縁の多年草の研究によって明らかとなった．多年草では毎年，栄養成長と繁殖成長を交互に繰り返すため，繁殖成長の後に再び栄養成長に戻る．一年草であるシロイヌナズナでは，冬を経過したのち*FLC*の転写抑制が続き，すべての資源を繁殖に投資して次世代の種子をつくり，植物体自身は最終的に枯れてしまう．シロイヌナズナ属のハクサンハタザオ（*Arabidopsis* *halleri* subsp. *gemmifera*）やヤマハタザオ属のアラビス・アルピナ（*Arabis alpina*）の研究により，これら近縁のアブラナ科多年草では，冬を経験することによって抑制された *FLC* の転写が，再び長期の暖かい温度を経験することによって抑制されなくなることがわかっている。

多年草アラビス・アルピナの突然変異体を解析した研究では，*FLC* のホモログである *PERPETUAL FLOWERING 1*（*PEP1*）が同定され，その調節機構に関する研究がすすめられた。*PEP1* もシロイヌナズナ *FLC* と同様に長期の低温を経験することによって抑制され，その結果花成が起きる。しかし，その後温度が上昇すると，*PEP1* の転写が再開し，繁殖成長から栄養成長への再転換が起きる。転写抑制の際には，シロイヌナズナ *FLC* と同様に *PEP1* 領域に H3K27 me3 ヒストン修飾が蓄積することが確かめられている。さらに，低温解除後 3～5 週間には，H3K27 me3 の修飾レベルは大きく低下することが報告されている（Wang *et al.*, 2009）。

8. 多年草 *FLC* の参照期間と頑健性

それでは，実際に *FLC* は過去のどの程度の期間の低温を参照にしているのであろうか。多年草ハクサンハタザオの *FLC* ホモログ *AhgFLC* の研究では，従来の分子遺伝学的解析とは，大きく異なるアプローチで研究が行われた（Aikawa *et al.*, 2010; 相川・工藤，2011; 工藤，2012）。それは，遺伝子発現の季節変化を自然生育地で実測し，同時に測定された気温の変化に対して時系列解析を行う方法である。目的は，*AhgFLC* の転写調節が気温の変化に対してどのくらいの過去の参照期間を持っているかを推定することであった。この解析では，植物が過去のある参照期間の間に，ある閾値温度以下の気温をどれだけ経験したかの総量に基づいて *AhgFLC* の転写調節が行われているというモデルのもとで参照期間と閾値温度の推定がなされた。

2 年間にわたる 1 週間毎の測定の結果を（図 9），最もよく説明する閾値温度は 10.2℃，そして参照期間は過去 42 日間（6 週間）であった。驚くべきことに，このモデル（つまり，過去 6 週間の気温のみ）で，2 年間の *AhgFLC* 転写量変化の 83％を説明することができた。参照期間は遺伝子発現の推定に非常に重要であり，参照期間を短くしても長くしてもたちまちモデルの説明力が低下することが明らかとなった。

私たちが自然条件下における気温変化のパターンから予測したことは，ノイズに惑わされずに気温変化の季節傾向をつかむには 4～6 週間程度以上の期間で，植物が温度を感知するセンサーの感度が許す範囲（シグナルの強度が十分に強い範

囲）の過去を参照するのが良いということであった．AhgFLC発現の時系列解析から得られた，6週間という参照期間の推定値は，まさにこの要件を満たしている．

つまり，多年草を含めて考えると，FLC遺伝子及びそのホモログの転写調節は，単なる冬の記憶ではなく，年間を通じて季節をとらえるより汎用性の高い記憶として機能しているといえる．実際にハクサンハタザオのFLCは，冬の終了を感知して花成のタイミングに影響するだけでなく，春から夏が近づくにつれての温度上昇を感知して繁殖成長から栄養成長への再転換のタイミングにもかかわっている．さらに，この仕組みは自然条件下で見られる短期ノイズをフィルターすることができる頑健性をも持ち合わせている．

さらに，重要な点は，この研究が自然集団で行われたことである．自然集団では気温だけでなく様々な環境要因が変化する．実際，サンプリングをした日の天候は様々であり，台風による冠水，冬季の積雪，夏季の乾燥といった条件下でも行われている．それにもかかわらず，AhgFLC発現の調節は気温変化の季節シグナルのみに応答しているのである．つまり，その機能は，誤差情報の多い気温から季節シグナルを抽出するというだけでなく，自然生育地の複雑な環境条件下で機能するような頑健性をも備えている．

9. 自然状況に依存した気温記憶の進化

自然条件での気温変化のパターンから予測された季節感知のしくみに必要と思われる特性と，シロイヌナズナとその近縁種が実際に持つバーナリゼーション応答のしくみの間には一致が見られた．私たちは，これが偶然ではなく，自然条件下での気温の季節シグナルの特性がもたらしたものであると考えている．その理由として2つの点をあげたい．

まず第1にバーナリゼーション応答の複数回進化において，細胞記憶の利用が繰り返し並行進化していることを指摘したい．私たちが，西脇市の気温データで議論したような気温の季節シグナルの特性は，地球上の温帯域で広く普遍的に見られるパターンである．したがって，バーナリゼーション応答のような気温から季節を予測する応答が進化するときには，4週間以上の長期記憶を伴うようなしくみが繰り返し採用されるはずである．実はこのことはテスト可能である．それは，バーナリゼーションの進化はこれまで独立に複数回起きているからである．例えば，コムギでよく研究されている単子葉植物であるイネ科のバーナリゼーションと，双子葉植物であるアブラナ科のバーナリゼーションの進化は独立の事象である．そのことは，コムギにおけるバーナリゼーションとシロイヌナズナにおけるバーナリゼーシ

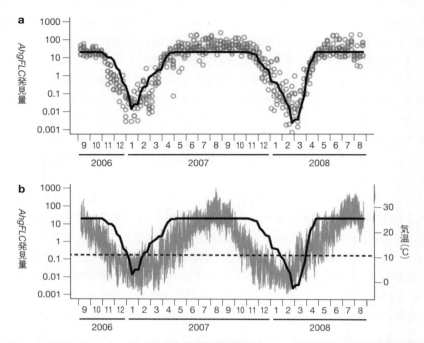

図9 多年草ハクサンハタザオの FLC ホモログ AhgFLC の2年間にわたる1週間毎の測定の結果（Aikawa et al., 2010）
遺伝子発現の季節変化を自然生育地で実測（**a** の丸印）し，同時に測定された気温の変化（**b** の灰色の線）に対して時系列解析を行った．過去のある参照期間の間にある閾値温度以下の気温をどれだけ経験したかの総量に基づいて，AhgFLC の発現を最もよく説明するモデルを推定した（**a**, **b** の太い実線）．最もよく説明する閾値温度は10.2℃（**b** の点線），そして参照期間は過去42日間（6週間）であった．このモデルで，2年間の AhgFLC 転写量変化の83%が説明された．

ョンでは，起源が異なる同祖的ではない遺伝子がその仕組みを担っていることに表れている．しかしながら，どちらの場合も条件的ヘテロクロマチン化によって転写制御を行う MADS Box 遺伝子が気温の季節シグナルを感知する仕組みとして採用されている（Trevaskis et al., 2007）．

第2は，もう1つの主要な季節応答のしくみである日長応答との対比である．図3には西脇市の日長の変化が示されている．日長は暦に従って正確に変化する予測性の高い季節シグナルであり，日平均気温の変化と比べてみるとその性質の違いは対照的である．もちろん，晴れの日，雨の日といった天候の違いはあるが，植物のもつ光センサーの感度は非常に高く，天候の違いは日長感受には影響しないことが指摘されている（Nagano et al., 2012）．これまでシロイヌナズナで明らかにさ

れてきた日長感受のしくみは，それが1日単位で測定される仕組みになっていることである。日長経路を介してFTの発現を促進して花成を誘導することが知られているCONSTANS（CO）タンパク質は，暗黒条件下で分解されてその情報は毎日リセットされてしまう。このように，日長感知のしくみは長期記憶を持つことはなく，せいぜい過去数日の日長が影響することが実験的にも調べられている。日長においても，自然条件下におけるシグナルの持つ特性と，植物が持つ感知システムの間に対応が見られる。

おわりに

　最後に，遺伝子機能の包括的理解のためには，自然生育地での研究が必要であることを指摘しておきたい。

　これまでに，環境応答に関する多くの遺伝子が同定され，その機能が研究されている。しかし，遺伝子の機能の研究は，ほとんどの場合，比較的均質な実験室環境下で行われてきた。そのため，機能がわかっているとされる遺伝子についても，自然環境下でどのような役割を果たしているのかを含めて包括的に機能が理解されているとはいい難い。「遺伝子機能の理解」は，分子遺伝学の目的のひとつであるが，「自然条件下における遺伝子機能の理解」は，分子遺伝学と生態学の両方のアプローチが求められ，生態学においても重要な課題となった。

　しばしば，生物機能を理解するためにはイン・ビトロ研究（*'in vitoro'* 生体外実験系の研究）とイン・ビボ研究（*'in vivo'* 生体内実験系の研究）の両方の研究が必要であることが強調されるが，上記のような自然生育地での研究はイン・ナチュラ研究（*'in natura'*）と呼ぶことができる（Kudoh & Nagano, 2013）。遺伝子の機能のより包括的な理解のためには，イン・ナチュラ研究の果たす役割は大きい。幅広い状況下での機能を保証する頑健性の評価は，自然生育地での研究アプローチが持つ強みのひとつであろう。イン・ナチュラ研究が必要である根拠は次の2点である。

　1. 生物の機能は，本来の自然生育地において役割を果たしていること
　2. 自然選択が適応をもたらしてきたのは，その生物の生育地条件下であること

　また，イン・ナチュラ研究においては，生物そのものの解析だけでなく，自然生育地における環境の変化パターンに関する丁寧な解析と解釈が重要となる。

引用文献

Aikawa, S. *et al.* 2010. Robust control of the seasonal expression of the *Arabidopsis FLC* gene in a fluctuating environment. *Proceedings of the National Academy of Science, the USA.* **107**: 11632–11637.

相川慎一郎・工藤洋 2011. 季節を測る分子メカニズム：遺伝子機能のイン・ナチュラ研究．種生物学会（編）ゲノムが拓く生態学，p. 89- 108. 文一総合出版．

Amasino, R. 2004. Vernalization, competence, and the epigenetic memory of winter. *Plant Cell* **16**: 2553-2559.

Andrés, F. & G. Coupland. 2012. The genetic basis of flowering responses to seasonal cues. *Nature Review Genetics* **13**: 627-639.

Elzinga, J. A. *et al.* 2007. Time after time: flowering phenology and biotic interactions. *Trends in Ecology and Evolution* **22**: 432-439.

工藤洋 2012. 自然環境下における遺伝子発現解析．日本生態学会（編）エコゲノミクス：遺伝子から見た適応，p. 128-148. 共立出版．

Kudoh, H. & A. J. Nagano. 2013. Memory of temperature in the seasonal control of flowering time: an unexplored link between meteorology and molecular biology. *In*: P. Pontarotti (ed.), Evolutionary Biology: Exobiology and evolutionary mechanisms, p. 195-215. Springer.

Nagano, A. J. *et al.* 2012. Deciphering and prediction of transcriptome dynamics under fluctuating field conditions. *Cell* **51**: 1358-1369.

永野惇・工藤洋 2014. 野外の環境における生物の環境応答の理解にむけて：トランスクリプトームデータと気象データの統合．領域融合レビュー 3, e009.

Song, J. *et al.* 2012. Vernalization - a cold-induced epigenetic switch. *Journal of Cell Science* **125**: 1-9.

Trevaskis, B. *et al.* 2007. The molecular basis of vernalization-induced flowering in cereals. *Trends in Plant Science* **12**: 352-357.

Wang, R. *et al.* 2009. *PEP1* regulates perennial flowering in *Arabis alpina*. *Nature* **459**: 423-427.

第3部
生殖隔離にかかわる生物リズム

生物活動の時期，特に繁殖の時期が異なると，個体間・集団間等の遺伝的交流が抑えられ，生殖隔離が生じる可能性がある．第3部では，リズム現象を生態学・進化学の研究に直接結びつけた例として，フィールドと理論，それぞれのアプローチから生殖隔離の研究を紹介する．

第3部

生殖隔離にかかわる
生物リズム

第9章　季節性の違いによって生じる冬尺蛾の種分化

山本 哲史（神戸大学大学院人間発達環境学研究科）

はじめに

　冬の雑木林は楽しい。夏には鬱蒼とした樹木によって暗かった林床には光が差し込み，林間を移動する鳥たちもよく観察できる。地面に目を向ければ大小形も様々な落葉が積み重なり，その上にはクヌギやコナラのドングリが春の訪れを心待ちにしている。しかし，冬の夜の雑木林でもまた面白い生き物を観察できることを知る人は少ないだろう。冬の日没後の暗い雑木林に懐中電灯を持って入ってみるとたくさんの小さな蛾が飛び交っていることに気づくはずである。冬尺蛾（フユシャクガ）である。その名の通り冬に成虫となり，繁殖も冬の間に行うシャクガ科（尺取り虫）の仲間だ。ちなみに，飛び交っている個体はすべてオスで，メスは翅がないか極端に小さいために飛翔しない。メスの姿は木の枝や幹，下草で見ることができる。

　まだ私が大学院生だったある冬の終わり頃，そのシーズンに採れた冬尺蛾のデータを眺めているときに，私はクロテンフユシャク（*Inurois punctigera*; 口絵4）の出現時期が他の冬尺蛾とは違うことに気づいた。場所によっては，11月と翌年の4月にクロテンフユシャクが採れている。1年に1世代をまわす昆虫としては考えられないほど成虫の出現期が長いのだ。さらに，真冬の一番寒い時期には，採集できていない。

　フユシャクガの中でも，クロテンフユシャクの仲間である *Inurois* 属（正式な和名はないが，便宜的にウスバフユシャク属と呼ぶことにする）は種数が比較的多く，それぞれの種の個体数も多いため，採集記録や生態情報などが多く報告されている。私は，さっそく先行研究をあたり，長年フユシャクガの研究をされていた中島秀雄さんの「クロテンフユシャクの活動時期は山地において真冬に分断される」という報告を見つけた（中島, 1998）。中島さんの報告によると，クロテンフユシャクは温かい場所では真冬に活動するが，寒い場所では冬の初め頃と終わり頃に活動し，真冬には活動しないという。私が野外調査で感じていたことは，すでに明確に記載されていたのだ。しかも中島さんは，冬の初めに活動する個体は真冬までに寿

命が尽きるために，冬の終わり頃の個体は初め頃に活動していたものは異なる個体だということも明らかにしていた。

この現象がすでに記載されていることにガッカリしたが，私は，そこからもっと興味深い問題を抽出し，研究テーマにできると考えていた。それが，本章で紹介するクロテンフユシャクの種分化についての研究である。種分化とは，それまでに存在していた生物種の一部がもとの生物種とは異なる新しい種へと分化していく現象である。中島さんの報告を読み，私は，冬の寒さによって，クロテンフユシャクが2つの生物種へと引き裂かれようとしているのではないかと考えたのである。そして，その仮説を検証するために，博士後期課程の期間を冬の雑木林へと捧げた。

本章では，まず生殖隔離や自然選択の概念について述べ，種分化研究の材料としてのクロテンフユシャクの長所について述べる。その後，これまでに私が行ったクロテンフユシャクの羽化時期の進化とそれに伴う種分化に関する研究を私自身の試行錯誤の過程なども交えながら紹介したい。

1. 研究の背景：新種の生物が誕生するプロセス

1.1. 互いの繁殖が妨げられることで複数の生物種へと分化する

姿形の異なる2つの生物を見せられて「これらは別の種か？」と聞かれたとき，常に「はい」と答えられるだろうか？　これはなかなか難しい問題で，見た目が違うからといって別種だとは言い切れない。カブトムシのオスとメスのように同じ種で姿が異なる生物もいるし，ある深海魚の一種ではあまりにも形態的特徴が異なるためにオス・メス・幼体がそれぞれ異なる種だとされていたこともあった（Johnson et al., 2009）。もちろん逆に姿形や色がとても良く似ていても，別々の種という可能性もある。では，種をどのように定義付ければよいだろうか。これは生物学者の間でも論争が絶えない話題であるが，本稿では「種とは，相互に交配する自然集団グループで，他の集団から生殖的に隔離されるもの（Mayr, 1942）」という，生物学的種概念を種の定義としたい。簡単に言えば，異なる集団の間で，個体が行き来して繁殖していれば同じ生物であり，していなければ別の生物であるという考え方である。なので，もともと1種だった生物が2種以上の生物へ分化する過程（種分化）では，分化しつつある2つの生物の間で繁殖を妨げる仕組みが成立しなければならない。そのような仕組みを生殖隔離（単に隔離とも言う）機構と呼ぶ。種分化の研究では，この生殖隔離機構を解明することを目的とすることが多く，本章で紹介する研究も，クロテンフユシャクを2種へと分化させつつある生殖隔離機構を明

1.2. 自然選択が種分化を引き起こす

　古典的には，種分化の切っ掛けとなる主要因は地理的隔離であると考えられてきた。その根拠は地理的隔離の成立には生物の性質が変化する必要がなく，最もシンプルな隔離機構だからである（Coyne & Orr, 2004）。地理的に隔離されることが種分化のスタートとなり，その後さらに多くの隔離機構が蓄積されることで，再び出会っても互いに繁殖ができない別々の種になっている。これが古典的な種分化のプロセスの捉え方であった。一方，2000年代以降，自然選択による進化の結果として生殖隔離が成立する例が多数報告されるようになった（Rundle et al., 2000; Nosil et al., 2002; McKinnon et al., 2004; Langerhans et al., 2007; Babik et al., 2009）。自然選択とは，生息地の環境に適応した形質（特徴）を持つ個体ほど，繁殖の成功度が高くなることである。そのため，自然選択が働くことで，生息環境に適応した形質を持つ個体が増加していく。自然選択による生殖隔離の場合，生物の性質が変化（進化）した結果として生じる隔離機構であり，地理的隔離よりも複雑なプロセスで隔離機構が成立する。

　例えば，北米のリンゴミバエ（*Rhagoletis pomonella*）では，リンゴ（*Malus pumila*）の実に産卵するタイプとサンザシ（*Crataegus* spp.）の実に産卵するタイプが存在し（Bush, 1969），それらの間で生殖隔離が生じている（Feder et al., 1988）。リンゴとサンザシはわずかに実をつける季節がずれており，どっちつかずの中間的な時期に羽化する個体は子孫を残すことができない。そのため，自然選択が働き，リンゴかサンザシの実がある季節に羽化するように進化している。結果的に，それらの間で繁殖が起こりにくい。この例のように，自然選択によって生物が進化することで，生殖隔離が成立し得ることが複数の研究で示されており（McKinnon & Rundle, 2002; Nosil et al., 2002），現在の種分化研究では，地理的隔離の重要性に加えて，自然選択の重要性も認識されている。

1.3. 時間によって変化する環境とそれに対する適応がもたらす時間的種分化

　広域に分布する生物では，集団ごとに異なる環境に生息することになる。そのような場合には，自然選択によって，それぞれの集団はその生息環境に応じた形質を進化させることがある。このように生物集団が局所的な生息環境に適応することを局所適応と呼ぶ。

一方，環境は空間的にだけでなく時間的にも変化している．気温や湿度，天候などは1日の中で目まぐるしく変化する．このように言うと不規則な環境変動を想像されるかもしれないが，規則正しいリズムをもって変化する環境もある．例えば，春夏秋冬といった季節的な環境は1年のリズムをもって変化する．生物はこのような周期的に変化する環境へ"局時"適応することができる．例えば，1年で1世代を過ごす昆虫（一化性昆虫）は，季節変化に合わせた生活史スケジュールを進化させている（Tauber et al., 1968; 田中ら，2004）．芽吹き直後の食べやすい葉を餌とする昆虫であれば，その幼虫が都合よくその餌を利用できる時期に出現するのは偶然ではなく，適応進化の結果である．このように，周期的に変化する環境の中で，ある時間帯（季節）にある特定の状態であることが，結果的に多くの子孫を残すことになるのであれば，自然選択は局時適応を促すだろう．

　仮に局時適応する形質が繁殖のタイミングにかかわるものであれば，時間的な生殖隔離を成立させ，種分化を引き起こす可能性がある（Hendry & Day, 2005）．実際，先程紹介したリンゴミバエのリンゴを選好するタイプとサンザシを選好するタイプは，羽化のタイミング（＝繁殖のタイミング）に強い自然選択が働いた結果，生殖的に隔離された．リンゴミバエの他に，植食性昆虫のヨーロッパアワノメイガや植物に寄生する菌類でも，寄主植物（餌や産卵場所となる植物）を乗り換えるような進化（寄主転換）に伴って寄主植物の季節性（フェノロジー）に合わせて繁殖タイミングがずれたと考えられている（Thomas et al., 2003; Kiss et al., 2011）．おそらく寄主転換に伴って成立する時間的な生殖隔離は，植物を寄主とする生物の種分化において重要な役割を担っているだろう．

　一方で，時間的な生殖隔離は鳥類や両生類でも知られており（Friesen et al., 2007; Jourdan-Pineau et al., 2012），さらに，植物を寄主とする昆虫でも寄主転換を伴わず時間的な生殖隔離が生じた例が知られている（Santos et al., 2007）．このように，時間的な生殖隔離は広い分類群で観察されており，必ずしも寄主転換にともなって生じるわけではない．つまり，寄主転換は時間的な生殖隔離を生じさせる唯一無二の仕組みではなく，もっと普遍的な仕組みが存在するはずである．それは気温や降水などすべての生物に影響する季節的変化ではないだろうか？気候であれば，植物寄生性の生物だけでなく，すべての生物に影響を及ぼし得るからだ．

　私が研究しているクロテンフユシャクは，時間的な生殖隔離やそれに起天する種分化を研究するための材料として適していた．クロテンフユシャクは幼虫時に植物を餌とするが，成虫の時には一切餌を摂らない．したがって，冬の初め頃に活動するタイプと冬の終わり頃に活動するタイプの間で餌の違いはなく，寄主転換に伴

って繁殖タイミングが変化したわけではない。さらに，寒冷地だけで繁殖タイミングが分断されていることから，「冬の寒さ」という気候的要因が繁殖タイミングに大きな影響を及ぼしていると予想される。そこで私は，クロテンフユシャクを材料に，繁殖タイミングの分離が冬の寒さによって進化し，時間的な生殖隔離をひきおこしていることを検証した（Yamamoto & Sota, 2009, 2012）。

2. クロテンフユシャクの生活史

　ここから研究の話をしていくが，まずは仮説を立てる材料となったクロテンフユシャクの生活史，つまり生まれてから天寿をまっとうするまでの人生（虫なので"虫生"と言ったほうが正しいかもしれない）について述べる。

　本種は春先に幼虫が出現して広葉樹の若い葉を餌として育った後，初夏から冬までの長い期間は地面の下で蛹期を過ごす。そして冬になると羽化して成虫となり，地上に出て，交尾と産卵を行う。卵は残りの冬を過ごし，再び春先に幼虫が孵化する。このようにクロテンフユシャクは冬に成虫が羽化・繁殖を行い，1年に1世代を回している蛾である（中島, 1998）。これらの生活史は，特にクロテンフユシャクに特有というわけではなく，ウスバフユシャク属やその他の冬尺蛾にも共通している。

　クロテンフユシャクが特徴的なのは，温暖地と寒冷地で異なる時期に成虫が出現することである。南北に長く標高差も著しい日本では，季節の推移は場所によって異なる。北日本では西日本に比べて寒い冬の期間が長く，また気温も低く積雪もあるなど環境も厳しい。また，低地と山地でも同様に冬の期間や環境は異なる。多くの昆虫がその場所ごとの季節変化の違いに合わせて適応的な生活史を進化させているのと同様（Masaki, 1961, 1999），クロテンフユシャクも場所によって生活史が異なる。冬の到来が遅く・期間が短く・真冬の環境が穏やかな温暖地では，クロテンフユシャクは1〜3月の最も寒い時期に羽化する（図1-a）。一方，冬の到来が早く・期間が長く・真冬には厳冬環境となる寒冷地では，クロテンフユシャクの羽化は，まず11月ごろ始まり厳冬期が訪れる前に終了する。そして次に，厳冬期が過ぎたころ，再び羽化が始まり冬の終わりまで続く（図1-a）。したがって，寒冷地では厳冬期を挟んで初冬に羽化するタイプと晩冬に羽化するタイプが存在する。温暖地と寒冷地におけるクロテンフユシャクの羽化時期の違いは，単に羽化の開始時期が異なるだけでなく，羽化時期が連続するか分断するかという違いがある。以降，寒冷地において冬の始め頃に活動するタイプを「初冬型」，冬の終わり頃に活動するタイプを「晩冬型」と呼ぶことにする。

3. 仮説「冬の寒さが種分化を引き起こす」

　厳冬期の環境は，クロテンフユシャクの羽化時期を分断する自然選択をもたらし，初冬型と晩冬型のクロテンフユシャクを生殖的に隔離させているかもしれない。フユシャク研究の第一人者である中島秀雄さんが過去に公表した記録を中心にクロテンフユシャク成虫の出現時期と採集場所における冬の気温との関係を調べたところ，気温の低い場所では1月下旬から2月上旬を中心に初冬型と晩冬型の分断があり，採集地が寒冷であればあるほど分断期は長くなる傾向が見られた（図1-a）。1月下旬から2月上旬という日本で最も寒い時期を中心に採集記録が欠如するのは，おそらくクロテンフユシャクにとって真冬の環境が厳しいためであろう。そのため，仮に真冬に羽化してしまうような個体がいたとしてもそうした個体は子孫を残せないため，自然選択によって取り除かれてしまう。その結果，活動に適した初冬や晩冬に羽化する集団が進化したと考えられる。また，クロテンフユシャクの成虫寿命は2，3週間ほどである。そのため分断期が長い場所では，初冬型の個体が分断期を乗り越えて生き残り，晩冬型の時期に活動することはほとんどなく，初冬型集団と晩冬型集団の間で遺伝的交流が強く抑制されているに違いない。このように羽化時期の分断は寒さによって引き起こされ，初冬型と晩冬型の生殖的に隔離しているかもしれない。もしそうであれば冬の寒さがクロテンフユシャクの種分化を促していると考えられる。

　ウスバフユシャク属全体の羽化時期のパターンも，この仮説の蓋然性を示唆している。クロテンフユシャクを含むウスバフユシャク属の各種は，クロテンフユシャクで言うところの初冬型もしくは晩冬型の生活史を持っている（図1-b）。例えばウスバフユシャクは平地（温暖地）から山地（寒冷地）まで広く分布する種類で，温暖地では真冬に，寒冷地では厳冬期が訪れる前の初冬期に成虫が羽化し繁殖する。またホソウスバフユシャクは，温暖地では真冬に，寒冷地では厳冬期が過ぎた後の晩冬期に成虫が羽化する。このようにウスバフユシャク属は基本的に初冬型の種か晩冬型の種に区別することができ，クロテンフユシャクはその中間的な状態を示している。温暖地にしか生息しない種では初冬型か晩冬型かの判別はできないが，少なくとも寒冷地に分布するウスバフユシャク属の中では初冬型の生活史を持つ蛾が7種，晩冬型の生活史を持つ蛾が3種ある。そして，それらは必ずしも季節型ごとに系統的まとまっているわけではないと考えられている。このことからウスバフユシャク属の祖先は，過去に羽化時期の分断を経験し，初冬型と晩冬型が別々の種へ分化してきた可能性が示唆されるのである。以上のことからも，クロテンフユシャ

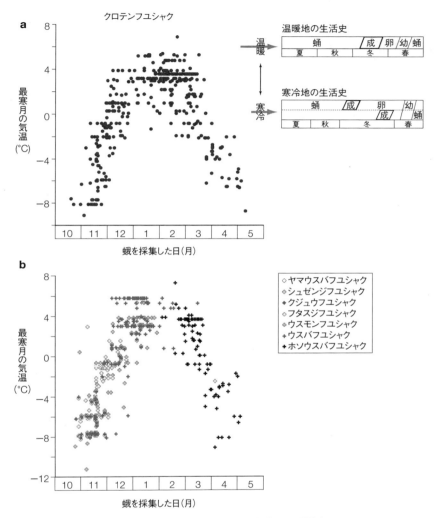

図1 ウスバフユシャク属の成虫活動期と生息地の気温との関係（Yamamoto & Sota, 2009 より改変）

縦軸は調査地における最寒月の月平均気温，横軸は成虫の活動が見られた日付を示している。**a**：クロテンフユシャクの活動期と気温の関係および，温暖地と寒冷地におけるクロテンフユシャクの生活史（蛹，蛹期；成，成虫期；卵，卵期；幼，幼虫期）。**b**：クロテンフユシャクを除く日本産ウスバフユシャク属の活動期と気温の関係。日本産ではホソウスバフユシャクのみが晩冬型の種である。初冬型の種と晩冬型の種をあわせると，クロテンフユシャクの活動パターンと同じ傾向になる。

クの初冬型と晩冬型が冬の寒さによって種分化しつつあると考えられる。

4. 検証：いざ，冬の雑木林へ

　この仮説を検証するために2つの研究を行った。1つめの研究では羽化時期の分離が初冬型と晩冬型の遺伝的な交流を妨げることを検証し，2つめの研究では寒さが羽化時期を分離させる可能性について検証した。

4.1. 羽化時期の分離と生殖隔離
4.1.1. 季節消長[*1]の調査

　クロテンフユシャクを使って時間的隔離の研究をするにあたり，中島秀雄さんの先行研究だけでなく自分自身で季節消長の分離を確認する必要があった。そこで，どこか決まった場所で継続して調査しようと考えた。時間に余裕があるならば，予備調査でクロテンフユシャクの出現が分離しているかどうかを調べ，もし分離していたら翌年にその場所で本格的な研究を行えばよい。しかし大学院博士課程は短い。可能であれば1回のフユシャクシーズンでデータを採りたい。そこで羽化時期の分離が予想される滋賀県北部のマキノ町と岐阜県の金華山の2か所で調査を行うことにした。マキノ町は冬には積雪があり，十分寒い。またスキー場が多く，スキー場近くなら道路が除雪されるので真冬でも調査へ出かけることができる。金華山は近年の積雪はほぼなく気温もそれほど低くないが，中部山岳地帯の西端にあたり，羽化時期が分離する中部地方の集団の性質をもつ可能性がある（金華山自体は独立峰であるが）。この2か所は所属先である京都大学からギリギリ日帰り可能でアクセスも良く，羽化時期の分離が見込める場所であった。この2か所に加え，羽化時期が分離しない場所の季節消長を調べるために大学に近い瓜生山でも調査を行うことにした。したがって合計3か所でそれぞれ週に1回ずつ，クロテンフユシャクが飛翔し始める日没直後から調査を行うことにした。

　クロテンフユシャクの活動量を調査する方法は簡単で，各調査地で調査範囲を予め決めておき，日没後から1時間，樹木に止まる個体や飛翔する個体など目についたクロテンフユシャクを採集していく。ウスバフユシャク属は飛翔する様子だけでは種の判別ができないので，飛翔するものは区別なく採集し，後で捕獲したクロテンフユシャクだけを数えた。ウスバフユシャク属は日没直後に最も活発に飛翔する。そのため日没後1時間の見つけ捕り調査の間にクロテンフユシャクが捕獲できなければ，

　＊1：生物の個体数の季節的な増減のこと。生物種そのものというよりは，成虫数や幼虫数の季節的変化といった，1つの成長段階に着目して，その数の変化を指すときに用いる。

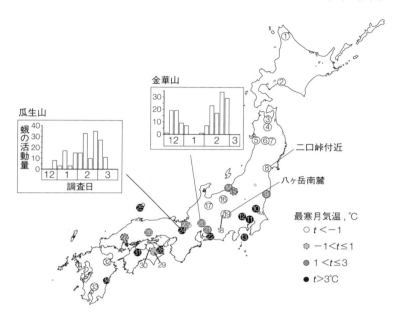

図2　クロテンフユシャクの採集地点と金華山（岐阜）・瓜生山（京都）における成虫の季節消長（Yamamoto & Sota, 2012 より改変）
地図の各点は採集地点で，最寒月気温に応じて色分けされている。採集地点の番号は Yamamoto と Sota (2012) の Table S2 の地点番号と対応する。棒グラフは金華山と瓜生山における季節消長を示している。横軸は調査日（軸に示された数字は月）で，縦軸は調査開始から1時間以内のクロテンフユシャクの活動個体数を示している。

その場所にはクロテンフユシャクが居ないか非常に少ないと考えることができる。
　この調査によって，実際に岐阜の金華山ではクロテンフユシャクの出現が真冬に途切れることを確認でき，京都の瓜生山では冬を通して途切れることなく活動することが確認できた（図2）。調査は12月中旬から3月下旬の約4か月間行った。金華山では1月下旬から2月上旬の2回の調査でクロテンフユシャクが捕獲できなかった。この際，最初の1時間の調査で捕獲できなかったので，さらに追加で数十分から1時間ほど探索してみたが，やはりクロテンフユシャクを見ることはなかった。一方，調査期間中，多い日は最初の1時間で30頭以上を捕獲したことを考えると，やはり1月下旬から2月上旬にかけてクロテンフユシャクの出現量は極めて少ないと言えるだろう。一方，瓜生山では日によって捕獲量が増減したものの，毎回，最初の1時間でクロテンフユシャクを捕獲することができた（図2）。捕獲量が日によって増減する理由は，捕獲量が実際の現存量を反映している可能性の他に，気温の低下や風の有無など環境条件の微妙な変動によって活動が妨げられ

ていた可能性もある。

　滋賀県マキノ町での継続調査は残念ながら中止した。フユシャク類は多少の降水でも飛翔するが，降水や風がひどい日は飛翔する蛾の数が減少する。調査に出向いて悪天候に見舞われた場合，翌日に再調査（再調査でも悪天候ならさらに翌日）を行うが，1週間の間に3か所で調査しなければならなかったので，再調査が多くなると日程と交通費の面で継続調査が困難になる。滋賀北部は天候が安定せず再調査を行わなければならないことが多かった。大学からの距離ではマキノ町の方が金華山よりも近く通いやすかったが，再調査による負担が大きくなったので調査を諦めざるを得なかった。調査を打ち切るかどうか非常に迷ったが，もともとマキノ町と金華山の2か所で調査を始めたのはどちらかで調査ができない状況になった時の保険をかける意味があったので，もう一方の調査地に集中できると前向きに考えるようにしてマキノ町での調査を打ち切った。しかしながら，調査を打ち切った時点で，定量的ではないもののマキノ町の調査地でもやはり真冬にクロテンフユシャクの出現が途切れることは確認できていた。

　こうして，マキノ町での調査を中断せざるを得ないというアクシデントはあったものの，自分の目で羽化時期が分離する場所と分離しない場所を見つけることができ，さらに，研究用のサンプルを多数採集することができた。

4.1.2. 時間による隔離の検証

　金華山と瓜生山で季節消長データと1週間おきに採集したクロテンフユシャクの標本が得られたので，羽化時期が分離する場所と分離しない場所を比較して，時間による隔離を検証することが可能になった。研究を始めた当初は，羽化時期の分離が生殖隔離をもたらすか否かを検証するには，単に初冬－晩冬型集団間の遺伝的交流の有無を調べるだけでよいと考えていた。しかし，研究室の先生や先輩方と研究の話をしているうちにそれだけでは不十分であることがわかってきた。初冬型と晩冬型が互いに隔離されていたとしても，それが羽化時期の分離による効果なのか，予想していなかった他の隔離障壁の効果なのかはわからない（早い時期に出るグループと遅い時期に出るグループの間で時間的隔離以外の隔離がある可能性など）。そこで，初冬－晩冬型集団の遺伝的交流の有無を解析する他に，羽化時期の分離による直接的な効果を検証するための解析を行う必要があった。飼育条件を工夫して初冬型と晩冬型を同時期に羽化させ，繁殖するかどうかを確かめることが適切かもしれないが，初冬型と晩冬型の休眠機構もわかっていない状況で飼育によって羽化時期をコントロールするのは無理だった。また，人工条件下で繁殖したとし

ても野外の状況を反映しているとは言えない場合もあるだろう．結局，採用した解析は，1週間おきにサンプリングした標本を時間的な分集団（subpopulation）と見なして集団間の遺伝構造を詳しく調べることだった．もし羽化時期の分離が生殖隔離に貢献しているとすれば，分離期を挟む時間集団間の生殖隔離の程度は急激に大きくなると予想される．一方で，もし分離期がなければ，急激に生殖隔離の程度が大きくなるようなことはないだろう．ただし，分離期がない場合でも，集団の活動時期の差が大きくなるに従って時間集団間の隔離の程度も徐々に大きくなっていく可能性はある (e.g. Hendry & Day, 2005)．野外調査の段階ではそのような解析を意図していなかったが，1週間おきに調査していたおかげでこの解析が可能になった．

解析の結果は予想通りであった（図3）．生殖隔離の程度を見るために，ミトコンドリア *cytochrome oxidase subunit I*（*COI*）遺伝子500塩基対分の配列と増幅断片長多型（AFLP; Vos *et al*., 1995）を明らかにし，遺伝的分化の指標として時間集団間の固定指数（F_{ST}; e.g. Wright, 1951）を算出した．その結果，瓜生山では時間集団が時期的に離れるほど隔離の程度が徐々に大きくなることがわかった．一方，金華山では分離期を挟む時間集団間の遺伝的分化は，分離期を挟まない時間集団間の隔離よりも常に大きかった．特に*COI*遺伝子での解析結果は顕著で，解析前に考えていた予想とほぼ一致していた．

また，東北や信州など他の寒冷地でも初冬型集団と晩冬型集団は遺伝的に隔離されていることがわかった．文献をもとに羽化時期がほぼ確実に分離している場所として宮城県の二口峠（図2，地点⑧）付近や信州の八ヶ岳南麓（図2，地点⑲）などをピックアップし，金華山や瓜生山で調査をしている合間を縫って初冬型と晩冬型のクロテンフユシャクを採集していた．それら追加の調査地点のサンプルも*COI*遺伝子を使って遺伝的分化を解析したところ，それぞれの調査地点ごとで初冬型集団と晩冬型集団は遺伝的に隔離されていることが明らかとなった．このように，羽化時期が分離している場所としない場所での時間的な集団遺伝構造の比較解析と，複数地点における初冬−晩冬型集団間の遺伝解析の結果から，羽化時期の分離そのものが隔離障壁であることが明らかになった．

4.2. 寒さによる羽化時期の分離

4.2.1. 平行進化という視点の導入

前節で紹介した研究で，羽化時期の分離が初冬型と晩冬型の間の生殖隔離に寄与していることは明らかになったので，次に寒さが羽化時期を分断した（分離させた）ことを示す必要がある．明らかにクロテンフユシャクの羽化時期の分離は気温

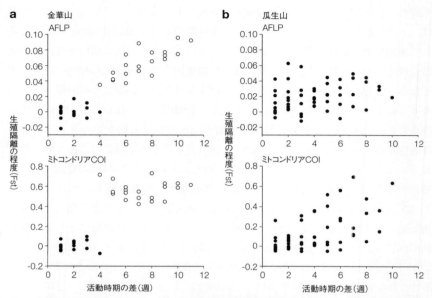

図3　クロテンフユシャクにおける時間集団間の活動時期の差と遺伝的分化の関係
（Yamamoto & Sota, 2009 より改変）
上は AFLP マーカー，下はミトコンドリア *COI* を使った解析結果を示している。**a**: 分断期がある金華山の結果。分断を挟む時間集団間の遺伝的隔離（○）は分断を挟まない場合の遺伝的隔離（●）よりも常に大きい。ミトコンドリアでは分断を挟む場合には隔離の程度が跳ね上がる傾向が顕著である。**b**: 分断期がない瓜生山の結果。活動時期が離れるほど遺伝的隔離が連続的に大きくなる傾向がある。

と関連しているが（図1-a），その事実だけでは寒さと羽化時期分離の因果関係を強く主張するのは難しい。そのため，「寒いことによって種分化が生じる」という仮説を検証するためには，気温と羽化時期の関連性が偶然の産物ではないことを示す必要がある。そこで気になるのは，クロテンフユシャクの歴史において，羽化時期の分離が何度生じ，それらは寒冷地で生じたのかということである。初冬型と晩冬型の分化は平行進化した可能性はないだろうか？

　平行進化とは，離れた場所で同じ形質の進化が平行して独立に生じる現象であり，自然選択の存在を強く示唆する。例えば，カナダの複数の湖のそれぞれで独立に底生動物食とプランクトン食のイトヨが分化した現象（McPhail, 1994; Taylor & McPhail, 1999, 2000）や，タンガニーカ湖内の遠く離れた2か所それぞれにおいて岩の隙間をすみかとするタイプと貝殻をすみかとするタイプのシクリッドが進化した現象（Takahashi *et al.*, 2009）などが挙げられる。生物は環境に対して適応的な

形質を進化させる。一方，形質は自然選択による適応的な進化だけでなく，遺伝的浮動によって偶然に進化することもある（e.g. Hershberg et al., 2008）。もし，ある形質の進化が1回きりしか起こらなかったとしたら，その形質進化が自然選択によるものか遺伝的浮動によるものかを区別するのは難しい。しかし，偶然に同じ進化が繰り返し起こる確率は非常に低い。そのため，似たような環境に晒されている2つの独立した自然集団で似たような形質が進化しているとすれば，それは形質進化に自然選択が関与したことを強く示唆する（Schluter & Nagel, 1995）。

羽化時期の分離が生じる寒冷な環境は中部山岳地域〜東北地方以北の北日本と，関西より西では標高の高い場所に限られる。西日本における寒冷地は飛び地のようになっており，特に四国や九州の山地は，それぞれ本州の山地とは地理的に独立した寒冷地である。もしクロテンフユシャクの移動分散能力が寒冷地間を移動できないほど低いとすれば，初冬型と晩冬型の分化は，それぞれの寒冷地で独立に生じた可能性がある。そのような初冬型と晩冬型の平行的な進化を示すことができれば，寒さが自然選択の原因となって羽化時期の分離を促したという仮説により説得力を持たせることができる。

先に断っておきたいのは，当初から平行進化を想定して研究を進めていた訳ではないことである。どのような科学分野でも仮説は節約的な思考のもとに立てられるものだ（必要以上に多くを仮定すべきではない）。クロテンフユシャクの場合も，九州・四国・本州で別々に初冬型と晩冬型が分化したと考えるよりは，分化はどこかで1度だけ生じ，それぞれの地域に分布を拡大したと考えるほうが節約的である。おそらく，どれほど進化しやすい形質だったとしても，移動分散よりも容易に進化すると想定できるケースは少ないだろう。実際のところ，次節で紹介する系統地理解析の目的は，平行進化ではなく初冬型と晩冬型が寒冷な北日本で分化したことを検証することであり，平行進化を予め予測してはいなかった。しかし，以下で述べるように，系統地理解析の結果，平行進化を示唆する解析結果を得たのだった。

4.2.2. 系統地理解析による平行進化の検証

初冬型と晩冬型の分化が寒冷な地域で平行して生じたことを示すことができれば，寒さが羽化時期の分離を促したと主張する材料になるだろう。この仮説は，系統地理解析によって検証できる。系統地理解析とは，簡単に言えば，生物の地理的分布を決定する原理や過程を推定する手法である（e.g. Avise, 2000）。研究対象となる生物種をさまざまな場所で採集し，その種が内包する系統群（遺伝子系統群）の地理的分布を明らかにすることで，分布拡大の過程を推定するのである。例えば，

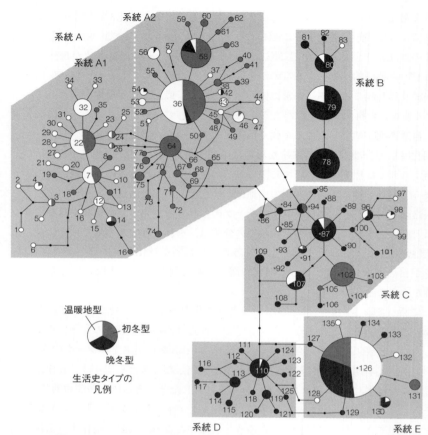

図4　クロテンフユシャクのCOIハプロタイプネットワーク(Yamamoto & Sota, 2012より改変)
円は1つのハプロタイプを示しており，1つのバーは1塩基置換を示している。円の大きさはハプロタイプの出現頻度を示している（サイズが大きいほど出現頻度が高い）。各ハプロタイプにおける生活史タイプの割合を円グラフで示した。円グラフにおいて，寒冷地で見られる初冬型と晩冬型はそれぞれ灰色と黒で示し，温暖地において連続的に出現するタイプ（温暖地型）は白で示した。九州にも分布する配列にはアスタリスクを付した。九州に分布する配列は系統CとEのみに含まれ，系統Aには含まれなかった。この図のハプロタイプ番号はYamamoto & Sota (2012) のTable S2と対応しており，Table S2には各ハプロタイプの詳細な分布が示されている。

ある生物が本州・四国・九州に分布していたとする。もし九州に分布する系統が本州の系統と近縁であれば，九州の個体群は過去に本州からの移入で起源したと考えられる（この場合は，本州の個体群が九州からの移入によって起源したという考察も成り立つ）。逆に九州と四国が近縁であれば，九州の個体群は四国からの移入に

よって起源したと考えられる（先程と同様，逆も考えられる）。当時所属していた研究室では地表性昆虫を中心にさまざまな材料で系統地理解析によって研究が進められていた。私も当初の目論見通りの結果が得られなかった場合には，せめて系統地理解析を使った研究ができるように，クロテンフユシャクを日本各地で採集していた。クロテンフユシャクの分布は日本列島（北海道〜九州）と朝鮮半島の南部のみに限られており，国内の採集でほぼすべての分布域をカバーすることができた。

　上でも述べた通り，当初は初冬型と晩冬型の平行進化を期待したわけではなく，寒冷地であることが明らかな場所（例えば，北海道や東北地方）で，初冬型と晩冬型の系統が分化していることが示せるだろうと考えていた。しかし，ミトコンドリア COI 遺伝子 900 塩基対を基にした系統地理解析では，初冬型と晩冬型が寒冷な場所で進化したという十分な根拠を得られなかった。COI 遺伝子の塩基配列を明らかにしたところ，685 個体のクロテンフユシャクから 135 種の配列（ハプロタイプ）が得られた。これらのハプロタイプの統計学的最節約ネットワーク（statistical parsimony network; Clement et al., 2000）を構築したところ，大まかに 5 つの系統（clade）に分かれた（系統 A〜E；図 4）。これら 5 つの系統で，初冬型個体が保持するハプロタイプのうちほとんどが系統 A に含まれ，逆に晩冬型個体が保持するハプロタイプのほとんどが系統 B〜E に含まれた。そうではないケースもいくつかあるが，おおむね，系統 A は初冬型の系統，系統 B〜E は晩冬型の系統であると考えられる。系統 A（初冬系統）は九州には分布しないが本州以北の全域に分布していた。また，系統 A は 2 つの分系統（subclade）A1 と A2 に分かれており，中部地方を境にしてそれぞれ南と北に分布していた。ネットワーク状の系統樹では末端ほど派生的なハプロタイプであると考えるのが自然である。ネットワーク全体を見たとき系統 A2 はより系統 A1 よりも中心に近く，より祖先的な系統だと考えることができるだろう。そうであれば初冬系統は中部山岳地域以北，つまり気候が寒冷な北日本で起源した可能性がある。これは初冬型が寒冷な場所で進化したことを支持している。一方，晩冬型系統の中でネットワークの中心に近い系統 C の分布範囲は広く，起源した地域を限定することはできなかった。東北地方などの寒冷な地域だけに分布する系統（B と D）もあるが，それらが寒冷な地域で晩冬型へと進化したのか，晩冬型の生活史を獲得した後に寒冷な地域へと進出したのかを，系統地理解析だけでは区別できなかった。この結果では，初冬型が寒冷地で進化したことを言えたとしても，初冬型と晩冬型の分化が寒冷地で生じたと言うには無理があった。

　ところが，系統地理解析の結果は予期していなかった形で寒さが羽化時期の分離を促したことを示唆していた。初冬型と晩冬型の分化イベントは，少なくとも 2

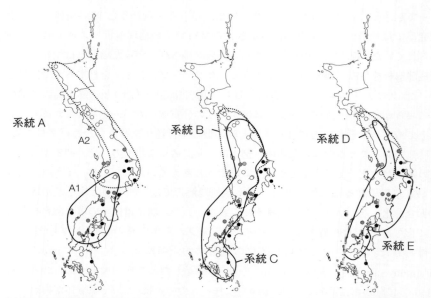

図5 ハプロタイプネットワーク（図4）から明らかになった5つの系統群の地理的分布（Yamamoto & Sota, 2012より改変）
図中の点は採集地点を示しており，点の色は図2と対応している。系統Aは九州に分布していないことがわかる。

回，異なる地域で生じたことを示唆していたのである。初冬系統である系統Aは本州と四国以北にしか分布していないが，実際には九州にも初冬型は存在する。九州の初冬型個体が保持するハプロタイプは1つを除いてすべてが系統Cに含まれる（図5；図4中でアスタリスクを付したハプロタイプが九州に分布する）。このことは九州に分布する初冬型は系統A（初冬系統）とは独立して新たに系統Cの中で初冬型の生活史が進化したことを示唆している。つまり，初冬型の進化は一回きりではなく複数回の起源を持つことを示している。ただし近縁な生物間では浸透性交雑（introgressive hybridization）が起こりえるため（Nagata *et al.*, 2007a,b），DNAの塩基配列を基に系統関係を推定する場合には，慎重に議論を進める必要がある。系統樹上では複数回の起源を持つように見えても，それは他種や他集団の遺伝子が浸透した結果かもしれないからである。実際，図4のネットワーク図の中には遺伝子浸透が疑われるものがいくつもある。例えば，八ヶ岳南麓の寒冷地で採集した初冬型の多くが，系統Aの36番や58番の配列を持っていたが，同じく八ヶ岳南麓の調査地で採集した晩冬型個体のうち少数の個体がこれらの配列を持っ

ていた。これは同所的な初冬型から晩冬型へミトコンドリア遺伝子の浸透があったことを示唆している。しかし九州の初冬型が系統Cの配列を持っていることは遺伝子浸透では説明できない。なぜなら初冬型系統である系統Aが九州には分布していないからである。地理的に出会うチャンスがないので遺伝子浸透が起こった可能性はかなり低いと言える。念のため，遺伝子浸透の影響が出にくいとされるAFLPマーカーを使って九州と本州の集団間での系統を検討したが，やはり九州の初冬型集団と晩冬型集団は単系統であり，九州の初冬型は本州の初冬型よりも九州の晩冬型と近縁であることが示唆された。これらの結果はクロテンフユシャクの初冬型が少なくとも北日本と九州の2か所で独立に進化したことを示している。このように，系統地理解析の結果，本州北部と九州の高標高地域という2か所の離れた寒冷地で，クロテンフユシャクの初冬型が晩冬型から分化したことが明らかとなった。これは，寒冷地における冬の寒さが初冬型と晩冬型の分化を促したという仮説を強く支持する結果である。

5. 残された課題

　以上の結果から，クロテンフユシャクは冬の寒さによって種分化しつつあると考えられるが，種分化にいたるプロセスが必ずしもすべて明らかになったわけではない。まず，クロテンフユシャクの祖先がどのような季節性を持っていたのかはっきりとわからない。初冬型，晩冬型もしくは平地のみに分布する温暖地型生活史のどれが祖先型かを知るには，近縁種を含めて高い精度の系統解析を行う必要があるだろう[2]。また，初冬型と晩冬型間の分化の地理的スケールもわからない。時間的な隔離の原因は真冬の厳冬環境であるため，初冬型と晩冬型は同所的にでも分化し得る。しかし，これまでの研究で初冬型と晩冬型が同所的に分化したことを強く示唆するデータはない上に，異所的な分化でも十分に説明可能である。例えば，クロテンフユシャクの祖先が真冬に活動する温暖地型だった場合，生息環境の寒冷化によって羽化時期が進化するとき，ある場所では初冬型になり，別の場所では晩冬型になったかもしれない。その後，互いに分散しあえば初冬型と晩冬型が同所的に分布することになる。もしそのような場合でも寒さが羽化時期の分化を促し生殖隔離を引き起こしたことに変わりはないが，なぜ場所によって異なる生活史に進化したのかは気になる点である。そして最も気になることは，初冬型と晩冬型の交配可能性とその交配で得られる子孫の生活史である。初冬型個体と晩冬型個体の子孫の

＊2：Yamamotoら（2015）では，クロテンフユシャクの祖先は初冬型であることが示唆された。

羽化時期はどちらかの親に似ているのだろうか？　もしくは中間的な時期に羽化するのだろうか？　このような情報があれば，より詳しく初冬型と晩冬型の進化を明らかにすることができるだろう．

これまでの研究で「寒さによる種分化」仮説は支持されてきたが，ここで挙げた課題のように，クロテンフユシャクの種分化プロセスの全貌に迫るためには，まだ多くの課題が残されている．

おわりに

私にとって冬の雑木林は楽しい場所である．肌に触れる空気は冷たいが，夜に梢の間から見る星空も格別で，そんな冬の雑木林で起こっている興味深い生き物の進化をすこしずつ解き明かしていくことは一生続けても飽きることはないと確信できる．もちろん冬の夜間調査は体力的にもきつい時がある．しかし，その調査によってまた1つ何かを明らかにできるのであれば苦しさもやわらぐ．何か新しい発見があった時には，たとえ調査が夜中に終わったとしても大学に戻ってデータをまとめたいという衝動が起こる．そしてこう思うのだ．「お，おれ…，調査がおわったら，学校へ行くよ……．こんな寒いのに調査に行くなんて頭悪いって，他のヤツにバカにされるのも，けっこういいかもな……．アツアツのピッツァも食いてぇ！」

謝辞

私がクロテンフユシャクの研究を行い，いくつかの面白い成果を挙げられたことは控えめに言っても実力ではありません．多くの方々の導きが第一であり，その次に運がよかったためだと考えています．特に曽田貞滋教授には大学院生の時にとても熱心に指導して下さりました．私が調査で気づいたことや，そこから考えられる仮説を話すと，曽田先生はより洗練されたアイデアを返してくれました．本章で紹介した研究は私が主導的に行ったものですが，曽田先生がいなければこの成果は成し得ませんでした．ここに感謝の意を表します．また様々な手助けをしてくださった京都大学動物生態学研究室のみなさま，特に，分子実験や分子データの解析手法を伝授してくださった長太伸章さんに感謝いたします．

引用文献

Avise, J. C. 2000. Phylogeography: The history and formation of species. Harvard University Press.〔邦訳：西田睦・武藤文人（監訳），2008. 生物系統地理学 種の進化を探る．東京大学出版会〕
Babik, W. et al. 2009. How sympatric is speciation in the Howea plams of Lord Howe Island? Molecular Ecology **18**: 3629-3638.
Bush, G. L. 1969. Sympatric host race formation and speciation in frugivorous flies of the genus Phagoletis. Evolution **23**: 237-251.
Clement, M. et al. 2000. TCS: a computer program to estimate gene genealogies. Molecular Ecology **9**: 1657-1659.
Coyne, J. A. & H. A. Orr. 2004. Speciation. Sinauer Assicuates, Inc.
Feder, J. L. et al. 1988. Genetic differentiation between sympatric host races of the apple maggot fly Rhagoletis pomonella. Nature **336**: 61-64.
Friesen, V. L. et al. 2007. Sympatric speciation by allochrony in a seabird. Proceedings of the National Academy of Science of the USA. **47**: 18589-18594.
Hendry, A. P. & T. Day. 2005. Population structure attributable to reproductive time: isolation by time and adaptation by time. Molecular Ecology **14**: 901-916.
Hershberg, R. et al. 2008. High functional diversity in Mycobacterium tuberculosis driven by genetic drift and human demobraphy. PLoS Biology **6**: e3111.
Johnson, G. D. et al. 2009. Deep-sea mystery solved: astonishing larval transformations and extreme sexual dimorphism unite three fish families. Biology Letters **5**: 235-239.
Jourdan-Pineau, H. et al. 2012. Phenotypic plasticity allows the Mediterranean parsley frog Pelodytes punctatus to exploit two temporal niches under continuous gene flow. Molecular Ecology **21**: 876-886.
Kiss, L. et al. 2011. Temporal isolation explains host-related genetic differentiation in a group of widespread mycoparasitic fungi. Molecular Ecology **20**: 1492-1507.
Langerhans, R. B. et al. 2007. Ecological speciation in Gambusia Fishes. Evolution **61**: 2056-2074.
Masaki, S. 1961. Geograohic variation of diapuse in insects. Bulletin of the Faculty of Agriculture Hirosaki University **7**: 66-98.
Masaki, S. 1999. Seasonal adaptation of insects as revealed by latitudinal diapause clines. Entomological Science **2**: 539-549.
Mayr, E. 1942. Systematics and the origin of species. Columbia University Press.
McKinnon, J. S. & H. D. Rundle. 2002. Speciation in nature: the threespine stickleback model systems. Trends in Ecology and Evolution **17**: 480-488.
McKinnon, J. S. et al. 2004. Evidence for ecology's role in speciation. Nature **429**: 294-298.
McPhail, J. D. 1994. Speciation and the evolution of reproductive isolation in the sticklebacks (Gasterosteus) of southwestern British Columbia. In: Bell, M. A. & S. A. Foster (eds.), Evolutionary biology of the threespine stickleback, p. 399-437. Oxford University Press.
Nagata, N. et al. 2007a. Mechanical barriers to introgressive hybridiztion revealed by mitochondrial introgression patterns in Ohomopterus ground beetle assemblages.

Molecular Ecology **16**: 4822-4836.

Nagata, N. *et al.* 2007b. Phylogeography and introgressive hybridization of the ground beetle *Carabus yamato* in Japan based on mitochondrial gene sequences. *Zoological Science* **24**: 465-474.

中島秀雄 1998. 日本産フユシャクガ類(鱗翅目,シャクガ科)の分類学的,生態学的研究. *TINEA* **15**(Supplement 2): 1-246.

Nosil, P. *et al.* 2002. Host-plant adaptation drives the parallel evolution of reproductive isolation. *Nature* **417**: 440-443.

Rundle, H. D. *et al.* 2000. Natural selection and parallel speciation in sympatric sticklebacks. *Science* **287**: 306-308.

Santos, H. *et al.* 2007. Genetic isolation through time: allochronic differentiation of a phenologically atypical population of the pine processionary moth. *Proceedings of the Royal Society of London Series B: Biological Sciences* **274**: 935-941.

Schluter, D. & L. M. Nagel. 1995. Parallel speciation by natural selection. *The American Naturalist* **146**: 292-301.

Takahashi, T. *et al.* 2009. Evidence for divergent natural selection of a Lake Tanganyika cichlid inferred from repeated radiations in body size. *Molecular Ecology* **18**: 3110-3119.

田中誠二ら(編著) 2004. 休眠の昆虫学. 東海大学出版会.

Tauber, M. J. *et al.* 1986. Seasonal adapation of insects. Osford University Press.

Taylor, E. B. & J. D. McPhail. 1999. Evolutionary history of an adaptive radiation in species pairs of threespine sticklebacks (Gasterosteus): insights from mitochondrial DNA. *Biological Journal of the Linnean Society* **66**: 271-291.

Taylor, E. B. & J. D. McPhail. 2000. Historical contingency and ecological determinism interact to prime speciation in sticklebacks, *Gasterosteus*. *Proceedings of the Royal Society of London Series B: Biological Sciences* **267**: 2375-2384.

Thomas, Y. *et al.* 2003. Genetic isolation between two sympatric host-plant races of the european corn borer, *Ostrinia nubilalis* Hübner. I. Sex pheromone, moth emergence timing, and parasitism. *Evolution* **57**: 261-273.

Vos, P. *et al.* 1995. AFLP: a new technique for DNA fingerprinting. *Nucleic Acids Research* **23**: 4407-4414.

Wright, S. 1951. The genetical structure of population. *Annals of Eugenics* **15**: 323-354.

Yamamoto, S. & T. Sota. 2009. Incipient allochronic speciation by climatic disruption of the reproductive period. *Proceedings of the Royal Society of London Series B: Biological Sciences* **276**: 2711-2719.

Yamamoto, S. & T. Sota. 2012. Parallel allochronic divergence in a winter moth due to disruption of reproductive period by winter harshness. *Molecular Ecology* **21**: 174-183.

Yamamoto, S. *et al.* 2016. Phylogenetic analysis of the winter geometrid genus *Inurois* reveals repeated reproductive season shifts. *Molecular Phylogenetics and Evolution* **94**: 47-54.

参考図書

Freeland, J. R. 2005. Molecular Ecology. Wiley.

中島秀雄 1986. 冬尺蛾 厳冬に生きる. 築地書館

第10章　夜咲きの進化：ハマカンゾウと キスゲに関する理論的研究

松本 知高（九州大学進化遺伝学研究室）[†]

1. 新たな種の誕生，種分化のしくみとは？

　新たな種がどのようにして生まれてくるのか，つまり種分化のしくみを明らかにするということは，現在の生物学の中で最も注目されている分野の1つであり，その起源は19世紀半ばに遡る。西暦1831年，Charles R. Darwinはイギリス海軍の測量船ビーグル号に乗船し，以降5年近くに及ぶ航海の旅へと出発した。この航海を通して世界中の様々な自然を見て回ったDarwinは，地域に応じて動物相や植物相が徐々に変化している事に気付き，種とは不変の存在ではなく，環境の違いに応じて変化することが可能なのではないかという考えに至った。

　この経験を基にして後に提唱された自然選択説の中でDarwinは，「環境により適応した形質を持つ個体が自然選択によって生き残り，その形質が子孫に伝わり集団中に広がる事で異なる環境にそれぞれ適応した種が形成される」と述べている(Darwin, 1859)。この自然選択説の発表を皮切りに，この180年の間に多くの研究者たちによって種分化のしくみに関する知見が得られてきた。

　種というものは往々にして，その種に特徴的な形質によって判別される。例えば体色や器官の形などは近縁な種間であっても大きく異なっていることがある。自然選択説では，集団が環境によって異なる選択を受けることでその種に特徴的な形質が進化してくると説明している。有名な例では，ガラパゴス諸島のダーウィンフィンチでは，食べ物によってクチバシの形や大きさに選択がかかった結果，それぞれ異なるクチバシを持つ集団が小さな島の中で誕生したと考えられている (Grant & Grant, 2008)。

　このような自然選択による新たな形質を持つ集団の誕生は，非常に直感的でわかりやすい。しかし，せっかく新しい形質を持つ集団が誕生してきたとしても，元の集団との交雑によって，その形質が消失してしまうということが起こり得る。こ

[†]：現所属　国立遺伝学研究所進化遺伝学研究部門

の交雑が抑えられないことには，種分化は成立しない。つまり，新たな形質を持つ個体が元の形質を持つ個体と交配することで混ざってしまわないようにする（遺伝子の流動を抑える）しくみが必要という訳である。このようなしくみは「生殖的隔離(reproductive isolation)」と呼ばれており，これまでの研究により様々な要因が生殖的隔離として働き得ることが知られてきた(Coyne & Orr, 2004; Butlin et al., 2009)。

例えば2つの集団が地理的に離れている場合に，集団間での遺伝子の流動が抑えられることは容易に想像できるだろう。中央アメリカではパナマ海峡を挟んで太平洋型と大西洋型に魚介類が種分化していくことが知られているが，この種分化は約300万年前に大陸が隆起し，太平洋と大西洋が隔てられたことで起こったとされている (Lessios, 1998)。また別の例では，異なるエサに適応した結果として生殖的隔離が生じている。アメリカにはリンゴとサンザシをそれぞれ餌とするハエが生息しているのだが，それぞれの種がエサとなる木の上で生活しているため，仮にリンゴの木とサンザシの木が隣にあったとしても遺伝子の流動が抑えられている (Feder, 1998)。

前述した通り，生殖的隔離は新たな形質を持つ集団が元の集団と混ざらないために必要になる。つまり，生殖的隔離は種分化の初期段階に誕生しなければならない。パナマ海峡の魚介類ではまず始めに地理的な分断による生殖的隔離が生じ，それから種分化が起こっている。またリンゴとサンザシをそれぞれエサとするハエでは，新たな形質(ここではリンゴ，サンザシをそれぞれ好むという形質)の誕生と同時に生殖的隔離も生じている。これらの例からわかるように，生殖的隔離の誕生は種分化の起点であり，どのような生殖的隔離が最初に進化し，種分化の起点になったのかを知ることは種分化のしくみを理解するうえで非常に重要であるといえる。

2. 生物時計と種分化

さて，ここでこの本のテーマである「生物の活動リズム」が種分化とどのような関係があるのかを考えてみる。ここまでの話で，種分化が成立するには集団間の遺伝子の流動を抑える生殖的隔離が必要であるということがわかっていただけたと思う。生物の活動リズムとは，1日，1か月，1年等様々な時間スケールでの生物の活動時間，生活サイクルである。つまり活動リズムに変化を起こすことによって，異なる活動時期，時間を獲得することができるわけである。ここで思い出していただきたいことは，生殖的隔離とは異なる集団に属する個体間の交配を妨げるしくみだということである。春に咲く花と秋に咲く花の間で交配が起こることはない。また昼行性の虫と夜行性の虫の間で交配が起こることもまずないだろう。つま

り，異なる生物時計を持つ集団の間には強い生殖的隔離が存在しており，それを起点とする種分化というのも十分に起こり得るかもしれないのである。

このような，活動リズムの変化によって引き起こされる生殖的隔離の例として，最も良く知られているものは植物の開花のタイミングだろう。植物の開花時期は，種によって1年の中，ある季節の中，あるいは1日の中でさえ様々であり，これらの種の間では，その程度は違えど遺伝子の流動が抑えられているのである。

3. 種分化のしくみを理論的に研究する

前述した通り，地理的な距離，宿主の違い，あるいは生物時計の変化による時間的な違いといった生殖的隔離の誕生によって集団間の遺伝子の流動が抑えられることが種分化の起点となる。よって種分化のしくみを知るためには，その起点となった生殖的隔離が何かを明らかにする必要があるのだが，具体的にどのようにして明らかにすれば良いのだろうか。

すでに種分化が完了した種を観察したのでは，その種が複数の生殖的隔離を持っていた場合にどれが起点となったのかが判断出来ない。また，運良く今まさに種分化の最中という生物を見つけても，種分化の開始から終了までを1人の研究者が一生のうちに観察するのは難しい。つまり，種分化というイベントが稀でありまた完了までに時間がかかる以上，実際の生物を観察するだけでは種分化のしくみを明らかにすることはできないのである。

そこで種分化に関する研究では，しばしば理論的な手法が用いられる。もし現実の生物について，過去に受けてきた選択の強さや集団サイズ（集団中の個体数），重要な形質を制御している遺伝子の数等の情報があれば，数式やコンピュータシミュレーションを使い，生物の歴史を近似することが可能になる。例えば集団中にある形質Aの頻度が1世代あたりどのように変化するかを表す数式を作ることができれば，その式から100世代，1,000世代後の形質Aの頻度を求めることができる。また，非常に複雑な生活史を持つ生物であっても，シミュレーションによってその生活史を近似することで長世代にわたって集団の状態を予測することが可能になる。つまり，理論的な手法を用いることで，ある生殖的隔離機構を起点とした種分化が起こり得るかどうか，種分化の完了までにどの程度の時間がかかるか，また種分化に必要な集団のサイズや選択圧の強さといった条件に至るまで，詳細に調べることが可能になるのである。

また近年はコンピューターの性能も飛躍的に上昇しており，例えば10,000世代という長い期間の内に生物集団がどのように変化していくかを，非常に短時間でシ

ミュレーションにより予測することも可能になっている。このような背景から，近年理論的な研究によって種分化に関する多くの知見が得られており (Gavrilets & Vose, 2005; Gavrilets & Losos, 2009)，理論的な手法は種分化の研究になくてはならないものになってきている。

4. ハマカンゾウとキスゲ

ススキノキ科（キスゲ亜科）キスゲ属の近縁種であるハマカンゾウ (*Hemerocallis fulva* L.) とキスゲ (*H. citrina* Baroni) は，日本国内の沿岸部にほぼ同所的に生育している集団の存在が知られている。この2種は1日の中で開花時間を違えていることが知られており，ハマカンゾウは昼間，キスゲは夜間に開花する。また，開花時間の違いに応じて花粉を媒介する虫（ポリネーター）も異なっている。ハマカンゾウは昼行性のアゲハチョウを利用しており，アゲハチョウに好まれる橙色の花をつける。一方キスゲは夜行性のスズメガをポリネーターとして利用しており，スズメガに好まれる黄色の花をつける。つまりこの2種は，開花時間の違いとポリネーターの違いという2つの生殖的隔離機構を持っているわけである。

日本国内のキスゲ属のDNA配列を基に作成した系統樹によると，昼咲きの種から夜咲きの種のへの進化が複数回独立に起こったことが示唆されており (Noguchi & Hong, 2004)，2つの生殖的隔離機構のうちのどちらかが（もちろん両方という可能性もあるが）種分化の起点として非常に強い働きを持っているのではないかと予想される。前述した通り，このように複数の生殖的隔離機構を持つ種において種分化のしくみを研究する際には，理論的な手法が有用である。私は，ハマカンゾウ–キスゲ間の種分化がどのような順序で起こっていったのかを明らかにするために，コンピュータシミュレーションを用いた研究を行ってきた。これからその内容を紹介していきたいと思う。

5. ハマカンゾウとキスゲにおける豊富な実験データ

理論的な研究をする際に最も重要なことは，得られた結果が現実の生物に適用できるようにすることである。また一方で，解析にかかる時間を短縮するために，ある程度の単純化も必要になる。この一見矛盾している2つの問題をクリアするために，対象とするシステムを理解するうえで重要な要素を上手く選び出すことが必要になる。

幸い，ハマカンゾウとキスゲでは多くの先行研究がなされており，その結果に加えて生態的な研究をしている共同研究者との議論を基にモデルを作成すること

ができた。例えばHasegawaら（2006）では，ハマカンゾウとキスゲの開花時間が詳細に調べられており，また，Hirotaら（2012）ではアゲハチョウとスズメガの花色に対する好みの強さ及び訪花頻度が調べられている。特に重要な研究では，Nittaら（2010）によってハマカンゾウとキスゲの開花時間が主に2つの遺伝子座によって決定されていることが明らかにされ，またNittaら（unpublished）では花色がごく少数の遺伝子座*1によって決定されていることが示唆された。生殖的隔離を形成する遺伝子座の数は，種分化の起こり易さに大きな影響を与える（Gavrilets & Vose, 2005）。つまり，生殖的隔離の遺伝的なモデルが現実的かどうかは，種分化のモデル全体の現実性を大きく左右するのである。

　このような理由から，先行研究によってハマカンゾウ-キスゲ間に存在する2つの生殖的隔離機構の遺伝的基盤についての情報が得られていたことは，私の研究を進めるうえで非常に有利であった。一般に，生殖的隔離を形成する遺伝子座の数が少なくなるにつれ，種分化は起こりやすくなる（Gavrilets & Vose, 2005）。これは遺伝子座の数が少ない程，1つの突然変異によって表現型を大きく変えることができるためである。ハマカンゾウとキスゲにおいて，開花時間と花色が少数の遺伝子座によって決定されているということは，これらの形質が種分化の際に非常に重要な働きをしていた可能性を強く示唆していると言える。

6. モデルの作成

6.1. 植物の生活史

　さて，ハマカンゾウとキスゲの豊富なデータを基にモデルを作成していわけだが，まず植物の生活史を大きくいくつかのセクションに分けることから始めた。1世代の間に起こるイベントの流れを最初に決めておくことで，その後のプログラムの作成が非常にやりやすくなる。今回の研究では図1に示したように，
①親集団が配偶子をつくる。
②ポリネーターの訪花によって受粉が起こる。
③受粉の結果，子集団が形成される。
④その子集団が成長し，次の世代の親集団になる。（親と子の世代は重複しない）
という4つのセクションに1世代を分けた。
このような生活史を繰り返させることで，孫集団，ひ孫集団……と何世代にも

＊1：ゲノムにおける遺伝子の位置のこと。ここでは，少数の遺伝子座＝少数の遺伝子と置き換えて問題ない。

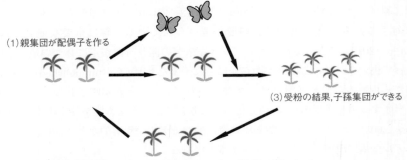

(1) 親集団が配偶子を作る
(2) ポリネーターの訪花によって受粉が起こる
(3) 受粉の結果,子孫集団ができる
(4) 子孫集団が成長した後,次の世代の親集団になる(世代は重複しない)

図1　本研究で仮定した植物の生活史

わたり集団中にどのような個体がどれだけいるかを予測していくことができるはずである。しかし，当然ながら図1に示したような単純な生活史を繰り返しただけでは種分化は起こらず，これらのセクションの中に種分化を引き起こすような要素を入れる必要がある。今回の研究では，ハマカンゾウとキスゲで観察されている2つの生殖的隔離，「開花時間の違い」，「ポリネーターとその好みの違い」に加えて「集団間の地理的な距離」と「雑種の不適応性」という計4つの要素を考慮した。開花時間やポリネーターの好みの違いは，セクション②で受粉が起きる際に，同じ開花時間や花色の個体どうしでの交配を起こりやすくし，地理的な距離は同じ集団内での交配を起こりやすくする。また雑種の不適応性はセクション④で雑種の数を減らすことでハマカンゾウとキスゲの間の分化を維持しやすくする効果がある。これら4つの要素はすべてハマカンゾウ－キスゲ間での生殖的隔離機構として働き，種分化を起こりやすくする効果があると考えられるが，これらの中でどれがより重要であるのかをシミュレーションにより明らかにしていく。ここからは4つの要素についてより詳しく説明していきたいと思う。

6.2. 開花時間の違い

まず1つめの要素である開花時間の違いについて説明していく。前述した通り，先行研究によってハマカンゾウとキスゲの開花時間は2つの遺伝子座によって遺伝的に決定されていると予測されていた。遺伝的に決定されているということはつまり，ハマカンゾウどうしの交配でできた子孫は昼咲き，キスゲどうしの交配でできた子孫は夜咲きになるということで，開花時間の違いがハマカンゾウ－キスゲ間の生殖的隔離に大きく寄与していることを示唆している。このような理由からも，

開花時間の違いはモデルの中で考慮する必要がある要素と考えられた。

　私の研究では，先行研究にならいそれぞれ2つの対立遺伝子を持つ2つの遺伝子座によって各個体の開花時間が決まると仮定した。以降これらの遺伝子座の名前をO遺伝子座とC遺伝子座とし，対立遺伝子をそれぞれO_1, O_2とC_1, C_2とする。ハマカンゾウ，キスゲは2倍体であるため，遺伝子型の組み合わせが9通りあるのだが(表1)，その中で遺伝子型$O_1O_1C_1C_1$をハマカンゾウ，$O_2O_2C_2C_2$をキスゲの遺伝子型であると仮定した。ハマカンゾウは昼咲き，キスゲは夜咲きなので，遺伝子型$O_1O_1C_1C_1$の個体は昼咲き，$O_2O_2C_2C_2$の個体は夜咲きということになる。

　ここまでは非常に簡単だったのだが，雑種の開花時間についてはそうはいかなかった。先行研究によると，雑種は昼咲きであったり夜咲きであったり，また1日中咲いていたりと非常に複雑な開花時間を持つようであった。特にハマカンゾウとキスゲのF_1雑種(2つの総系種を交配させてできた雑種のこと。雑種第一代)は，すべて同じ遺伝子型$O_1O_2C_1C_2$を持つにもかかわらず，異なる開花時間を持っていた。この特徴を表現するために，F_1雑種の遺伝子型$O_1O_2C_1C_2$は，確率P_1, Q_1, $1-(P_1+Q_1)$で，それぞれ昼咲き，夜咲き，1日咲きになると仮定し，それらの確率を実験的に得られたF_1雑種の開花時間から推定した。また，F_2雑種(F_1雑種どうしを交配させてできた雑種)の開花時間も同様に得られていたのだが，F_2雑種には9種類すべての遺伝子型が含まれており，1つの遺伝子型あたりで十分な調査個体数を得ることは難しいので，それぞれの遺伝子型について個別に開花時間を推定することはできなかった。そこで今回の研究では，遺伝子型$O_1O_2C_1C_2$以外の雑種はすべて同じ表現型の分離比を持ち，確率P_2, Q_2, $1-(P_2+Q_2)$で昼咲き，夜咲き，1日咲きになると仮定し，F_2雑種のデータを基にこれらの確率を推定した。その結果，$P_1=0.38$, $Q_1=0.2$, $P_2=0.65$, $Q_2=0.21$という推定値を得られ，以降これらの値を用いてシミュレーションを行った(表1)。

　これらの確率を用いることで，シミュレーション中で各植物個体の開花時間を決定し，同じ時間帯に咲いている個体間をポリネーターが訪花し受粉させるという効果を入れることができる。図2に昼咲き，夜咲き，1日咲きの開花時間とポリネーターの活動時間を示している。図の通り，ハマカンゾウとキスゲは夕方に開花時間が重なっており，この時に遺伝子の流動が起こり，雑種が形成されているのだと考えられる。しかし，この開花時間の重なりが小さければ，開花時間の違いは生殖的隔離として強い効果を持つはずである。前述した通り，ハマカンゾウとキスゲの開花時間は詳細に調べられていたのだが，シミュレーション中では様々な開花時間のパターンを用いることで，開花時間の違いが種分化に与える影響をより一般的に

表1 開花時間の決定にかかわる9つの遺伝子型とその表現型の分離比

遺伝子型	昼咲き	夜咲き	1日咲き
$O_1O_1C_1C_1$	1	0	0
$O_1O_1C_1C_2$	0.38	0.2	0.42
$O_1O_1C_2C_2$	0.38	0.2	0.42
$O_1O_2C_1C_1$	0.38	0.2	0.42
$O_1O_2C_1C_2$	0.65	0.21	0.14
$O_1O_2C_2C_2$	0.38	0.2	0.42
$O_2O_2C_1C_1$	0.38	0.2	0.42
$O_2O_2C_1C_2$	0.38	0.2	0.42
$O_2O_2C_2C_2$	0	1	0

調べることができるようにした。また，2種のポリネーターの活動時間は，完全にハマカンゾウとキスゲに同調していると仮定している。つまり，開花時間を変えれば利用するポリネーターの活動時間も自動的に変わることになる。

6.3. 花色に対するポリネーターの好みの違い

2つ目の要素はポリネーターの好みである。ハマカンゾウとキスゲはそれぞれ主にアゲハチョウとスズメガをポリネーターとして利用しており，これらのポリネーターは花色に対してそれぞれ異なる好みを持っていることが知られている。アゲハチョウは赤系，スズメガは黄系の花に訪花しやすく，この好みはハマカンゾウとキスゲの花色の違いとも一致しているためモデルの中で是非考慮したい要素であった。

幸いこの花色についても先行研究が行われており，まだはっきりとしたことはわかっていないが，ハマカンゾウとキスゲの花色は少数の遺伝子座によって支配されているようであった(Nitta et al., unpublished data)。また，アサガオの仲間では1遺伝子座によって花色が決まっているということがわかっていた(Hoballah et al., 2007)。そこで私の研究では，花色は1つの遺伝子座Aによって決定されると仮定し，対立遺伝子をそれぞれA_1, A_2とした。遺伝子型A_1A_1をハマカンゾウ，遺伝子型A_2A_2をキスゲの花色，遺伝子型A_1A_2を中間の花色とし，アゲハチョウとスズメガは訪花の際に，その好みに応じてそれぞれの遺伝子型の花を訪れる確率が決まるとした。アゲハチョウ，スズメガの各遺伝子型に対する好みは表2にまとめているのだが，表中のパラメーターX_1とX_2は好みの強さ，h_1とh_2は対立遺伝子の優性の度合いを決めている。h_1やh_2が0.5の場合，A_1A_2に対する好みはA_1A_1とA_2A_2の中間になり，この場合はA_1とA_2の効果の間に優性，劣性の関係が全くないと

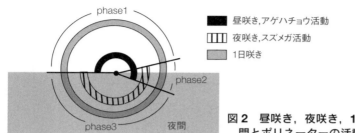

図2 昼咲き，夜咲き，1日咲きの開花時間とポリネーターの活動時間

いうことになる．これら4つのパラメーターを変えたときに得られる結果を比較することで，ポリネーターの好みが種分化に与える影響を調べることができる．

6.4. 地理的な隔離

3つ目の要素は地理的な隔離である．ハマカンゾウとキスゲは，現在ではほぼ同所的に生育しているが，種分化が起こっている間にどうであったかは分からない．地理的な距離は一般に生殖的隔離として非常に強い働きを持っており，これがハマカンゾウとキスゲの種分化でも必要不可欠であった可能性も十分に考えられる．

地理的な距離の効果を調べるために，モデル中に2つの植物集団を考慮し，この2集団が地理的に離れているとした．ポリネーターがどの植物個体を訪花するかは6.3節で説明したようにポリネーターの好みと花色に依存するのだが，そこにさらに「同じ集団に咲いている植物個体に訪花する確率」と「違う集団に咲いている植物個体に訪花する確率」を加えた．この2つの確率が等しければ，ポリネーターは集団内，集団間を同じ確率で移動することになり，地理的な隔離はないということを意味する．そして「違う集団に咲いている個体に訪花する確率」が低いほど，2集団間の地理的な距離が遠いことを意味する．この確率を変えていくことで地理的な隔離が種分化に与える影響を調べることができるようにした．

6.5. 雑種の生存率低下

最後の要素は雑種の生存率である．2つの種の間で雑種が形成された場合に，中間の表現型を持つ雑種が，2つの親種がそれぞれ生育している環境にうまく適応できない，あるいは2つの親種が独立に蓄積してきた突然変異が組み合わさることで，その雑種の生存率が親種に比べて下がるという現象はしばしば観察されている（Coyne & Orr, 2004）．このような雑種の生存率の低下は，遺伝子の流動を抑え，長期間にわたって2種の維持を可能にする．

表2　アゲハチョウとスズメガの各花色に対する好み

花色とその遺伝子型	アゲハチョウ	スズメガ
ハマカンゾウの花色（橙）A_1A_1	1	$1-X_2$
中間の花色 A_1A_2	$1-h_1X_1$	$1-h_1X_2$
キスゲの花色（黄）A_2A_2	$1-X_1$	1

　ハマカンゾウとキスゲにおいては，残念ながら雑種の生存率についてはまだ明らかにされていない。しかし一方で，表1にも示した通りハマカンゾウとキスゲの雑種の開花時間は不安定であり，また1日咲きという通常より長い開花時間を持つことが可能になっている。そこで今回の研究では，このような不安定で長い開花時間を持つということに何かしらのコストがかかっている可能性を考慮した。モデル中では，受粉後，子孫集団が成熟していく過程でいくつかの個体が死んでしまうとしているのだが，その際の生存率をハマカンゾウ，キスゲ型の開花時間を持つ個体（遺伝子型 $O_1O_1C_1C_1$ と $O_2O_2C_2C_2$）では1，雑種型の開花時間を持つその他の遺伝子型では v とした（$0 \leq v \leq 1$）。これまでに説明してきた要素と同様に，異なる v の値での結果を比較することで，雑種の生存率がハマカンゾウとキスゲの種分化に与える影響を調べることができるようにした。

6.6. シミュレーション

　6.1. 節で説明した通り，4つの生殖的隔離機構のうち3つはポリネーターがどの植物個体に訪花するかに影響を与えるものである。これら3つの要素を組み入れた訪花のプロセスを，シミュレーション中でどのように再現したかを図3に示す。

　シミュレーション中では，常に決まった数のポリネーターが存在していると仮定しており，これらのポリネーターが短く区切られた単位時間の中でどのように動くのかを図3に示している。まずすべてのポリネーターに対して非常に低い確率 a で訪花を行うかどうかを決めていった。次に訪花をすると判定されたポリネーターについて，現在いる集団から別の集団に移動するかどうかを，移動する確率 m で決めた。6.4. 節で説明した通り，別集団に移動したポリネーターは，移動先の集団に咲いている植物個体を訪花し，移動しないと判定されたポリネーターは，現在いる集団に咲いている植物個体を訪花することになる。

　次に実際にどの植物個体に訪花するかを決めるのだが，この際に 6.3. 節で説明したポリネーターの好みがかかわってくる。シミュレーション中では，花の遺伝子型とポリネーターの種類によって決まるポリネーターの好みの相対的な値を，その植物個体に訪花する確率とした（表2）。ポリネーターは1つ前に訪花した植物個

体の花粉を体に付着させているとした。つまり現在訪花している植物個体とその1つ前に訪花した植物個体の間で交配が起こることになる。今回の研究では，1つの植物個体あたり10の子孫を残すとしており，上記の2つの植物個体の遺伝子型から10の子孫の遺伝子型を決定していった。もし訪花した植物個体が既に交配済みであった場合には，ポリネーターへの花粉の付着のみが起こるとした。以上が単位時間の間に起こる訪花のプロセスになる。今回の研究では，1つの花に同時に複数のポリネーターが訪花することがないように，単位時間を非常に短く，1/100時間とした。

この短い単位時間の間に起こる訪花のプロセスを繰り返すことで，より長い時間スケールでの訪花を再現することができる。例えば1日に起こる訪花を再現するには，このプロセスを繰り返して時間を進めていき，夕方に訪花の対象となる植物個体やポリネーターを夜咲きのタイプとスズメガに切り替えてやれば良い。更に長い時間を再現する場合も同様で，次の朝には昼咲きのタイプとアゲハチョウに，また次の夜には夜咲きとスズメガに切り替えていくことができる。実際に今回の研究では7日間を1世代としており，この訪花のプロセスを7日間分繰り返させた結果得られた子孫のうち，6.5で説明した雑種の不適応性の結果生き残った植物個体を，次の世代の親集団として世代を重ねていった。

7. 結果

7.1. ハマカンゾウからキスゲへの進化には何が重要か？

今回の研究では，ハマカンゾウからキスゲへの進化に注目しているため，シミュレーションは「2つの集団共にハマカンゾウの遺伝子型 $O_1O_1C_1C_1A_1A_1$ のみが存在している」という状態からスタートさせた。また，2つの集団ともに5匹のアゲハチョウとスズメガが生息しており，3つの遺伝子座の突然変異率は 1×10^{-5} とした。そこから世代を重ねていくにつれて，3つの遺伝子座に突然変異が起こり新たな開花時間や花色を持つ植物個体が誕生してくる。これらの新たな形質が不利であればすぐに集団中から取り除かれ，またわずかに有利であっても，数が少ないうちは遺伝的浮動（genetic drift）[2] により偶然的に集団中から取り除かれる可能性が高い。つまり新たな開花時間や花色が非常に有利である場合に限って，ハマカンゾウからキスゲへの進化が起こるということになる。

---

[2]：自然選択によらず，集団が子孫を残す際に偶然的に起こる集団中の遺伝子頻度の変動。集団サイズが小さいほど遺伝的浮動の効果は大きくなる。

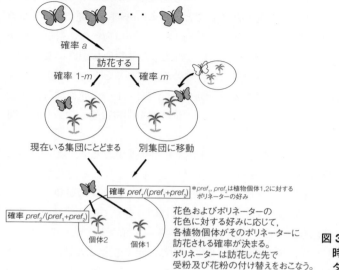

図3 非常に短い単位時間の中でのポリネーターの訪花プロセス

今回の研究では，ハマカンゾウとキスゲが集団中に共に高い頻度（雑種遺伝子型の合計よりも多い）で保たれていた場合にハマカンゾウからキスゲへの進化が起こったと見なし，どのような条件下でハマカンゾウからキスゲへの進化が高い確率で起こるのかをシミュレーションにより調べていった。モデル中のパラメーターの値を変え，様々な条件下でシミュレーションを行った結果，1つの重要なパラメーターが明らかになった。

7.2. 雑種の生存率がキスゲの進化に大きな影響を与える

ハマカンゾウとキスゲについてはその開花時間が詳細に調べられているため (Hasegawa et al., 2006)，ここでは主にその値を用いた場合の結果について述べていく。具体的な値としては，図3の phase1，phase2，phase3 がそれぞれ 12 時間，2 時間，10 時間となる。また，Hirota ら（2012）を基にポリネーターの単位時間あたりの訪花頻度を求めた。アゲハチョウ，スズメガの訪花回数は年によって大きく異なるのだが，今回の研究ではいずれの値からも大きく外れないよう単位時間あたり 0.01 の確率でポリネーターが花へと訪花するとした。ポリネーターの好み，ポリネーターの集団間の移動率，雑種の生存率については，様々に値を変え，それぞれのパラメーターがキスゲの進化に与える影響を検証していった。図4に雑種の生存率 v と，ポリネーターの集団間の移動率 m を変えたときに，10,000 世代後

にハマカンゾウからキスゲへの進化（以降単にキスゲの進化とする）が起こった割合を示している。10,000世代後を見た理由は，この頃には集団中の遺伝子の頻度がほぼ変化せず，安定になっていたからである。

この図から明らかなようにvが中間からやや低いという条件下で，キスゲの進化が非常に高い確率で起こっている。図中のもう1つのパラメーターmの効果と比較しても，vの値によってキスゲの進化が起こる確率が大きく変わっているのがわかるだろう。この雑種の生存率の影響は，ポリネーターの数や比，突然変異率を変えた場合でも同様に観察され，このパラメーターがキスゲの進化にとって非常に重要であることが強く示唆された。

7.3. なぜ雑種の生存率が重要なのか？

ではなぜ雑種の生存率がキスゲの進化にとって重要なのだろうか。ハマカンゾウからキスゲへの進化は，

① ハマカンゾウに突然変異が入ることで誕生した雑種の遺伝子型が集団中に広まる（雑種の進化）

② 集団中に広がった雑種の遺伝子型にさらに突然変異が入ることで誕生したキスゲの遺伝子型が集団中に広がる（キスゲの進化）

③ 集団中に広がったキスゲと元からいるハマカンゾウの維持

という3つのステップが必要になる。ここでまず注目してほしいのは，1つめのステップ「雑種の進化」である。この雑種の進化は，雑種の適応度[*3]が高いほど起こりやすいはずである。しかし，図4で示されたように，キスゲの進化は雑種の生存率が中間からやや低い状態で良く起こっていた。この結果は，雑種が低い生存率によるマイナスの効果を打ち消すことができるだけの高い適応度を持っていることを暗に示しているのである。

ハマカンゾウと雑種の違いは2つ，「開花時間の違い」と「花色の違い」であり，この違いが雑種の適応度を上げているのだと考えられる。まず花色の違いについて考えてみると，ハマカンゾウは昼咲きのため大部分がアゲハチョウに訪花され，またアゲハチョウに好まれる橙色の花色を持つ。そのような状況で花色が変わった場合，その個体はアゲハチョウに好まれなくなるため適応度が下がるはずである。このような理由から，花色が雑種の進化を起こりやすくするとは考えにくい。次に開花時間の違いについてだが，昼咲きのハマカンゾウが多数生育している環境に，突

[*3]：ある個体がその集団でどれだけ適応的であるかを示す指標。一般的には，ある個体が生んだ次世代の子のうち繁殖年齢まで成長できた子の数の相対値で表される。

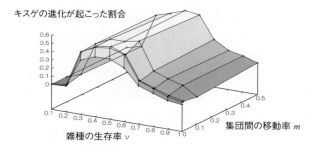

図4
シミュレーションの結果観察された，雑種の生存率 (v) と集団の移動率 (m) がハマカンゾウからキスゲへの進化が起こる確率に与える影響

然変異により少数の夜咲きあるいは1日咲き（いずれも夜間に咲くことができる）の個体が誕生した場合を考えてみる。今回のモデルでは，単位時間内の訪花の回数は，大雑把にポリネーターの数×ポリネーターの移動率で求まる。つまりポリネーターの数に対して植物個体の数が多くなるにつれて，1植物個体が訪花される確率は減少していく。訪花されないということはすなわち次世代に子孫を残せないということなので，このような個体の適応度は0になる。受粉した植物個体は10個体の子孫を残し，雑種でない個体の生存率は1であるため，単純に考えて植物個体の数 ≫ ポリネーターの数となっている集団中には，常に訪花回数×10の個体が生育していることになる。そのため訪花されるのは，訪花回数÷(訪花回数×10) の10％で，残りの90％は訪花されずに適応度が0になるのである。

一方で，突然変異により誕生した少数の夜間に咲く雑種は，これまで使われていなかったスズメガをポリネーターとして利用することができる。植物個体の数が少ない場合はポリネーターの取り合いをすることなく，ある程度の数になるまで必ず訪花を受けることが可能になる。このような理由から，夜間に咲く雑種はハマカンゾウに比べて特に雑種の数が少ない時期に高い適応度を持つことができ，雑種の生存率が下がった状態でも数を増やすことができるのではないかと予想される。

読者の中には，90％もの植物個体の適応度が0になってしまうことについて疑問を持たれる方もいるかもしれない。もちろん，ポリネーターの訪花頻度が植物個体数に応じて増加するということも十分に考えられる。しかしそのような場合であっても，植物個体 ≫ ポリネーターとなっている集団中ですべての植物個体が訪花されるという状況は考えにくく，開花時間を変えることによる訪花率の上昇は比較的広い条件下で起こり得ると考えている。

以上の理由から，開花時間を変えることが雑種の高い適応度につながり，雑種の生存率が下がった状態でも，1つめのステップ「雑種の進化」を達成することができるのではないかと考えられる。では，次のステップ「キスゲの進化」はどのよ

うにして起こるのだろうか。実は雑種の生存率が重要になってくるのはこのステップなのである。

ハマカンゾウからキスゲの遺伝子型になるには，開花時間2つ，花色1つ，計3つの遺伝子座すべてに突然変異が起こる必要があるため，比較的長い時間が必要になる。つまり，キスゲの遺伝子型が集団中に誕生する段階では既に多数の夜咲きの雑種が存在していると考えられる。そのため，前述の「開花時間を変えることで高い適応度を得る」というしくみでキスゲの頻度を増やすことはできない。また，花色を変えることでスズメガに好まれやすくし，適応度を上げることも可能だが，その場合にはより少数の突然変異でたどり着ける雑種（例えば遺伝子型 $O_1O_2C_1C_1A_2A_2$, $O_1O_1C_1C_2A_2A_2$ 等は2つの突然変異でたどり着ける）が進化する可能性が高い。つまり，雑種よりもキスゲの適応度が高くなるという状況を作るために，雑種の生存率を低下させる必要があったのである。その結果，雑種の生存率が低下した状態では遺伝子型 $O_2O_2C_2C_2$ が相対的に有利になるため「雑種の進化」から「キスゲの進化」という流れがスムーズに進み，しかしあまりに雑種の生存率が低い場合は「雑種の進化」自体が起こらなくなってしまい，キスゲの進化も当然起こらないという結果になったのである。

7.4. 夜咲きの進化がキスゲの進化を引き起こす

以上の考察を基にハマカンゾウからキスゲがどのような過程で進化してくるかを予測してみると，まずハマカンゾウのみが生育する集団中に夜咲きの雑種が誕生し，急速に頻度を増やす。次に花色を変えた雑種が集団中に現れその後にキスゲが急速に頻度を増やすと考えられる。実際にそのような流れでキスゲの進化が起こっているかを調べた結果を図5に示す。この図ではキスゲの進化が起こった場合に，ハマカンゾウ，キスゲ，開花時間のみを変えた雑種，花色のみを変えた雑種の頻度が世代ごとにどのように変化しているかを示している。予想通り，まず始めに開花時間を変えた雑種が頻度を増やし，その後で花色の進化及びキスゲの進化が起こっていることがわかる。この結果から，「開花時間を変えることで高い適応度を取ることができる」という考察が強く支持され，開花時間の違いが，キスゲの種分化の初期段階に非常に重要な役割を果たしていた可能性が示唆された。

7.5. 開花時間とポリネーターの好みの効果

図4の結果は，ポリネーターの行動時間をハマカンゾウとキスゲの開花時間に連動させた場合の結果である。また，ポリネーターの好みについては様々なパラメ

ーター値での結果を平均して示している。そこで最後に，開花時間の重なりとポリネーターの好みを変えた場合の効果について簡単に述べておく。

新たな開花時間を獲得することで適応度が上昇するのであれば，昼咲きと夜咲きの開花時間の重なりが大きい程その上昇の度合いは小さくなるはずである。また，開花時間の重なりが大きいということはすなわち，遺伝子の流動が良く起こるということになり，種分化のステップ③のハマカンゾウとキスゲの維持は難しくなると考えられる。実際に，開花時間の重なりが大きくなるにつれキスゲの進化は難しくなり，図3のphase1，phase2，phase3の長さがすべて等しい場合には，キスゲの進化が起こる確率は図4の結果の3割程度まで減少した。

また，ポリネーターの好みも強い効果を持っており，特に雑種の適応度が高く雑種を介して遺伝子の流動が起こりやすい条件下では，強いポリネーターの好みがハマカンゾウとキスゲの維持に必要であるということが示唆された。しかし，このように開花時間の重なりやポリネーターの好みを変えた場合であっても，図4や図5で示唆されたやや低い雑種の生存率の重要性や，新たな開花時間の獲得が種分化の起点になるという結果は変わらず観察された。この結果から，新たな開花時間を獲得することによる適応度の上昇は広いパラメーター範囲で一般的に見られることがわかった。

8. まとめ

今回の研究の結果から，①ハマカンゾウからキスゲへの進化は非常に高い確率で起こり得るということと，②その進化は開花時間の進化が起点となって起こる，という大きく2つのことが明らかになった。高い確率でキスゲの進化が起こり得るという結果は，ハマカンゾウ，キスゲの近縁種で夜咲き種への種分化が複数回起きているという事実にも一致している。また，新たな開花時間を獲得するということが，生殖的隔離をつくるだけではなく，特に進化の初期段階で適応度を上げるという結果は，種分化のしくみを考えるうえで非常に重要になる。このように自然選択と生殖的隔離の両方にかかわる形質は進化生物学では「magic trait」と呼ばれており，その名の通り急速な種分化を可能にする魔法の形質というわけである（Maynard Smith, 1966; Kondrashov & Kondrashov, 1999; Schluter, 2001; Via, 2001; Kirkpatrick & Ravigne, 2002; Gavrilets, 2004）。

今回の研究では，開花時間の違いがこのmagic traitとして働き得るということが明らかになった。地理的隔離がキスゲの進化にほとんど影響を与えないという結果も，開花時間の違いが生殖的隔離として非常に強い効果を持っており，地理的隔

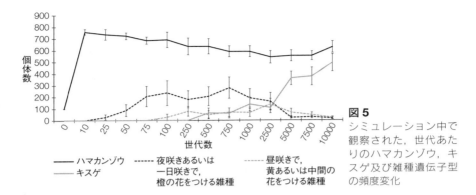

図5 シミュレーション中で観察された，世代あたりのハマカンゾウ，キスゲ及び雑種遺伝子型の頻度変化

離なしでハマカンゾウとキスゲの維持が可能であることを示唆している。ただし，開花時間の違いが常に適応度を上げるわけではなく，今回得られた結果はモデル中の仮定に依るところも大きいということには注意が必要である。モデル中では，集団中に常に決まった数のアゲハチョウとスズメガが生息していると仮定しているために，新たに誕生した夜咲きの個体がすぐにスズメガを利用することができるようになっている。しかし，スズメガにとっては夜咲きの個体がいない場所で活動していても意味が無いわけで，仮に集団中のスズメガの数が非常に少なくなってしまった場合には，キスゲの進化は起こらなくなる。このように開花時間を変えることでこれまで使われていなかった資源を使うことができる様になるということが，新たな開花時間の獲得によって適応度が上昇する条件なのである。逆に言えば，この条件さえ満たしていれば，開花時間に限らず様々な活動リズムの進化によって，生物は高い適応度を得ることが可能になると予想される。

　現在，時間による生殖的隔離は非常に多くの例が知られている。もちろん今回考慮した花色以外にも，花の匂い，蜜の性質等のポリネーターの誘因にかかわる形質が種分化に影響を及ぼす可能性もある。しかし，これらの誘因形質は開花時間を変え異なるポリネーターを利用するようになった後で重要になると考えられる。今回の結果は，誘因形質の進化に先立って起こる開花時間の進化が magic trait として種分化の起点になり得た可能性を示しており，生物の活動リズムと種分化の間の強い繋がりを示唆するものだと考えている。本章で紹介した研究は「Journal of Theoretical Biology」により詳しく掲載されている（Matsumoto et al., 2015）。

謝辞

　今回の研究では理論的な手法を用いて種分化のしくみについて研究していった

のだが，実は私は始めから理論進化学という分野に興味があったわけではなかった。生物の適応進化に興味を持っていた私は，2007年に九州大学の舘田英典教授の研究室に配属され，卒業研究を行うことになった。そのテーマを決める際に，舘田教授から理論的なテーマをやってみてはどうかという話を頂いたのだが，当時の私は「理論＝数式がたくさん出てきてややこしそう」というイメージから別のテーマを選んだのである。

結局卒業研究では，東アフリカで爆発的に種分化を起こしているシクリッドの遺伝的分化を実験的に調べるということをテーマとしてやったのだが，そこで，結局実験的に得られた結果から何が言えるのかを考えるためには理論的な知見が必要になる，ということに気付いたのである。このような理由から理論的な研究に興味を持ち始めた私の元に，折よくハマカンゾウとキスゲの話が持ち掛けられ，今回の研究をスタートすることとなった。

このように，私を理論進化学の分野に導き，また指導教官として多くのご助言をしていただいた舘田教授には，この場を借りて心から御礼申し上げたい。また，野外でのハマカンゾウ，キスゲ集団について多くの情報を提供していただいた矢原徹一教授（九州大学），安元曉子博士（九州大学，当時），新田梢博士（九州大学，当時），廣田峻博士（九州大学）にも心から御礼申し上げたい。

参考文献

Butlin, R. *et al.* 2009. Speciation and Patterns of Diversity. Cambridge University Press, Camridge.
Coyne, J. & H. A. Orr. 2004. Speciation. Sinauer Associates Inc. Massachusetts.
Darwin, C. 1859. On the origin of species. John Murray, London.
Feder, J. L. 1998. The apple maggot fly, *Rhagoletis pomonella*: Flies in the face of conventional wisdom about speciation? *In*: Howard, D. J. & S. H. Berlocher (eds.), Endless forms: species and speciation, p. 130-144. Oxford University Press, New York.
Gavrilets, S. 2004. Fitness landscapes and the origin of species. Princeton University Press, Princeton.
Gavrilets, S. & A. Vose. 2005. Dynamic patterns of adaptive radiation. *Proceedings of the National Academy of Sciences of the USA.* **102**: 18040-18045.
Gavrilets, S. & J. B. Losos. 2009. Adaptive radiation: contrasting theory with sata. *Science* **323**: 732-737.
Grant, B. R. & P. Grant. 2008. How and why species multiply: the radiation of Darwin's finches. Princeton University Press, Princeton.
Hasegawa, M. *et al.* 2006. Bimodal distribution of flowering time in a natural hybrid population of daylily (*Hemerocallis fulva*) and nightlily (*Hemerocallis citrina*). *Journal of Plant Research* **119**: 63-68.

Hirota, S. K. et al. 2012. Relative role of flower color and scent on pollinator attraction: experimental tests using F_1 and F_2 hybrids of daylily and nightlily. *PLoS ONE* **7**: e39010.

Hoballah, M. E. et al. 2007. Single gene-mediated shift in pollinator attraction in *Petunia*. *Plant Cell* **19**: 779-790.

Kirkpatrick, M. & V. Ravigne. 2002. Speciation by natural and sexual selection. *The American Naturalist* **159**: S22-S35.

Kondrashov, A. S. & F. A. Kondrashov. 1999. Interactions among quantitative traits in the course of sympatric speciation. *Nature* **400**: 351-354

Lessios, H. A. 1998. The first stage of speciation as seen in organisms separated by the Isthmus of Panama. *In*: Howard, D. J. & S. H. Berlocher (eds.) Endless forms: species and speciation, P. 186-201. Oxford University Press, New York.

Matsumoto, T. et al. 2015. Difference in flowering time can initiate speciation of nocturnally flowering species. *Journal of Theoretical Biology* **370**: 61-71.

Maynard Smith, J. 1966. Sympatric speciation. *The American Naturalist* **104**: 487-490.

Nitta, K. et al. 2010. Variation of flower opening and closing times in F_1 and F_2 hybrids of daylily (*Hemerocallis fulva*; Hemerocallidaceae) and nightlily (*H. citrina*). *American Journal of Botany* **97**: 261-267.

Noguchi, J. & D. Y. Hong. 2004. Multiple origins of the Japanese nocturnal *Hemerocallis citrina* var. *vespertina* (Asparagales : Hemerocallidaceae): evidence from noncoding chloroplast DNA sequences and morphology. *International Journal of Plant Sciences* **165**: 219-230.

Schluter, D. 2001. Ecology and the origin of species. *Trends in Ecology and Evolution* **16**: 372-380.

Via, S. 2001. Sympatric speciation in animals: the ugly duckling grows up. *Trends in Ecology and Evolution* **16**: 381-390.

コラム 2　生態学研究における開花フェノロジーの重要性

工藤 岳（北海道大学地球環境科学研究院）

　フェノロジー（生物季節）の例として真っ先に思い浮かぶものは，開花時期の記載であろう。日本古来の花暦なるものは，身近な植物の毎年の開花時期のカレンダーであり，まさにフェノロジー研究の代表的なものである。花暦は季節に応じたさまざまな植物種の開花時期を示したものであり，群集レベルのフェノロジー記載である。一方，同じ種であっても開花時期は場所によって大きく異なる。その代表的な例は，毎年春になると話題に上る桜前線の北上であろう。フェノロジー研究は生態学でも古くから研究されているが，その多くは記載的な研究にとどまっている。ここでは，開花フェノロジーの種内変異が持つ生態学的な重要性と将来展望について解説しよう。

1. 開花フェノロジー特性の構成要素

　ある個体群の開花フェノロジー特性は，開花開始時期，持続時間（開花期間），そして個体間の同調性の3つで表すことができる。サクラのように一斉に咲き出して短期間で散ってしまうものや，セイヨウタンポポのように同じ場所で長期間にわたって咲き続けるものもある。また，熱帯雨林では数年間隔で多くの樹木が同調して大量の花を咲かせる一斉開花現象が知られている（コラム1参照）。このような開花フェノロジー特性の個体群間の変異は，どのように起こり，どのような意味があるのだろうか？

　開花フェノロジー変異を引き起こす外的要因として，気候環境が最も重要である。温度，日長時間，降水量などの環境要因が開花時期の決定要因であることは，多くの研究によって指摘されてきた。これら環境要因は，花芽形成，花芽の休眠解除，花芽の成長速度に作用することで開花時期を決定する。開花フェノロジーは特に温度との関連性が高い場合が多く，有効積算温度で示される温度要求性や，あるレベルの低温や高温によるトリガー効果は，農業へも利用されてきた（例えば，イネの成長予測への積算温度の利用など）。

　一方で，同一個体群であってもフェノロジー特性に個体間変異が存在する。サ

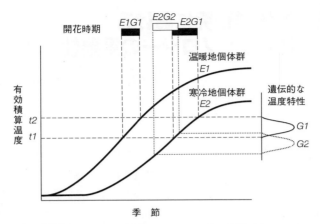

図1 異なる温度環境にある個体群間のフェノロジー応答の起こり方
温暖地個体群（環境 $E1$）と寒冷地個体群（環境 $E2$）では，有効積算温度の蓄積パターンは異なる．両個体群で温度に対する開花の応答性が同じ場合（遺伝子型 $G1$ は有効積算温度 $t1$ から $t2$ の範囲で開花が起こる），実際の開花は各環境における積算温度の増加パターンに依存して変化する（この例では，寒冷地では開花が遅く，開花期間は長くなる）．寒冷地でより低い温度で開花する遺伝子型 $G2$ を有している場合，開花期間が早まる．図において，開花時期 $E1G1$ と $E2G1$ は可塑的変異（同じ遺伝子型でも開花時期が環境によって異なる）を示し，$E2G1$ と $E2G2$ は遺伝的変異（同じ環境でも遺伝子型によって開花時期が異なる）を示す．$E1G1$ と $E2G2$ は環境と遺伝子，双方の差異に由来する開花時期の違いを示す．

クラの開花宣言は，特定の指標木の開花に基づいて行われる．フェノロジー特性の個体間変異は，各個体の生育環境の違いに加えて，遺伝的相違を反映したものである．個体群間でフェノロジー特性に変異が見られる時，それは環境に対する可塑的変異とそれぞれの個体群が有する遺伝的変異の双方を含んでいる．遺伝的なフェノロジー特性の差異が繁殖成功度（種子生産や次世代の子孫の生存率）に影響する場合，フェノロジー特性は繁殖戦略となりうる．したがって，フェノロジー変異を進化生態学的な視点から評価する際には，可塑的変異と遺伝的変異の区分が必要である（図1）．その方法として良く使われるのが，環境操作実験や相互移植実験である．

フェノロジーに作用する要因は空間的スケールによって変化する．例えば，緯度傾度に沿った個体群間比較などの地理的スケールでは，温度，日長，降水量などあらゆる気候条件がフェノロジー特性に作用している可能性がある．また，花粉媒介や種子散布，被食防衛などに関連した生物学的な状況も大きく変化するであろう．これに対して，地域スケール（ある山域における標高傾度に沿った比較など）や，局所的スケール（高山生態系における雪解け傾度に沿った比較など）で個体群を比較する場合，日長や降水量の影響はそれほど重要ではないだろうし，生物的環境の

違いもそれほど大きくはないかもしれない。さらに留意すべきことは，個体群間の遺伝的交流の程度である。地理的に離れた個体群間では，遺伝的な交流はほとんどないので，個体群に特有の遺伝的な変異は維持され易い。これに対して，隣接個体群間でそれぞれ特有の遺伝的変異が存続するためには，なんらかの遺伝的隔離が必要である。特に局所的スケールでフェノロジー変異を研究する場合には，種子散布や花粉散布による個体群間の遺伝子流動についての考慮が必要である。以下，主に局所的スケールにおけるフェノロジー変異がもたらす生態学的影響について見ていくことにする。

2. 開花フェノロジー変異と繁殖成功

　開花フェノロジー変異が植物の適応度に及ぼすプロセスとして，まず思い浮かぶのが送粉系を巡る生物間相互作用であろう。開花時期の違いは，その地域に生息する潜在的なポリネーター（花粉媒介者）の組成や活性の季節性と関連し，ポリネーション（送受粉）に作用する。事例研究として，高山生態系を取り上げて解説しよう。多雪山岳域に形成される雪田環境（遅くまで雪渓が残る場所）では，局所的な雪解け時期の違い（雪解け傾度）を反映して高山植物の開花時期は場所によって大きく変動する。高山生態系で非常に重要なポリネーターであるマルハナバチは，シーズン前半には越冬明けの女王バチのみが見られるが，女王バチの花への訪問頻度は低く，ポリネーターとしての効率はそれほど高くない（図2-a）。そのため，早い時期に開花する植物は，量的な花粉制限（受け取る花粉の数が少ないために受精できた胚珠の割合が低いこと）により結実率が低下する。一方，7月下旬以降のシーズン後半は，花蜜や花粉を集約的に集める働きバチが高頻度で花を訪れるため，植物は十分な量の花粉を受け取ることができる。ところが，働きバチは花間の飛行距離が短く，近隣の花を連続的に訪れる傾向があるために，隣花受粉（同じ株内の花間で起こる自家受粉）が高頻度で起こり，質的な花粉制限（近交弱勢など遺伝的に劣った花粉との受精によって生じる種子生産の低下）が起き易い。雪解けの遅い場所の個体群はシーズン後半に開花するので，働きバチの頻繁な訪花により多くの花粉を受け取るが，同時に自家受粉の割合が高くなる。

　このようなポリネーション状況の季節的変化は，開花時期の変動が大きい植物の繁殖成功に影響するが，その方向性はそれぞれの植物の交配システムによって異なる。例えば，ツツジ科矮生低木のキバナシャクナゲ（*Rhododendron aureum*）は，種子形成初期に強い近交弱勢（自家花粉で受精した種子の発育不全と中絶）を示すことが知られている。そのために，雪解けの遅い個体群では働きバチによる頻繁な

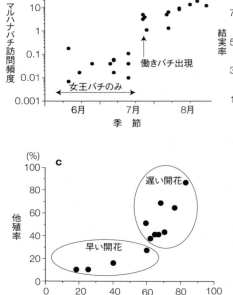
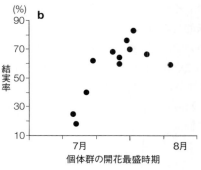

図2　高山生態系におけるマルハナバチの季節的活性と，異なる雪解け環境に生育するアオノツガザクラ個体群の開花時期と結実率，他殖率の関係（Kameyama & Kudo, 2009 より改変）
a: ツガザクラ植物の花序へのマルハナバチの訪問頻度（1 時間あたり）。働きバチが出現する7月下旬以降，訪問頻度は急増する。**b**: 開花時期（各個体群の開花最盛期）が遅いほどマルハナバチの訪花頻度が高まり，結実率は上昇する。**c**: 結実率の上昇に伴い，他殖率（生産種子のうち他殖による割合）も増加する。

訪花により，結実成功度（果実を形成した花の割合）は高くなるが，果実当りの種子生産数は雪解けの早い個体群に比べて低くなる傾向がある。隣花受粉により自家受精した胚珠が，種子形成過程で発育を停止してしまった結果である（Kudo et al., 2011）。遅い開花に伴う頻繁なポリネーターの訪問は，必ずしも繁殖成功につながらない。一方で，同じくツツジ科矮生低木のアオノツガザクラ（*Phyllodoce aleutica*）は，生理学的には自家和合であるが，自家他家混合花粉が付着した際には優先的に他家花粉と受精する交配システムを有している（このような交配システムを隠蔽的自家不和合という）。そのために，働きバチの頻繁な訪花を受ける雪解けの遅い個体群では，結実率，他殖率ともに雪解けの早い個体群に比べて増加する（図2-b, c）。すなわち，遅い開花が繁殖成功に有利に作用している（Kameyama & Kudo, 2009）。繁殖成功の時空間変動を見た時に，結実率で 15～85％，他殖率で 10～90％ もの違いが生じているという事実は，開花タイミングが高山生態系ではいかに重要であるかを如実に示している。高山生態系における開花時期の個体群間の変異は，局所的な雪解け時期によって一方的に引き起こされた可塑的変異である

が，植物の繁殖成功に大きく作用している．
　一方で，繁殖戦略として開花フェノロジー変異が引き起こされたと考えられる事例も多数報告されている．送粉系を巡る植物どうしの競争もその選択圧のひとつである．ポリネーターを共有する植物種間で開花期の同調が大きいと，ポリネーター獲得競争が激化して結実率の低下が起きる（資源搾取型競争）．また，ポリネーターの選好性が厳格ではないために複数の植物種を訪花する場合には，種間交雑の危険性が高まる（干渉型競争）．このような場合，開花時期の重複を少なくするような選択圧が作用する．さらに，送粉系を巡る競争だけでなく，花や果実の食害圧を少なくするような開花時期の変異（フェノロジカルエスケープ）や，種子散布時期に作用する選択圧によって開花時期の変異が進化したと考えられる事例もいくつか知られている．これらの詳細については，Rathcke & Lacey (1985)，Kochmer & Handel (1986)，Kudo (2006) などの総説を参照して欲しい．

3. 気候変動とフェノロジー

　近年着目されているフェノロジー変異に，地球温暖化に対する応答がある．温暖化により生物のフェノロジー（開花・開葉，休眠，羽化，渡りなどの季節的イベント）は，様々な生物群の応答を平均すると10年間で2.3日早まっており，特にシーズン初期に大きいことが知られている (Root et al., 2003)．しかし，温暖化に対する生物の応答は種によって様々であり，同所的に生息する生物間でも気候変化に対する感受性が異なる場合も多い．もし，相互に関係の深い生物間でフェノロジーの差異が大きくなると，これまでの種間関係（利害関係や相利共生）が崩壊する可能性もある．これをフェノロジカルミスマッチという．
　開花フェノロジーに関連したフェノロジカルミスマッチとして，植物とポリネーターの共生関係の崩壊が考えられる．気候変動によって植物の開花時期か，ポリネーターの出現時期のどちらかがより強く早まると，ポリネーター不足による受粉の失敗や餌不足による飢餓が生じる．その一例として，雪解け直後に開花する春植物のエゾエンゴサク (*Corydalis ambigua*) とそのポリネーターであるマルハナバチの長期モニタリング研究を紹介する（図3）．多雪地域において，エゾエンゴサクの当年シュートは雪解け前に出芽し，雪解けとともに成長を開始するので，開花時期は雪解け時期によってほぼ決まる．一方で，マルハナバチ女王が冬眠から覚めて現れる時期は，越冬場所である地中温度に依存する．通常の年には，開花時期と出現時期がほぼ一致し，エゾエンゴサクはマルハナバチによる受粉サービスを受けることができる．ところが，雪が解けてから地中温度が上昇するまでにはある程度の

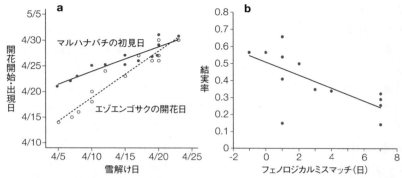

図3 春植物エゾエンゴサクの開花日とポリネーターであるマルハナバチの出現日の13年間の観察結果(a)およびそれらのミスマッチ日数と結実率の関係(b) (Kudo & Ida, 2013 より改変)
a: 雪解けが早まると開花日と出現日の差が広がり，フェノロジカルミスマッチが増大する。**b**: フェノロジカルミスマッチとエゾエンゴサクの結実率との関係。ミスマッチが大きくなるほど，結実率の減少傾向が見られる。

期間を要し，その期間は雪解けが早く起きた年程長くなる傾向がある。その結果，春の訪れが早く，雪解けの早い年には両者のフェノロジカルミスマッチが大きくなり，マルハナバチの出現前に花期が終わってしまい，受粉がうまくいかずに種子生産が低下する事態が生じる。13年間にわたる結実率のモニタリング期間で，個体群の平均結実率は14〜66％もの年変動があり，それはポリネーションの成功度によって引き起こされていた(Kudo & Ida, 2013)。気候変動に伴う生物のフェノロジー変化に対して，生物の繁殖成功がどのように影響されるのか，そして，それに対してフェノロジー特性の適応進化が追いついていけるのかについては，今後の興味深いフェノロジー研究テーマである。

4. 進化促進機構としての開花フェノロジー

気候変動などにより環境条件が時空間的に大きく変動する場合，フェノロジーの個体間の変異のうち，環境条件に対する可塑性によって生じる変異と，個体間の遺伝的差異によって生じる変異のバランスは絶えず変化する。先に述べたように，フェノロジー特性が進化するには，遺伝的特性によるフェノロジー変異に自然選択が作用することが必要である。しかし，環境変動に対する可塑的変異が非常に大きい場合には，遺伝的なフェノロジー特性への選択圧が作用し難いかもしれない。さらに，選択圧の方向性が一定でない場合，一方向的なフェノロジー特性の進化(方向性淘汰)は期待できない。例えば，ある年には早い開花が有利に作用しても(ポ

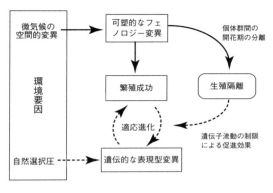

図4 フェノロジー隔離によって側所的な適応形質の進化が生じるプロセス

局所的な環境の違いにより近隣個体群間に開花時期の差異が生じる時（可塑的応答），それ自体が繁殖成功に影響する場合がある（実線矢印）。さらに，それぞれの個体群に特有の選択圧が表現型形質に作用する時，環境によって引き起こされたフェノロジカルな生殖隔離（開花期の隔離）が個体群間の遺伝子流動を妨げ，それぞれの個体群に特有の局所的適応を促進する（点線矢印）。

リネーターを獲得しやすいなど），翌年には早い開花は不利となるような状況（霜害の被害を受け易くなるなど）が生じることもあるかもしれない。このような場合，早い開花への進化は生じ難いであろう。一方で，環境の違いによって引き起こされた可塑的なフェノロジー変異が，新たな表現型形質の進化を促進する可能性もある（図4）。最後にこの可能性について考えてみたい。

ある形質の個体群間変異が自然選択によって生み出される進化プロセスには，個体群どうしが地理的に隔離されている場合の異所的進化と，隣接している個体群間で変異が生じる場合の側所的進化がある。先に述べたように，地理的スケールで生じる開花フェノロジー特性の異所的進化は，気候要因（日長や気温）や生物要因（ポリネーターとの関係や被食圧の違い）が異なる状況では起こり易いであろう。これに対して，地域スケールの側所的進化については，異なる選択圧の作用に加えて隣接個体群間に遺伝子流動の制限（生殖隔離）が必要となる。一般的な植物の場合，遺伝子流動が生じるステージは，開花期の花粉散布と結実期の種子散布である。種子散布距離が短い植物では，散布過程での個体群間の遺伝子流動は少ないであろう。一方，虫媒花植物の花粉散布による遺伝子流動の範囲は，ポリネーターの移動距離に依存する。個体群間の距離が数百メートル程度以内であれば，遺伝子流動が起こる可能性は十分ある。しかし，両個体群間に開花期の隔離があれば，近接個体群間でも花粉流動は起こらない。考えられる状況として，例えば暗くて涼しい林内では明るい草原に比べて開花期が遅くなるとか，雪解けの早い場所では遅い場所に比べて開花が早く起こる場合などがある。隣接個体群間でフェノロジカルな生殖隔離が生じている場合，側所的な変異は維持されるであろう。

1つの事例として，高山性バラ科草本植物ミヤマキンバイ（*Potentilla*

matsumurae）で見られる表現型の個体群間変異を紹介しよう。ミヤマキンバイは雪がほとんど積もらない風衝地環境にも，遅くまで雪渓が残る雪田環境にも生育する。そして，風衝地個体群と雪田個体群の間には，外部形態，開花特性，種子発芽特性など，様々な表現型変異が見られる（Shimono *et al*., 2009）。具体的には，風衝地個体群は雪田個体群に比べて葉を地表に伏せた草丈の低い形態となり，花序内で徐々に開花するので花期が長く，実生出現のタイミングも変異が大きい。このような表現型は，気候条件が厳しく，環境変動の激しい風衝地環境に適応的な形質と考えられる。例えば，開花がシーズン初期に起こる風衝地個体群では，シーズン半ばに開花する雪田個体群に比べてポリネーターの活性が低く，結実率が低い傾向がある。このような状況では，個体内で開花期間を長くするような開花様式が適応的であろう。移植実験の結果，これらの形質の違いは遺伝的に決定されていることがわかった。風衝地と雪田環境は数十メートルから百メートル以内の範囲で隣接していることも多く，両地域で開花時期が重複すれば花粉散布を通した遺伝子流動は十分起こりうる。しかし，生育開始時期の早い風衝地個体群と遅い雪田個体群で開花期の重複はほとんど無いために遺伝子流動は起り難く，このような適応形質が隣接する個体群間で維持されていると考えられる。この事例は，局所的な環境の違いによって引き起こされたフェノロジカルな生殖隔離が，隣接する個体群間に遺伝的多様性分化を維持する機能を有していることを示している。

　以上のように，開花フェノロジーを巡る生態現象は，個々の植物種の繁殖生態学のみならず，送粉系を巡る生物間相互作用，気候変動，進化機構などさまざまな生態学研究領域と深く関連しており，今後の研究発展が大きく期待される。

引用文献

Kameyama, Y. & G. Kudo. 2009. Flowering phenology influences seed production and outcrossing rate in populations of an alpine snowbed shrub, *Phyllodoce aleutica*: effects of pollinators and self-incompatibility. *Annals of Botany* **103**: 1385-1394.

Kochmer, J. P. & S. N. Handel. 1986. Constrains and competition in the evolution of flowering phenology. *Ecological Monographs* **56**: 303-325.

Kudo, G. 2006. Flowering phonologies of animal-pollinated plants: reproductive strategies and agents of selection. *In*: Harder, L. D. & S. C. H. Barrett (eds.), Ecology and evolution of flowers. Oxford University Press.

Kudo, G. *et al*. 2011. Pollination efficiency of bumblebee queens and workers in the alpine shrub *Rhododendron aureum*. *International Journal of Plant Sciences* **172**: 70-77.

Kudo, G. & T. Y. Ida. 2013. Early onset of spring increases the phenological mismatch between plants and pollinators. *Ecology* **94**: 2311-2320.

Rathcke, B. & E. P. Lacey. 1985. Phenological patterns of terrestrial plants. *Annual Review of Ecology and Systematics* **16**: 179-214.

Root, T. L. *et al*. 2003. Fingerprints of global warming in wild animals and plants. *Nature* **421**: 57-60.

Shimono, Y. *et al*. 2009. Morphological and genetic variations of *Potentilla matumurae* (Rosaceae) between fellfield and snowbed populations. *American Journal of Botany* **96**: 728-737.

コラム3　コオロギの鳴き声による交配前隔離：パルスペリオドの重要性

角（本田）恵理

はじめに

　秋になると野外にひろがるコオロギ達の多様な鳴き声。「リーリーリー……」あるいは、「ジリ・ジリ・ジリ……」、「コロコロ・リー・リー・リー……」など、さまざまな擬音語で表現される。コオロギの鳴き声が、種によって異なることはよく知られている。種間の鳴き声の違いは、音の高さや音色、そして、リズム等によって人がきいても区別できる。コオロギは、幼虫時代には翅を持たない。成虫になって初めて翅を持つ。成虫の中でも、オスのみが翅に発音器官を持ち、発音することができる。すなわち、コオロギの鳴き声は、成虫オスのみが発する繁殖にかかわるシグナルを含むものなのである。

　コオロギの鳴き声で、人の耳に「リー」「ジュリ」など一塊にきこえる鳴き声の部分はチャープと呼ばれ、チャープは複数のパルスから構成されており、パルスについては人の耳ではほとんど聞き分けられない（図1）。コオロギの鳴き声を含む音声信号の研究では、音声は、主に時間特性と周波数特性で特徴づけられる。ここで挙げる周波数特性とは、周波数とエネルギーの分布関係であり、エネルギーの集中する周波数帯を知ることにより、音の特徴を把握するものである。最もエネルギーの集中する周波数を優位周波数（dominant frequency）と呼び、音の特徴を表す重要なパラメーターの1つである。鳴き声の特性の中で、コオロギの配偶者選択の場面でコミュニケーションに重要とされるのは、時間特性であることが多くの研究から示されており、中でも最も重要とされるのは、パルスが繰り返される間隔、あるパルスの開始時点から次のパルスの開始時点までの数十ミリ秒という微小な時間、すなわちパルスペリオドである。

1. 日本産エンマコオロギ

　コオロギと一口に言ってもさまざまな種類がいる。日本列島には、コオロギ上科コオロギ科に属するものが2亜科15属31種分布する。その中で、私がここで

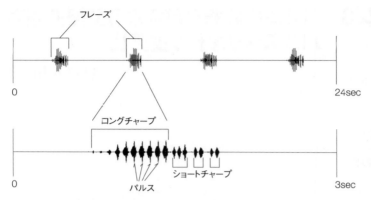

図1 コオロギの鳴き声（calling song）の各部位の名称
エンマコオロギの calling song の波形図を示す。コオロギの鳴き声（ソング）が単音で構成される場合，1音1音をチャープと呼ぶが，エンマコオロギのように鳴き声に複数の音が含まれている場合，音の塊をフレーズと呼ぶこともある。ソングは，複数のフレーズ（あるいはチャープ）で構成され，1つのフレーズ（あるいはチャープ）は，複数のパルスにより構成される。

話題にするのは，コオロギの中でも大型のものであるエンマコオロギ類である。体長，2cm前後の個体が多い。秋の夕方から夜，田畑の周辺や民家の庭で鳴き声を聞かせてくれる，おそらく，一般的に広く「コオロギ」として認識されている種である。日本列島には，エンマコオロギ類は，5種が分布している。そのうち，日本列島上に広い分布域を持つ3種，エゾエンマコオロギ（*Teleogryllus infernalis* (Saussure, 1877))，エンマコオロギ（*T. emma* (Ohmachi et Matsuura, 1951))，タイワンエンマコオロギ（*T. occipitalis* (Audinet-Serville, 1839)）を主な対象として，私は研究を進めている。関西出身の私は，子供時代，エンマコオロギ類3種のうちエンマコオロギのみをエンマコオロギと呼んでいたわけだが，エンマコオロギとエゾエンマコオロギ，エンマコオロギとタイワンエンマコオロギが分布する地域もある。これら3種は，室内実験では，交配することがあるものの，その後，発育不全などを引き起こし，交雑個体が世代をつなぐことは難しいことがわかっている（Ohmachi & Masaki, 1964; Masaki & Ohmachi, 1967)。つまり，交雑によって不利益を被ることがはっきりしている3種である。

1.1. calling song（呼び鳴き）による交配前隔離

図2にエンマコオロギ類3種の分布と calling song の波形図および顔写真を示す。エンマコオロギの鳴き声だけが，際立ってパルスペリオドが長く，ロングチャープ長も長い。エゾエンマコオロギとタイワンエンマコオロギは，周波数特性には違い

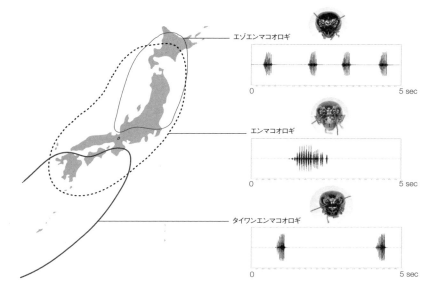

図2 日本列島上のエンマコオロギ類3種の地理的分布とcalling songの波形図および顔写真
日本列島の北方からエゾエンマコオロギ，エンマコオロギ，タイワンエンマコオロギの順に分布する．3種とも，他種とともに分布する地域および単独で分布する地域を持つ．calling songについては，5秒間の波形図を示す．

があるものの時間特性では似た鳴き声である（Honda-Sumi, 2005）。実際に，録音しておいたオスのcalling songをメスにきかせて反応を観察する音声プレイバック実験を行うと，エゾエンマコオロギとタイワンエンマコオロギのメスは，お互いどちらの種のオスによるcalling songにもよく引き寄せられる。しかし，両種は分布が重ならないため，交雑は起きず問題はないと考えられる。一方，同所的に分布し交雑の危険性のあるエンマコオロギのcalling songには両種ともほとんど引き寄せられない。自種とエンマコオロギのcalling songを確実にきき分けているのである。分布の重ならない近縁他種の鳴き声には弁別が不確実だが，分布の重なる近縁他種の鳴き声はしっかり弁別する必要かつ十分な反応である。交配に至る前に交雑を避ける交配前隔離システムとしては，音声以外にも臭いや模様などのシグナルや微生息場所，繁殖場所や活動時間の違いなども考えられるが（Coyne & Orr, 2004），エンマコオロギ類の実験結果は，calling songが交配前隔離システムとして有効に機能していることを示すものである。コオロギ類が行動し配偶する夜間の暗闇の中で，calling songは，遠くまで届く有用な遠隔シグナルと言えるだろう。

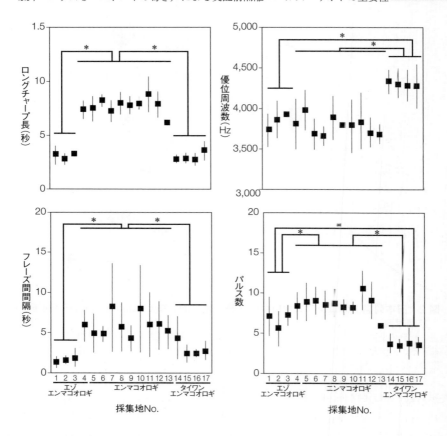

1.2. 鍵刺激となっているパラメーターは？

では，エンマコオロギ類3種の calling song のどの部分を弁別の鍵としているのか。calling song を解析しパラメーターを比較すると，3種のなかのどの2種間でも有意な差が認められるのは，パルス数とパルスサイクルであった（図3；Honda-Sumi, 2005）。また，calling song のパラメーターの安定性を調べるために変動係数（CV（％）＝標準偏差÷平均値×100）を比較すると，パルスペリオドが優位周波数と並んで安定なパラメーターであることがわかった。

なるほど，パルスペリオドは安定したパラメーターであり，3種のうちのどの種間でも有意な差がある。calling song の解析結果からは，パルスペリオドが重要そうである。しかし，実際に calling song をきいて判定するのはコオロギのメスである。そこで，パルスペリオド，優位周波数，1チャープ当りのパルス数，フレーズ

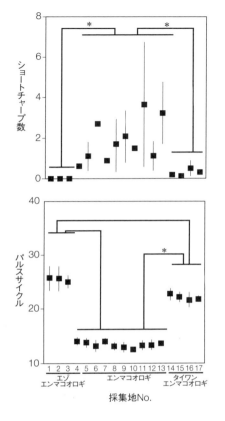

図3　calling song パラメーターのエンマコオロギ類3種間比較 (Honda-Sumi, 2005 より改変)

日本列島上17か所で採集したエンマコオロギ類3種の鳴き声のパラメーターを比較解析した。ロングチャープ長，優位周波数，ロングチャープの後に続くショートチャープの数，フレーズとフレーズの間隔，ロングチャープを構成するパルスの数，パルスサイクルの6つのパラメーターの結果を示す。パルスサイクルは，1秒間当たり繰り返されるパルスペリオド数として計算した。各採集地点ごとに平均値をプロットし，縦棒は標準偏差を示す。6つのパラメーターいずれについても，いずれかの種間で有意差が認められた。3種のうち，どの2種間でも有意差がみとめられたのは，パルス数とパルスサイクルの2つであった。

間の間隔（1フレーズは，1個のロングチャープと不特定数のショートチャープから構成されるものである）という4つのパラメーターに注目し，それぞれを操作した合成音をコンピューターで作成しメスにきかせる音声プレイバック実験を行った。コンピューターで合成した音でもコオロギのメスは音源へと引き寄せられる。その結果，パルスペリオドに対して，自種の値に強い好みを示した。エンマコオロギ類3種の calling song による配偶者認識には，calling song の時間特性，特に，パルスペリオドが重要なのである。

2. パルスペリオドにまつわる話題

2.1.1. ロングチャープとショートチャープのパルスペリオドの違い

コオロギの種認識の場面で，鳴き声の時間特性，特に，パルスペリオドが重要

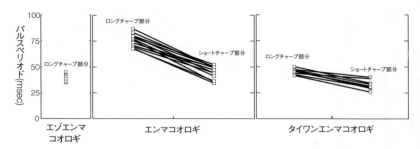

図 4　calling song のロングチャープ部分とショートチャープ部分のパルスペリオド
エゾエンマコオロギは，ショートチャープを伴うことが非常にまれであるためロングチャープ部分のパルスペリオドのみを示す。

であることはわかったが，考えなければならない課題がまだ残される。実は，エンマコオロギ類の鳴き声では，ロングチャープ部分とショートチャープ部分で，パルスペリオドが異なっているのだ。特に，エンマコオロギでは，ロングチャープ部分とショートチャープ部分のパルスペリオドの差が大きく，ショートチャープ部分のパルスペリオドは，タイワンエンマコオロギやエゾエンマコオロギのパルスペリオドと似た値を示す（図4）。

ロングチャープ部分とショートチャープ部分では，他にも違いがある。それは，音圧である。ロングチャープ部分の方が音圧が高く，すなわち，大きな音であるため，ずっと遠くまで届くはずである。配偶者認識の場面で，メスは，音圧の違いをも上手く評価に取り入れているのかもしれない。しかしながら，ショートチャープ部分もロングチャープ部分に付随してメスの元に届くはずである。ロングチャープ部分だけでなく，ショートチャープ部分を含めて，エンマコオロギ類3種のパルスペリオド値のとる範囲とその重複の様相を眺めると，配偶者選択の場面でのパルスペリオドのかかわりについて，今一度，研究の必要性が感じられてくる。

2.1.2. ショートチャープに対するメスの反応

私がタイワンエンマコオロギで行った音声プレイバック実験の結果では，タイワンエンマコオロギのメスは，ロングチャープもショートチャープも配偶者選択の場面で評価しているようである（Honda-Sumi, 2004）。実験で，メスは，単位時間当たりのチャープ数が多い音に，より強くひきよせられる傾向を示したが，その傾向は，ロングチャープを多くした場合でもショートチャープを多くした場合でも確認できた。タイワンエンマコオロギの場合，ショートチャープ部分のパルスペリオドは，ロングチャープ部分のパルスペリオドと重複する。ショートチャープ部分も

評価しているとする実験結果は，妥当なものといえるだろう。

　タイワンエンマコオロギは，エンマコオロギと同所的に分布する地域がある。エンマコオロギのロングチャープ部分のパルスペリオドは有意に長いがショートチャープ部分のパルスペリオドは，タイワンエンマコオロギのロングチャープ部分のパルスペリオドと重複する。エンマコオロギのメスのショートチャープ部分に対する反応はどうなのか気になるところであるが，この点に関しては，残念ながらまだはっきりした結果を得ていない。

　エンマコオロギのメスが，タイワンエンマコオロギのメスと同じようにショートチャープ部分への反応を示すことも考えられるが，種によって，異なることも考えられる。実際，同じエンマコオロギ属でオセアニアに分布する *Teleogryllus commodus* と *Teleogryllus oceanicus* の研究では，2種の聴覚特性に違いが報告されている。*T. commodus* はロングチャープ部分とショートチャープ部分のどちらにも反応するのに対して，*T. oceanicus* ではロングチャープ部分にしか反応しないというのである（Hennig & Weber, 1997）。パルスペリオドの違いを有効に利用できるように聴覚特性が進化した結果かもしれず，タイワンエンマコオロギとエンマコオロギの聴覚特性にも同様に違いが生じている可能性も考えられる。

2.2. エンマコオロギの長いパルスペリオド

　エンマコオロギのロングチャープ部分のパルスペリオドは長い。日本産コオロギの calling song の中では一番である。しかも，合成音を用いた音声プレイバック実験では，エンマコオロギのメスは，自種のパルスペリオドよりもさらに少し長いパルスペリオドの音にも強く引き寄せられるという結果を得ている。

　エンマコオロギのメスが自種の calling song の特徴である長いパルスペリオドに強い好みを示すことは，種認識の場面で自種を正確に判別することにつながり，分布の重複する他種との交雑を避けるための隔離機構として有効であろう。また，エンマコオロギのメスが，より長いパルスペリオドの合成音に選好性を示すことは，長いパルスペリオドを持つ calling song の進化にもかかわってきた可能性がある。メスの選好性の進化の方向が，オスの calling song のパルスペリオドを長くなる方向へと進化させてきた，すなわち感覚便乗のプロセスの末の形質という仮説で説明可能かもしれない。

2.3. エンマコオロギ類 calling song のパルスペリオドの進化

　エンマコオロギ類 calling song のパルスペリオドは，どのような進化の過程を経

てきたのだろうか．mtDNA による分子系統解析の結果では，3 種の中で，最も分岐が古いものはエゾエンマコオロギであると考えられる（Honda-Sumi & Sota, unpublished data）．エンマコオロギの長いパルスペリオドは，他 2 種との分岐の後に進化したと考えられる．

　エゾエンマコオロギは，3 種の中で一番短いパルスペリオドの calling song を持つ．そのエゾエンマコオロギのチャープのパルスペリオドと重複するもののやや長いパルスペリオドを持つタイワンエンマコオロギ．タイワンエンマコオロギやエゾエンマコオロギのパルスペリオドと重複するパルスペリオドをショートチャープ部分に持ち，より長いパルスペリオドをロングチャープ部分に持つエンマコオロギ．3 種のロングチャープだけでなくショートチャープ部分も加えてパルスペリオドを比較すると，他種のパルスペリオドと似た値を示す部分を鳴き声の中に持つことがわかる．進化のプロセスで，パルスペリオドが分化する際に，刻みやすい時間間隔，すなわち獲得しやすいパルスペリオドというものがあったとは考えられないだろうか．

　近年，特定の遺伝子の発現を弱める RNAi という方法を活用することにより，遺伝子の働きを阻害することによって，ターゲットとなる遺伝子の機能を特定することが可能となっている（Hamada *et al.*, 2009）．エンマコオロギ類の calling song の時間特性を担っている遺伝子を特定できる日も近いかもしれない．

3. courtship song（求愛鳴き）の話

　コオロギの鳴き声は，発する状況により複数のレパートリーに分類されており，calling song，courtship song，aggressive song の 3 つが主なものとされている．オスが単独で，自分の存在をアピールしている鳴き声が calling song（呼び鳴き）．メスがオスの至近距離に接近してくると，オスは鳴き声を courtship song（求愛鳴き）に変え，求愛のアプローチにはいる．万一，オスが至近距離に接近してきた場合など，オスは aggressive song（闘争鳴き）を発し，闘争に至る場合もある．

　コオロギの鳴き声の研究では，calling song を扱ったものが大多数であり，本稿でも calling song について話を進めてきた．しかし，courtship song，aggressive song にも興味深い研究課題がまだまだ埋もれていそうである．

　courtship song については，私も調べている．これまで，courtship song は，メスがオスに接近してきた後，種認識というよりは，オスが自分のモチベーションやコンディションを示すものと考えられてきた（Rantala & Kortet, 2003）．courtship song には，calling song ほど明確な種間のちがいがなく，チャープの後に長いトリ

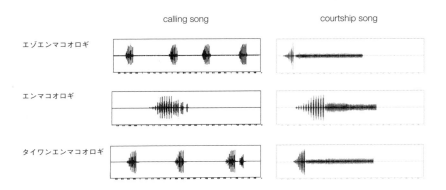

図5 エンマコオロギ類3種の calling song と courtship song の波形図
いずれについても5秒間の波形図を示す。courtship song については，トリル部分の長さが不規則で断続的に長く続くものが多いため，3種で長さを揃えて示した。

ル状の部分が続くという似た形をとるものが多い。トリル部分の長さは不規則で，非常に長く続く場合もあり，観察していると，まさにオスのモチベーション，必死さが現れているようにみえる。トリル部分のパルスペリオドは，calling song よりも短く，繰り返しは非常に規則正しい（図5）。種認識の役割は担っていないのだろうか。実は，北米のコオロギでは，courtship song の分析の結果，有意な種間差がみとめられており，種認識の場面で有効に機能している可能性が報告されている（Fitzpatrick & Gray, 2001）が，種によって異なるかもしれない。

　私は，実際に鳴き声をきいているメスの反応を重視してきた。courtship song についてもメスにきかせて反応をみる音声プレイバック実験を行った。対象としてきたエンマコオロギ類3種のうち，エゾエンマコオロギとエンマコオロギのメスについて実験をした。

　これまで紹介してきた calling song の音声プレイバック実験では，テーブルの上でメスを歩かせていたのだが，courtship song の実験では，servosphere という球の上でメスを歩かせ，スピーカーの方向へどれだけ進むかを調べた。servosphere という球は，メスが進めば進んだ分だけくるくると回って，メスは玉乗りをしているような状態になり，歩いても歩いてもスピーカーに到達できない。従って，テーブルの上で行う実験よりずっと長時間の実験が可能であり，スピーカーから流す音刺激を変更しつつ，メスの反応を観察し続けることができる。その結果，興味深いことがわかった。エゾエンマコオロギのメスだけが予想外の反応を示した。自種の calling song や courtship song よりも，エンマコオロギやタイワンエンマコオロギ

の courtship song に強くひきよせられたのである。courtship song は，自然な繁殖行動の中では，メスがオスに至近距離まで接近した状態で発せられる音声であるが，実験では，離れた場所にスピーカーを置き，メスが calling song をきく場合と同様の条件でプレイバックを行った。従って，エゾエンマコオロギのメスは，遠方からの種認識の段階で，エンマコオロギやタイワンエンマコオロギの courtship song に強くひきつけられてしまうものと考えられる。エゾエンマコオロギの行動を理解するためには，エンマコオロギやタイワンエンマコオロギの courtship song のトリル部分のパルスペリオドをもっと詳しく調べる必要があると感じている。エゾエンマコオロギは，タイワンエンマコオロギとは同所的には分布しておらず問題はないとしても，エンマコオロギとは広い範囲で分布が重複する。エゾエンマコオロギとエンマコオロギは，染色体数も異なり，次世代が生じることは難しいと考えられるため，種間交雑によって，エゾエンマコオロギ側が被る不利益は明らかである。このような場合，エゾエンマコオロギ個体群におけるメスの聴覚特性の急激な変化と，引き続いて生じるオスの歌の進化が予想されるのではなかろうか。エゾエンマコオロギの分布域の中には，エンマコオロギと同所的な地域とエゾエンマコオロギ単独域がある。その地域間で，エゾエンマコオロギのオスの鳴き声を比較することで，すでに形質置換を確認できる可能性も考えられる。ひょっとすると，野外で実際に，進化の動態を現在進行形で観察できるかもしれない。これらは，いずれも今後の課題である。

おわりに

音声研究の分野は，近年の機器のめざましい進歩によって，急激に研究しやすい環境になっている。それに伴い，多くの興味深い知見が明らかになってきた。非常に短い時間間隔である，コオロギの鳴き声のパルスペリオドにも，進化のスケールで紐解かれるような壮大なドラマが秘められている。解析可能になって日が浅いこともあり，音声研究の分野は，多くの疑問，課題が残されている分野である。コオロギのみならず，音声の研究では，音声を特徴づける重要なパラメーターとして時間特性と周波数特性を主に解析する。時間生物学研究の一分野として，今後，さらに広い視点から研究の方向性が探られることを期待したい。

引用文献

Coyne, J. A. & H. A. Orr. 2004. Speciation. Sinauer Associates. Sunderland.
Fitzpatrick, M. J. & D. A. Gray. 2001. Divergence between the courtship songs of the field crickets *Gryllus texensis* and *Gryllus rubens*. *Ethology* **107**: 1075-1085.
Hamada, A. *et al.* 2009. Loss-of-function analyses of the fragile X-related and dopamine receptor genes by RNA interference in the cricket *Gryllus bimaculatus*. *Developmental Dynamics* **238**: 2025-2033.
Hennig, R. M. & T. Weber. 1997. Filtering of temporal parameters of the calling song by cricket females of two closely related species: a behavioral analysis. *Journal of Comparative Physiology A* **180**: 621-630.
Honda-Sumi, E. 2004. Female recognition of trills in the male calling song of the field cricket, *Teleogryllus taiwanemma*. *Journal of Ethology* **22**: 135-141.
Honda-Sumi, E. 2005. Difference in calling song of three field crickets of the genus *Teleogryllus*; the role in premating isolation. *Animal Behaviour* **69**: 881-889.
Masaki, S. & F. Ohmachi. 1967. Divergence of photoperiodic response and hybrid development in *Teleogryllus* (Orthoptera: Gryllidae). *Kontyû* **35**: 83-105.
Ohmachi, F. & S. Masaki. 1964. Interspecific crossing and development of hybrids between the Japanese species of *Teleogryllus* (Orthoptera: Gryllidae). *Evolution* **18**: 405-416.
Rantala, M. J. & R. Kortet. 2003. Courtship song immune function in the field crickt *Gryllus bimaculatus*. *Biological Journal of the Linnean Society* **79**: 503-510.

第4部
生物リズムの研究法

「面白そうなリズム現象があるのだが，データをどう解析すれば良いのか？」，「どう解析すれば，その現象に周期があると検証できるのか？」。周期の解析という研究アプローチは，多くの生態学者にとってはデータの解析方法が普段なじみのある方法とは異なるだろう。第4部では，生物リズムの数理学的アプローチとデータの解析方法について紹介する。なお，リズム現象のデータ自体の取り方は，対象となる生物種や現象によってさまざまである。具体的な事例は第1部から第3部の各章を参照してほしい。

第11章 数理学的アプローチから解き明かされる植物の巧みなデンプンマネジメントとリズムの役割

佐竹 暁子（九州大学）

はじめに

　アメリカ人作曲家ジョージ・ガーシュインの作品のなかに「I got rhythm」という曲がある。これは，ミュージカル「クレイジー・フォー・ユー」という単純明快な男女のラブストーリーの中で，クライマックスナンバーの1つとして使われる，聴くだけで踊りだしたくなるような心ときめく曲で，恋をして生きている実感が伝わってくる。この生きている実感をもたらすサウンドに「アイ・ガット・リズム」と名付けられていることに，筆者は興味を覚えた。きっとリズムと生命の間にある深淵な関係をガーシュイン兄弟はアーティストとして直感的に理解していたに違いない，と考えるのである。また，蔵本由紀先生の著書『非線形科学』(蔵本，2007)を紐解くと，空海による言葉「五大にみな響きあり」は，世界を構成する根源的な要素である地・水・火・風・空のリズムが響き合い同期することで森羅万象の存在がある，とも解釈されているようである。真言密教も生命活動を支えるリズムとそれらの呼応の大切さを謳っていることを知り，筆者はリズム現象の根深さと奥深さを感じる。
　生命とリズム。数理生物学者である筆者がひと際リズム現象に興味を持っている理由は，身近にあふれるリズム現象そのものが面白いことに加え，それが具象から離れて抽象化された数学モデルの立場でも非常に興味深い振る舞いを見せてくれることにある。例えば，ファンデルポール方程式などのエネルギーや物質の流れをとらえた数学モデル[*1]では，生命活動に見られるリズム現象はリミットサイクルと呼ばれる周期性を持った安定な非線形振動子に帰着され，対象の違いを超えた共通性が見いだされてきた。さらに，非線形振動子（それは細胞でも振り子でも蛍でも良い）が影響を及ぼし合い相互作用をすると，振動子が同調したり離れたりしてマクロスケールで自己組織化が起こり，個のレベルでは見られなかった多様なリズムが生み出されることが示されてきた(蔵本，2005)。この単純性から多様性が

＊1：コラム4参照

生まれる，という点が特に興味深い．

こうした強固な理論が展開されている中で，筆者は細々と独自に研究を進めてきた．なかでも，熱帯雨林や温帯で見られる植物が不規則な間隔で同調して開花する「一斉開花現象」に関する数理モデルと長い間付き合ってきた．このモデルでは，植物の栄養ダイナミクスが定式化されることで，周期的リズムさえもが不安定化したカオス的振動と開花リズムとが自然と結びつけられる．そして，花粉を媒介して個々の植物がお互いに影響を及ぼし合うことで同調が生じ，個のレベルでは見られなかった周期的な開花リズムが植物集団レベルで生じ得る，という一斉開花シナリオが描かれる．この一斉開花にかかわる研究はコラム1で簡単に紹介した．本稿では最近取り組みはじめた植物のデンプンマネジメントに見られるリズム現象の数理モデルについて紹介したい．生態学の視点から見るとマイナーでそれほど知られていない現象ではあるが，季節変化へのリズムを介した適応という点で生物の巧みさとリズムの重要性を気付かせてくれるはずである．

1. 堅実なデンプン管理を行う植物

私たちは，空腹を感じたら，それが真夜中であっても，簡単に多彩な食べ物を手に入れ，時には必要以上のエネルギーを得ることができる．しかし，独立栄養生物である植物は，光のない真夜中には光合成ができないため，新規のエネルギー獲得は無理な話である．では，真夜中の植物はどうしているかというと，光のある昼の間に光合成産物である糖を少しずつ利用して，活動をし続けている．昼間の蓄えは，非水溶性のデンプンという形で葉緑体内に貯め込まれ，夜間にはそれを水溶性のショ糖に分解し様々な成長器官へ分配し利用することで，昼夜問わず絶え間なく成長をする．例えばシロイヌナズナでは，日中に生産された同化産物のおよそ半分がデンプンとして葉に蓄積され(Zeeman & Ress, 1999)，夜間の分解によってデンプン量は緩やかに減少し，夜明け前には5〜10%を残してほとんどが利用される(Gibon et al., 2004; Smith & Stitt, 2007)．植物は，昼の収入に依存して毎日をつましく暮らす堅実家のようである．

この堅実家は，環境の変化を敏感に感じ取りそれに適応する能力も備えていなければならない．というのも，夜の長さを人工的に延長すると，植物は蓄積されたデンプンすべてを消費し尽くしてしまうので，炭素資源の枯渇を招いてしまう．この炭素資源の枯渇によって成長速度は著しく低下することから (Graf et al., 2010)，絶え間なく成長するためには炭素枯渇が生じないよう，夜の長さに応じたデンプン管理計画を練る必要があるからだ．季節性のある環境では光合成ができない夜の長

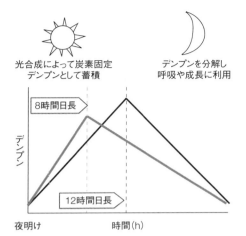

図1　植物の葉における典型的なデンプン量の日周変化
12時間明/12時間暗条件（黒色）と8時間明/16時間暗条件（灰色）の比較。

さは季節とともに大きく変化する。植物は，季節の進行によって生じる明暗サイクルの変化に応じて，デンプンの蓄積と分解速度を巧みに制御し，炭素枯渇を免れる仕組みを進化させてきた。それを端的に示す実験結果がある。シロイヌナズナを長日明暗条件から短日明暗条件へ移動させると，デンプン分解速度は低下し，その逆にデンプン蓄積速度は上昇する（図1；Lu et al., 2005; Graf et al., 2010）。これはまるで，植物が長い夜をあらかじめ予測し，デンプンの消費はより節約的に，蓄積はより積極的に行うことで日没から夜明けまでの光のない期間を耐え抜こうとしているようだ。このデンプン代謝にかかわる素早い応答によって，短日明暗サイクルへ移行した数日後には炭素枯渇の症状はほとんどなくなり，昼夜問わず成長を再開することができる。

2. 体内リズムとデンプン代謝の接点

　筆者は，デンプン量変化の日周性は，ピラミッド型であることにまず注目した。多くの自然現象では，対象となる量の増加（減少）率は単純にその時点の存在量に比例し，そうするとその量は指数増加（減衰）関数を描く。放射性物質の分解が良い例である。もし，デンプン合成や分解などの代謝プロセスがその時点の存在量に比例して起こるならば，同様にデンプン量の変化も指数関数を描くことになる。これに対して，実際の植物では昼のデンプン増加と夜のデンプン減少には明確な線形性が見られる（図1）。この線形性の背後にはどのような仕組みがあるのか，突き止めたいと考えるのは数理生物学者の性である。さらに，多様な日長条件に応答して巧みにデンプン代謝を調節し炭素枯渇を回避しているメカニズムは何だろう，と

誰でも不思議に思うはずだ．この不思議に取り組むことに，筆者は手応えを感じた．新しい研究テーマを選ぶ時，それが本当に重要であるかどうか十分に見定めることが大事だが，筆者にはこの植物のデンプンマネジメントに関する研究は，数理的立場から見ても魅力的であり，また植物学の分野に限らず農学や環境科学への波及効果を持つであろうと考えられたからである．

　巧みにデンプン代謝を調節するメカニズムは未だ謎に包まれているが，近年，体内リズムの関与を示唆する研究が次々と報告され，手がかりが得られつつある．例えば，シロイヌナズナを対象にした夜間長の操作実験によって，植物は夜明けがいつ訪れるかにかかわらず前日の夜明けからおよそ24時間後にデンプンを使い尽くすようにプログラムされていることが示されている（Graf *et al.*, 2010）．また，約17時間に短縮された体内時計周期を持つ *cca1-lhy* 二重突然変異体は，12時間明/12時間暗の明暗サイクルではデンプン分解が早すぎて夜明け前にデンプンを使い果たしてしまうが，8.5時間明/8.5時間暗のサイクルでは炭素資源は枯渇することなく，適切に利用されることが報告されている（Graf *et al.*, 2010）．これは，体内リズムとデンプン代謝には接点があることを示唆しており，体内リズムと外的環境の明暗周期が同期していると上手い具合にデンプン管理がなされ，最適速度で成長できているのだろうと考えられる（Dodd *et al.*, 2005）．

　ここ数十年の間に積み重ねられたシロイヌナズナを対象とする研究によって，体内リズムとデンプン代謝の関係は，フィードバックを伴う双方向的なものであることが少しずつ見えてきている．デンプン合成や分解に関与する酵素遺伝子（*PGM1*; *phosphoglucomutase 1*, *GBS1*: *granule-bound starch synthase* など）の転写量は，連続明条件でもはっきりとした日周性を示すことから体内リズムの影響を受けていると考えられている（Smith *et al.*, 2004; Graf *et al.*, 2010）．一方，体内時計はショ糖によって制御されている．光合成葉で生産されたショ糖の根への輸送が，地上部と地下部の体内時計の同期に関与している可能性（James *et al.*, 2008）や，培地への糖投与によって多数の遺伝子の日周性リズムの位相変化や，中心的な時計遺伝子である *CIRCADIAN CLOCK ASSOCIATED 1*（*CCA1*），*LATE ELONGATED HYPOCOYYL*（*LHY*），*TIMING OF CAB EXPRESSION 1*（*TOC1*）における振動の周期変化が生じることがこれまで指摘されてきている（Bläsing *et al.*, 2005; Knight *et al.*, 2008; Dalchau *et al.*, 2011）．これは，体内時計が炭水化物代謝を制御するという一方向的な関係ではなく，体内時計自体も炭水化物，特にショ糖によって制御されるというフィードバック機構の存在を強く示唆するものである．

　筆者らは，このフィードバック機構こそが多様な明暗サイクルにおいてもショ

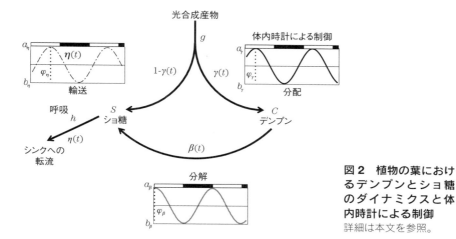

図2 植物の葉におけるデンプンとショ糖のダイナミクスと体内時計による制御
詳細は本文を参照。

糖枯渇を最低限に抑え成長を可能にする仕組みだと考えた。本章では,博士研究員のFrancois G. Feugierと一緒にこの問題に取り組み,理論的にはこのフィードバックによって不思議を説明可能であることを紹介したい。

3. 光合成葉におけるショ糖とデンプンダイナミクス

まず,デンプン量変化の日周性を数理モデルによって表現する。光合成産物の単位時間あたりの総生産量を$gL(t)$とする。ここで$L(t)$は光利用関数で,明条件で1,暗条件で0の値をとると考える。日中に生産される光合成産物は,$\gamma(t)$の割合がデンプンに,残りの$1-\gamma(t)$がショ糖に分配されるとした(図2)。夜間には光がないため,デンプン分解のみが進行し,その速度は$\beta(t)$で与える。ショ糖は速度$\eta(t)$で葉から篩部へ積み込まれ根や茎頂分裂組織へ輸送される(シンクへの転流)。以上のプロセスは,ショ糖(S)とデンプン量(C)の経時変化を下記の式によって表すことができる(図2参照)。

$$\frac{dS}{dt} = (1-\gamma(t))\,gL(t) + \beta(t)C - (h+\eta(t))S \tag{1}$$

$$\frac{dC}{dt} = \gamma(t)\,gL(t) - \beta(t)C. \tag{2}$$

ここで,式(1)にあるhは単位時間あたりの呼吸速度を,$\eta(t)$はショ糖のシンクへの輸送速度を表している。デンプン分解は体内リズムによって制御されていると報告されていることから,分解速度$\beta(t)$は周期τの余弦関数で与えられると仮定する。

$$\beta(t) = (a_\beta - b_\beta)\{\cos[2\pi(t-\phi_\beta)/\tau]+1\}/2 + b_\beta. \tag{3}$$

ここで，a_β と b_β は分解速度が取りうる最大値と最小値である．また，ϕ_β は位相を表しており，これが 0 であるならば明期のスタートとデンプン分解速度が最大となるピークが同時刻に重なり合うが，正だとそのピークは後退し，逆に負だと前進することになる（図2）．

デンプン合成も体内リズムの影響を受けていると考えられる（Smith et al., 2004）。そこで，デンプン合成速度は周期 τ の余弦関数で与えられると仮定した．

$$\gamma(t) = (a_\gamma - b_\gamma)\{\cos[2\pi(t-\phi_\gamma)/\tau]+1\}/2 + b_\eta. \tag{4}$$

また，ショ糖輸送にかかわるショ糖/プロトン共輸送体は篩管をとりまく伴細胞の膜上に存在しているが，このショ糖/プロトン共輸送体の活性は常に一定ではなく，体内リズムの影響を受け振動している可能性があると考えられる．従って，ショ糖輸送速度も同様の周期 τ の余弦関数で与えられると仮定した．

$$\eta(t) = (a_\eta - b_\eta)\{\cos[2\pi(t-\phi_\eta)/\tau]+1\}/2 + b_\eta. \tag{5}$$

デンプン分解と同様に a_γ，b_γ，a_η，b_η は振動の最大値と最小値，そして ϕ_γ と ϕ_η は位相を表している．

4. ショ糖枯渇によるリズムの位相変化

体内リズムとデンプン代謝のフィードバックをモデル化するにあたり，ショ糖枯渇によってデンプン分解，合成，そしてショ糖輸送速度の振動位相が制御される状況に注目した．まず，ショ糖枯渇ストレスを以下のように定義する（図3）．

$$c(\phi_\gamma, \phi_\beta, \phi_\eta, \tau) = \frac{1}{t_2-t_1}\int_{t_1}^{t_2}[S^*-S(t)]_+ dt. \tag{6}$$

ここで，S^* はショ糖枯渇閾値を意味しており，ショ糖量が S^* を下回ると枯渇ストレスが生じるとみなす．ここで，$[x]_+$ は $x>0$ であれば x に等しく，そうでなければ 0 になる．ショ糖枯渇ストレスを感受するタイミングは不明なため，ここでは 24 時間モニタリングを採用した（$t_2-t_1=24$）．ショ糖枯渇によって 代謝にかかわる遺伝子をはじめとするその他数多くの遺伝子の転写量が変化することや（Gibon et al., 2004; Smith & Stitt, 2007），培地のショ糖量によって日周性リズムの位相や周期が変化することが報告されていることから（Bläsing et al., 2005; Knight et al., 2008; Dalchau et al., 2011），この枯渇ストレスをシグナルに，下記のように位相が変わると考える（図3）．

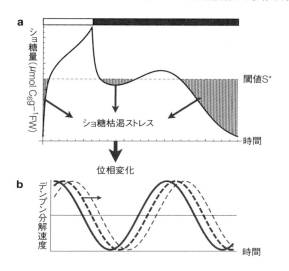

図3 ショ糖枯渇ストレスによる位相変化
単位 $\mu\text{mol}\ C_6\ g^{-1}FW$ は生体量あたりの C_6 の濃度を示す。

$$\phi_\gamma^{(n+1)} = \phi_\gamma^{(n)} - \varepsilon \frac{\partial}{\partial \phi_\gamma} c(\phi_\gamma, \phi_\beta, \phi_\eta)^{(n)}, \tag{7}$$

$$\phi_\beta^{(n+1)} = \phi_\beta^{(n)} - \varepsilon \frac{\partial}{\partial \phi_\beta} c(\phi_\gamma, \phi_\beta, \phi_\eta)^{(n)}, \tag{8}$$

$$\phi_\eta^{(n+1)} = \phi_\eta^{(n)} - \varepsilon \frac{\partial}{\partial \phi_\eta} c(\phi_\gamma, \phi_\beta, \phi_\eta)^{(n)}, \tag{9}$$

ここで，ε は位相変化の速度を表すパラメータであり n は探索のステップ数に対応する．この勾配降下法とよばれる方法を用いて，ショ糖枯渇ストレスが最小になる位相を探索することができる．モデルで必要なパラメータは Gibon ら（2004）で発表されたデータより推定された値を用いた（Feugier & Satake, 2013）．

5. リズムの位相変化から多様な明暗サイクルへの応答を説明する

まず12時間明/12時間暗の明暗サイクルにおいて，初期値はすべての位相を0として，周期24時間のもとでショ糖枯渇ストレスを最小化する最適位相セットの探索を開始した．初期のデンプン量の日周性はデータから示されるピラミッド型とはほど遠く（図4-a），ショ糖量は夜間に大幅に枯渇していることがわかる（図4-b）．位相変化に伴って夜間のショ糖枯渇は次第に緩和され，昼と夜のショ糖量の差は縮まっていく（図3-b）．このショ糖量変化とともに，デンプン量の日周性も次第に形を変え，最後には完全なピラミッド型に近づいていく（図4-a）．つまり，実

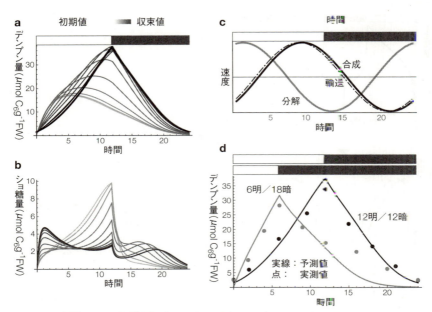

図4　12時間明/12時間暗条件のもとでの数理モデルによる予測
a: デンプン量における日周性の変化。**b**: ショ糖量における日周性の変化。**c**: ショ糖枯渇ストレスを最小にするデンプン分解（灰色），デンプン合成（黒色実線），ショ糖輸送（黒色点線）における自律的振動。**d**: 短日（灰色）と長日条件（黒色）における結果の比較。線は予測値を，点は実測データ（Gibon et al., 2004）を示す。

際に植物が示すデンプン日周性における線形性は，ショ糖枯渇を最小化した結果として自然とあらわれるものなのである。例えば，夜間のデンプン量の減少に見られる線形性は，自律的振動を見せるデンプン分解速度の位相が夜明けに近づくとともに上昇するように調節されることで生じる。ショ糖枯渇ストレスを最小化する位相セットとしては，デンプン分解についてはピークが夜明け直後にあり，デンプン合成とショ糖輸送のピークは日中に（夜明け後約9時間）生じることが予測された（図4-c）。これは，12時間/12時間の明暗サイクルではデンプン合成と分解がほぼ逆位相になっていることを示している。これらの位相を持つ光合成葉におけるデンプンの日周性は，実際のデータと非常に良く一致しており，日中にはほぼ線形に増加し夜間にも同様にほぼ線形に減少する様子が良く再現されている（図4-d）。

次に，長日明暗サイクルから6時間明/18時間暗の短日明暗サイクルに移動させるとどうなるか。まず，夜が長くなると深刻なショ糖枯渇が生じることから，ショ糖枯渇ストレスへの応答として，デンプン代謝とショ糖輸送の位相は少しずつ変化

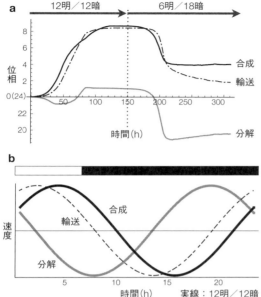

図5 植物体内におけるデンプン分解・合成およびショ糖輸送速度に関して，**12時間明/12時間暗**条件から**6時間明/18時間暗**条件へ変化した環境のもとでの位相セットの変化
a: デンプン分解（灰色），デンプン合成（黒色実線），ショ糖輸送（黒色点線）における自律的振動の位相変化。
b: ショ糖枯渇ストレスを最小にするデンプン分解（灰色），デンプン合成（黒色実線），ショ糖輸送（黒色点線）における自律的振動。点線は6時間/18時間明暗条件の結果を，実線は12時間/12時間明暗条件の結果を示す。

していき，結果としてショ糖枯渇ストレスは徐々に緩和され最小化されていく（図5-a）。この間に，すべての位相は前進し，デンプン分解速度は夜間後半にピークを示し，デンプン合成とショ糖輸送速度は夜明け後2～4時間で最大となる（図4-b）。この位相変化によって，日中にはより速くデンプンが蓄積され，夜間にはより遅く分解するという実測データとつじつまの合うデンプン日周性が実現されることになる（図4-d）。また，短日明暗サイクルへの移行によって位相が変化しても，デンプン合成と分解がほぼ逆位相になっていることは長日明暗サイクルと変わらない（図5-b）。ショ糖枯渇を抑えるためには，デンプン合成と分解が常に連動して働き，適切な位相差が維持されることが示唆される。

6. 日長応答におけるリズムの役割

では，こうした位相変化がなければ，植物は多様な日長条件へ柔軟に応答できなくなるのか，これは試すべき価値のある問題である。特に，デンプン合成，分解，そしてショ糖輸送の3つのプロセスが体内リズムの制御下にあるという仮定については実証サイドからの検証が薄いため，その妥当性はできる限り調べなくてはならない。デンプン分解，合成，そしてショ糖輸送の3つのプロセスがそれぞれ自

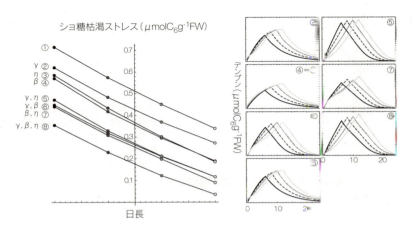

図6 体内時計による8通りの調節
①デンプン合成（γ），デンプン分解（β），ショ糖輸送（η）のすべてが体内時計の調節を受けない場合．② γ のみ，③ β のみ，④ η のみが調節を受ける．⑤ γ と η，⑥ γ と β，⑦ β と η が調節を受ける．⑧すべてが体内時計の調節を受け自律的に振動する．①の短日明暗サイクルにおけるショ糖枯渇ストレスは数値で示した．12時間明/12時間暗条件（——），10時間明/14時間暗条件（‒‒‒‒），8時間明/16時間暗条件（……），6時間明/18時間暗条件（——）の4つの日長条件における結果が示されている．

律的振動を失い常に一定の活性を持つとすると，全部で8通りの組み合わせが得られる（図6）．これらすべての組み合わせについて，ショ糖枯渇ストレス最小化の結果得られるデンプン量の日周性を，様々な日長条件において数値解析によって調べると，体内リズムの役割がより明確に見えてくる．まず，すべてのプロセスでリズムと位相変化がなくなると，ショ糖枯渇ストレスはほとんど緩和されず，ピラミッドは大きく歪んだいびつな形となるうえ，日長が短くなってもデンプンの蓄積速度は一向に速くならない（図6-①）．各プロセスに自律的振動が加わり位相変化が可能になると，次第にショ糖枯渇ストレスは低下していき，線形性と日長応答性が獲得されていく．例えば，日長の短縮による昼間のデンプン蓄積速度の上昇は，デンプン合成か分解のいずれかがリズムを刻みショ糖枯渇に応答し位相を変化させ適応することによって再現できる（図6-②，③）．また，ピラミッド型はデンプン合成と分解の両方がリズムを持って振動することで実現される（図6-⑤）．しかし，デンプン合成と分解だけでは，日長の短縮による夜間のより節約的なデンプン分解（図1）を説明できない．ここに，ショ糖輸送のリズムが加わることで，夜間においてもデンプン分解速度を日長に応じて柔軟に変化させ，その結果，ピラミッド型と日長への昼夜を問わない適応すべてを再現できることになる（図6-⑧）．このこ

とは，ショ糖枯渇を最小に抑え成長し続けるためには，デンプン代謝およびショ糖輸送のどれもが体内時計によって制御され，これらの体内時計の位相がデンプン代謝の変化によって調節されるフィードバック機構がなくてはならないことを意味している。

今後の展開

　生命活動には，年周期のようなマクロな周期からミリ秒単位のミクロな周期まで多くのリズムを生み出す非線形振動子が存在し，それらの振動子が相互に影響を及ぼしながら，多様な生命機能に必要なリズムをつくっている。本章で紹介した研究は，デンプン代謝にかかわる酵素活性の日周周期（体内時計）の連動から，新しいタイプのリズム（線形性を持つデンプン量日周変化）が生じること，そして内的な日周性（体内時計）と外的環境の年周性（日長変化）の相互作用として，リズムが適応的に変化すること（デンプン量日周変化の柔軟な応答）を示す良い例となりうると考える。

　我々が提案した数理モデルでは，体内時計と炭水化物代謝の間にあるフィードバックが核となっている。このフィードバックは，ショ糖枯渇レベルがモニターされ，それをシグナルとして体内時計の位相が調節される，というプロセスによって生じる（図3）。そして，ショ糖枯渇が最小化されるときに位相の変化は止まる。デンプン量の日周変化にみられる美しいピラミッドは，ショ糖枯渇最小化の結果として自然とあらわれる，植物成長の効率性を保証する経済的合理性にかなった形なのである。中枢制御器官をもたない植物が，体内時計とデンプン代謝の協調現象としてピラミッドを形づくるということに対して，筆者は古代エジプトの巨大建造物である本物のピラミッド以上に魅力を感じる。植物が形づくるピラミッドは，季節の変化とともに少しずつ形を変える適応性も完備しているというきめ細やかな設計を目の当たりにすると，筆者が感じる魅力は植物への尊敬の念に変わる。

　一方で，さらなる研究を積み重ねる必要がある。例えば，位相変化が生じる仕組みやショ糖枯渇ストレスのシグナル伝達機構など，未だ未解明の課題が多く残っている。体内時計の原動力である主要な時計遺伝子のうち，いずれがショ糖シグナルの影響下にあるのか。この問題は現在実証サイドから盛んに研究が進められている最中であり（Dalchau et al., 2011など），位相変化の仕組みについて新しいデータが近いうちに出されることが期待される。また，体内時計による調節以外に，デンプン代謝の適応的日長応答が説明できるのかどうか，可能性を探る必要もある。こうした実証データとの照合や複数のモデルの比較検討によって，ここで提案した荒削

りの数理モデルはより洗練され実学への応用も可能なレベルに成長していくだろう。

　本稿を執筆開始したのは2012年であったが，出版までの間に本研究に関する様々な進展があった．まず，2012年の秋，韓国の済州島で開催された国際植物分子生物学会に初めて参加したところ，思いがけない出会いがあった．昼食時間にレストラン前にできた行列で注文を待っていたとき，1つ前で同様に待つ人物に何気なく声をかけたことがきっかけで，共同研究が始まった．声をかけた時は全く知らなかったのだが，その人物は，ケンブリッジ大学のWebb博士であり，ショ糖による概日時計の応答を研究していたのだった．翌年にWebb博士らの研究成果が発表され，ショ糖と概日時計のフィードバックは一層注目を集めることになった (Haydon et al., 2013)．我々も，日本とイギリスを何度も往復しモデルの改良を進め，ショ糖枯渇を実現する理想的なデンプン分解関数を求めた結果の一部を発表した (Feugier & Satake, 2013; Webb & Satake, 2015)．一方で，イギリスのグループによって，植物によるデンプン量のモニタリングを仮定したモデルが発表され (Shaldone et al., 2013)．我々のモデルで重視するショ糖モニタリングと異なる仮説としていずれが妥当か現在議論の最中にある (Webb & Satake, 2015; Shaldone & Howard, 2015)．こうした論議に決着をつけることを期待して，Webb博士，私の研究室の大学院生，博士研究員とともに最新の成果をとりまとめ発表準備をしているところである．

引用文献

Bläsing, O. E. et al. 2005. Sugars and circadian regulation make major contributions to the global regulation of diurnal gene expression in Arabidopsis. The Plant Cell 17: 57-81.

Dalchau, N. et al. 2011. GIGANTIA mediates a long-term response of the Arabidopsis thaliana circadian clock to sucrose. Proceedings of the National Academy of Sciences of the USA.

Dodd, A. N. et al. 2005. Plant circadian clocks improve growth, competitive advantage and survival. Science 309: 630-633.

Feugier, F. G. & A. Satake. 2013. Dynamical feedback between circadian clock and sucrose availability explains adaptive response of starch metabolism to various photoperiods. Frontiers in Plant Science 3: 1-11.

Feugier, F. G. & A. Satake. 2014. Hyperbolic features of the circadian clock oscillations can explain linearity in leaf starch dynamics and adaptation of plants to diverse light and dark cycles. Ecological Modelling 290: 110-120.

Gibon, Y. et al. 2004. Adjustment of diurnal starch turnover to short days: depletion of sugar during the night leads to a temporary inhibition of carbohydrate utilization, accumulation of sugars and post-translational activation of ADP-glucose

pyrophosphorylase in the following light period. *The Plant Journal* **39**: 847-862.
Graf, A. *et al.* 2010. Circadian control of carbohydrate availability for growth in *Arabidopsis* plants at night. *Proceedings of the National Academy of Sciences of the USA.* **107**: 9458-9463.
Haydon, M. J. *et al.* 2013. Photosynthetic entrainment of the *Arabidopsis thaliana* circadian clock. *Nature* **502**: 689-692.
James, A. B. *et al.* 2008. The circadian clock in *Arabidopsis* roots is a simplified slave version of the clock in shoots. *Science* **322**: 1832-1835.
Kinohsita, T. *et al.* 2011. *FLOWERING LOCUS T* regulates stomatal opening. *Current Biology* **21**: 1232-1238.
Knight, H. *et al.* 2008. *Sensitive to freezing6* integrates cellular and environmental inputs to the plant circadian clock. *Plant Physiology* **148**: 293-303.
蔵本由紀（編）2005. リズム現象の世界（非線形・非平衡現象の数理①）．東京大学出版会．
蔵本由紀　2007. 非線形科学（集英社新書）．集英社．
Lu, Y. *et al.* 2005. Daylength and circadian effects on starch degradation and maltose metabolism. *Plant Physiology* **138**: 2280-2291.
Scialdone, A. *et al.* 2013. *Arabidopsis* plants perform arithmetic division to prevent starvation at night. *eLife* **2**: 300669.
Scialdone, A. & M. Howard. 2015. How plants manage food reserves at night: quantitative models and open questions. *Frontiers in Plant Science* **6**: 204.
Smith, S. M. *et al.* 2004. Diurnal changes in the transcriptome encoding enzymes of starch metabolism provide evidence for both transcriptional and posttranscriptional regulation of starch metabolism in *Arabidopsis* leaves. *Plant Physiology* **136**: 2687-2699.
Smith, A. M. & M. Stitt. 2007. Coodination of carbon supply and plant growth. *Plant, Cell and Environment* **30**: 1126-1149.
Webb, A. A. R. & A. Satake. 2015. Understanding circadian regulation of carbohydrate metabolism in Arabidopsis using mathematical models. *Plant & Cell Physiology* **56**: 586-593.
Zeeman S. C. & T. Ap Rees. 1999. Changes in carbohydrate metabolism and assimilate partitioning in starch excess mutants of *Arabidopsis*. *Plant, Cell and Environment* **22**: 1445-1453.

コラム4　生物リズムを学び楽しむために

伊藤　浩史（九州大学芸術工学研究院）

はじめに

　数ある生命現象のうち，"生物リズム"というのはたいへん抽象的なカテゴリーである。心拍のリズム，細胞分裂のリズム，概日リズムなどいろいろなリズム現象を思い浮かべてみても生物種・機能・関わる遺伝子の種類はばらばらである。例えば哺乳類の心拍の調節に関わる遺伝子と大腸菌の細胞周期を調節する遺伝子を比較しても共通点を見いだすことは難しいだろう。なぜなら生物リズムとは，生命現象のうち時間的に繰り返し起こる現象をまとめて指すゆるいカテゴリーだからだ。では生物リズムという現象は個別的であって，それぞれのリズムに対して個別に調べていかなければならないのだろうか。

　このような疑問に対して，生物リズムには共通する性質がいくつかあるということを数式を使って答えるのがこのコラムの目的である。リズム現象に共通する構造は，力学系とよばれる分野の数学者・理論物理学者によって研究されてきた。生物リズムの研究者（特に概日リズムの研究者）は力学系から言葉や概念をしばしば輸入しており，専門用語として定着しているものも多い。しかしリズムに関する用語や知識は生物系学部のカリキュラムの中で詳しく取り扱われることはまれであろう。たいていは生物リズムを扱う研究室内で先輩から後輩に口伝で伝えられているのが実情である。分野外の研究者が生物リズムの研究会に出てみても説明無しに専門用語が飛び交うばかりでよくわからなかった，という話も耳にする。かといって数学者や理論物理学者によるリズムについて書かれた本を見ても，なおさら初学者にはハードルが高く感じられるだろう。

　このコラムの中心の話題は，リズムを研究するうえで登場する**位相**という抽象的な量が，どう定義されるのか，どのように役立つのかをはっきりと示すことである。位相を説明しようとすると数式を使うことは避けられないが，高校数学までの知識だけを仮定する。このコラムが生物リズムの研究室に所属する新入生や分野外の研究者にとっては読みやすく，専門家にとっては普段何気なく使っている用語を見直すきっかけになれば幸いである。

1. 生命現象と力学系

1.1. 微分方程式で生命現象を表す

リズムとは周期的なモノの量や状態の変化である。周期現象を考える前に，モノの時間変化は自然科学においてどのような数式で表現されてきたかを考えてみよう。ロケットが飛ぶ時の軌道，細胞内のとあるタンパク質が分解し量が減っていく様子，熱せられた鉄の棒が温まっていく様子などは，それぞれニュートンの運動方程式，化学反応の反応速度式，熱伝導方程式で表される。これらは時間に関する微分 $\frac{d}{dt}$ を含む方程式，**微分方程式**で記述される。力学系は時間に関する微分方程式を扱う数学・物理学の一分野である。

具体例としてバクテリアの増殖過程を微分方程式でモデル化してみよう。時刻 t における細胞の数を $x(t)$ とする。ある短い時間 Δt 秒の間の細胞の増加数は $x(t+\Delta t)-x(t)$ で表される。例えば Δt 秒間で 2 倍に増えたとすれば，$x(t+\Delta t)-x(t)=x(t)$ が成り立つ。一般的に考えてみると，細胞は細胞から生まれるので増加数 $x(t+\Delta t)-x(t)=x(t)$ は細胞数 $x(t)$ が大きくなれば比例して大きくなるだろう。また時間間隔 Δt が長くなれば比例して増加数も大きくなるだろう。この 2 つの事実を踏まえると，比例定数 a を使って

$$x(t+\Delta t)-x(t)=a\Delta t x(t) \tag{1}$$

とモデル化できそうだ。両辺を Δt で割って

$$\frac{x(t+\Delta t)-x(t)}{\Delta t}=ax(t) \tag{2}$$

を得る。さらに $\Delta t \to 0$ という極限をとると，微分の定義より

$$\frac{dx(t)}{dt}=ax(t) \tag{3}$$

という微分方程式が得られる。ここで大事なのは，細胞は細胞から生まれるという生物学的知見だけを元に微分方程式を導いたことだ。微分方程式はミクロな生命システムの数学的表現だと言える。特にこのコラムでは時間変化する生命現象だけに着目するため，微分は時間微分 $\frac{d}{dt}$ しか取り扱わない。以後簡略化して $\frac{dx}{dt}=\dot{x}$ と書くことにする。(3) 式は $\dot{x}=ax$ と書ける。

1.2. 微分方程式の解とリズム

ここまでは微分方程式の作り方について例をあげて説明した。では微分方程式の解はどうなるのであろうか。高校までに習った $3x+4=10$ や $x^3-1=0$ のような代数方程式の解が値となるのに対して，微分方程式の解は方程式を満たす関数となる。

例えば (3) 式の解は

$$x(t) = ce^{at} \tag{4}$$

という関数になる。ここで c は定数である。(4) 式が本当に解になっているかどうかは (3) 式に代入して両辺が等しくなることで確認できる。解である (4) 式は指数関数である。すなわち細胞数が指数的に増加することを表しており，大腸菌の培養でよく観察される対数増殖期に対応している。

微分方程式の解をどのように発見したらよいかという問題はここでは取り扱わない。手計算で解ける微分方程式というのは実は全体のごく一部のものである。計算機によって解くこと（数値シミュレーションとよばれる）も多い[*1]。

一般に微分方程式

$$\dot{x} = f(x) \tag{5}$$

は無数に考えることができる。また2変数の微分方程式

$$\dot{x}_1 = f_1(x_1, x_2)$$
$$\dot{x}_2 = f_2(x_1, x_2) \tag{6}$$

や n 変数の微分方程式まで考えると気が遠くなるくらいの種類がある。それぞれの微分方程式の解も千差万別である。しかし無数にある微分方程式の解も時間が十分たったとき ($t \to \infty$) に変数の値がどうなるかというと，幸いいくつかのパターンに分類できることが知られている（図1）。

(a) 1点に収束するパターン

---

*1：手計算による微分方程式の解法の詳細を普通の実験生物学者が知る必要は必ずしもないだろう。もし勉強してみたい場合は，物理学科や工学部では必須の知識であるため大学生協で様々な難易度の教科書が見つかる（基礎的なものとして，例えば矢嶋，1989）。数値シミュレーションもたくさんの本が出版されている（例えば伊理・藤野，1985）。またWeb上にも多数良質の記事がある。「オイラー法」や「ルンゲ・クッタ法」で検索してみると良いだろう。最近の Mac OSX には，Grapher というソフトウェアが付属しておりプログラミングをしなくても微分方程式の数値シミュレーションを実行することができる。

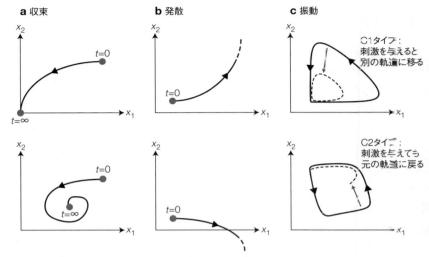

図1　時間が十分たったときの微分方程式の解の振る舞い
ここでは2変数x_1, x_2の微分方程式を解いたときの解の軌道を$x_1 x_2$平面に実線で表示してある。**a**: ある一点に収束する場合。上図のように単調に増加・減少しながら収束する場合や下図のように振動しながら収束する場合がある。**b**: $+\infty$や$-\infty$へ発散するタイプ。 **c**: 閉じた軌道となるタイプ。このタイプの解がリズム現象に対応している。C1はロトカ・ボルテラ方程式、C2はファン・デル・ポール方程式の解である。矢印のように外力を与えて値を強制的に変えた場合、その後の振る舞い（破線）が異なる。C1は新しい軌道に変化している。C2は元の軌道へ戻っている。

　　(b) 発散するパターン
　　(c) 閉じた軌道になるパターン
　　(d) その他

　(a) に関しては通常の生化学反応でよく見られる。例えば酵素反応の結果、長時間後には基質が枯渇し0になるという事例があげられる。またフィードバックする反応経路があるおかげで代謝産物が一定量に保たれるという事例もこのパターンに該当するだろう。特に後者の事例はホメオスタシスの原理の理論的な裏付けになっている。

　(b) は変数が$+\infty$や$-\infty$に発散してしまう場合である。生命現象の中では起こらないのであまり気にしなくてもよいだろう。例えばタンパク質量が$+\infty$に発散するなどということは起こらない。原料のアミノ酸が枯渇して必ずどこかで頭打ちになるはずだ。

　(c) がこのコラムで扱っているリズム現象に相当する。一定の周期で量の変動が繰り返される。

(d)にはカオスとよばれる不規則な変動や準周期解とよばれるリズミックだが閉じた軌道にならないパターンなどが含まれる。カオスは神経活動で観察されるという報告がある (Aihara & Matsumoto, 1986)。

(c)に関してもう少し詳しく見ていこう。(c)はさらに2つのタイプに分けられる。具体例として次の2つの微分方程式を考える。

$$\text{C1} \quad \begin{aligned} \dot{x}_1 &= x_1(\alpha - \beta x_2) \\ \dot{x}_2 &= -x_2(\gamma - \delta x_1) \end{aligned} \quad (7)$$

$$\text{C2} \quad \begin{aligned} \dot{x}_1 &= x_1(x_1 - a)(1 - x_1) - x_2 \\ \dot{x}_2 &= \varepsilon(x_1 - b x_2) \end{aligned} \quad (8)$$

C1 はロトカ・ボルテラ方程式とよばれる生態学で提案された被食−捕食の関係を表す微分方程式である。フィールドに被食者と捕食者の二種がいるときに個体数のリズムが発生しうることを説明するモデルだ。x_1 と x_2 はそれぞれ被食者と捕食者の個体数を表している。パラメータ α, β, γ, δ はそれぞれ被食者の増加率、被食者が餌になって減少する率、捕食者の死亡率、捕食者が餌を見つけて繁殖する率を意味している。

C2 はフィッツフュー・南雲方程式とよばれるモデルである。神経細胞の電気的活動を簡略化して表現している。このモデルは神経発火のリズム現象を再現する。かなり抽象的なモデルではあるが、x_1 が膜電位であり、x_2 はイオンチャネルの開き具合と関係した変数である。

C1 と C2 はリズムを示すという点では共通点がある。しかし外から刺激を与えた後の振る舞いが異なる（図1-c）。C1 では刺激が加わったあと軌道が変化している。C1 タイプの他の例としては、ひもの先におもりをつけた振り子が該当する。揺れている振り子に触れると容易に振幅が変わってしまう。

C2 タイプの振動では元の軌道が安定であり、摂動が与えられても時間がたてばまた元の軌道に戻る。多くの生物リズムは刺激に関して安定性を持つことが知られており、C2 のタイプだと期待される。例えば心拍のリズムにおいては走ったりするとリズムが乱れるが安静にしているとやがていつもの状態に戻る。AED（自動体外式除細動器）という装置は外から強い電気刺激を与えることで、心臓の異常な振動状態からいつもの状態に戻してやる方法である。心拍リズムは軌道の安定性を有しているので強い刺激を与えても大丈夫なのだ。

概日リズムも C2 のタイプであると考えられている。ヒトは夜中もしくは朝に強い光を浴びると概日リズムを生み出す振動子の運行に一時的に影響が出るが、その

うちいつもの振動状態へと回復していく。哺乳類・魚類・昆虫では，いくつかの遺伝子の制御ネットワークが概日リズムを生み出す分子メカニズムと考えられている。主要な構成因子である *per* 遺伝子に着目すると，*per* 遺伝子が発現した後，リン酸化と核移行を経て *per* 遺伝子自身の発現を抑制するネガティブフィードバックが存在することが知られている。*per* 遺伝子の発現と生化学反応のネットワークの数理モデルとして提案されたものとして次の (9) 式があげられる (Goldbeter, 1995)。

$$\dot{M}=v_s\frac{K_1^n}{K_1^n+P_N^n}-v_m\frac{M}{K_m+M}$$

$$\dot{P}_0=k_sM-V_1\frac{P_0}{K_1+P_0}+V_2\frac{P_1}{K_2+P_1}$$

$$\dot{P}_1=V_1\frac{P_0}{K_1+P_0}-V_2\frac{P_1}{K_2+P_1}-V_3\frac{P_1}{K_3+P_1}+V_4\frac{P_2}{K_4+P_2} \quad (9)$$

$$\dot{P}_2=V_3\frac{P_1}{K_3+P_1}-V_4\frac{P_2}{K_4+P_2}-k_1P_2+k_2P_N-v_d\frac{P_2}{K_d+P_2}$$

$$\dot{P}_N=k_1P_2-k_2P_N$$

M, P_0, P_1, P_2, P_N はそれぞれ *per* mRNA 質量，PER タンパク質量，リン酸化 PER タンパク質量，複数サイトリン酸化 PER タンパク質量，核内 PER タンパク質量を指す。転写，翻訳，タンパク質修飾，核移行，分解などのプロセスを介して M, P_0, P_1, P_2, P_N がどのように変化をするかを (9) 式は表現している。(9) 式に含まれるパラメータ (v_s や k_1 などの定数) を適切に選ぶと，解が C2 のタイプとなる場合がある。一過的に発現を誘導し M の値を増加させてもしばらくたつと安定な元の軌道へと収束する (図 2-b)。

C2 のような軌道の安定性があるリズムは**リミットサイクル**とよばれている。十分時間がたったという極限 (limit) を考えたとき，ある閉じた軌道 (cycle) に収束することからこのようによばれている。リミットサイクルを生み出すシステムを以後リミットサイクル振動子とよぶことにする。生物リズムの多くは，外部からの周期的な刺激のない一定環境下でも継続する内因性のリズムであるため，リミットサイクル振動子であると期待される。リミットサイクル振動子の周期は一定である。概日リズムの分野では外界の影響を遮断し照度・温度一定の環境下で観察されたリズムの周期を**自由継続周期** (free-running period) とよぶ。

リミットサイクル解を持つような微分方程式はめったにないのではと思う方もいるかもしれない。実はそれほど珍しいことではない。ある微分方程式がリズムを示すようになるいくつかのシナリオが知られている (伊藤・郡, 2011)。

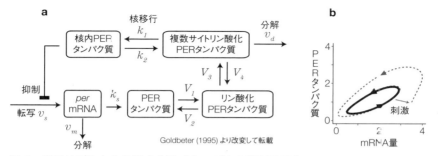

図2　概日リズムを生み出す分子メカニズムの数理モデル
ショウジョウバエの概日リズムのモデルとして 1995 年に提案されたモデル（Goldbeter, 1995）について **a**: 分子ネットワークの概念図。概日リズムは転写，翻訳，タンパク質修飾，核移行などのプロセスを介して自身の遺伝子発現を抑制するネガティブフィードバックループによって生み出されていると考えられている。(9) 式に登場するパラメータがどのプロセスに対応するかを表示してある。2015 年現在は，per 遺伝子以外の多くの遺伝子が概日リズムに関係していることが知られている。**b**: (9) 式で与えられる数理モデルの解。フィッツフュー・南雲方程式と同じく値を乱されても，元の軌道へ戻るという意味で安定性を有している。

2. 位相：リズムの進行を 1 つの量で表す

　興味ある生物リズムがリミットサイクル上を動くシステムであったとして何が嬉しいのだろうか。リミットサイクル振動子であれば，位相というリズムの運行を特徴づける変数 θ を導入できる。位相とはおおざっぱに言えばリズムを時計だと見立てたとき，その時計の針が指し示す値である。1 周期の中でどの状態にいるのかを表す状態量であり，私たちが日常使う「時刻」も位相の 1 つの例といえる。
　リズムというのはさまざまな量が変動する複雑なシステムであることが多い。特に生物におけるリズム現象はその傾向が強く，多数の生化学反応の絡み合いとして進行していく。しかし位相を用いれば 1 変数に縮約して議論を進めることができる。シンプルであるが故に，2.3，2.4 節に見るようなリズムにまつわる不思議な現象の理由を簡潔に説明することができる。
　位相のアイデアは，その生物リズムがどんな遺伝子から生まれるのか。どんな分子ネットワークから構成されているか，などの生物学的素性をいったん忘れてみようという思想でもある。そのため心拍・概日リズム・細胞周期などの周期的現象を位相を使って統一的に論じることができる。以下の節で位相の威力を見ていこう。

2.1. 位相とは何か

　まず位相の定義を確認しよう。リミットサイクル上のある点を $\theta=0$ として位相

の基準点とする。サイクル上の点に対してθを割り当て，ちょうど一周したところで$\theta=P$となり，その瞬間$\theta=0$にリセットされるようにする。また振動子の位相は時間に比例して増加するように一定時間間隔で目盛りをつける（図3-a）。ここで時間が等間隔になるように目盛りを振っているのであって，距離や角度に対して等間隔になるように目盛りを振っているわけではないことに注意しよう。位相の最大値Pはどんな値でも構わない。$P=2\pi$とすれば単位がラジアン（rad）となる。概日リズムの場合は$P=24$とする場合が多い[*2]。このコラムでは以後$P=1$として話を進める。すなわち位相は$0\leq\theta<1$の値をとる。

これまではリミットサイクル上の位相を考えたが，何らかの外力を瞬間的に与えられてリミットサイクルから外れてしまったとする。そこでリミットサイクル外の点にも次のようにして位相を割り当てる（図3-b）。いま2つのリミットサイクル上の点Aとそこから離れた点Bを初期値としてスタートし，十分時間が経過したと考えよう。点Bからスタートしても無限時間後にはリミットサイクルへと到達する。この時それぞれの点からスタートした状態が重なったのならば，点Aと点Bの位相は等しいと定義する。このようにして空間すべての点に対して位相を割り当てることができる[*3]。

2.2. 位相の時間変化

さて位相の時間変化はどのような微分方程式で記述されるのであろうか。まず振動子に刺激が与えられていない場合を考えてみよう。自由継続周期τを持つ振動子の振る舞いは，システムがリミットサイクル上にいるかどうかにかかわらず次の式でモデル化される[*4]。

$$\dot{\theta}=\omega \tag{10}$$

[*2]: 概日リズムの分野においては，生物個体の位相を0から24までの値に割り当てた値をサーカディアン時刻（Circadian time; CT）とよぶ。基準点であるCT0には明け方の振る舞いをする位相を割り当てる。例えば夜行性のマウスの場合は活動終了時刻をCT0とすることが多い。この定義に従えば，CT12は夕方を指す。またCT0〜12の位相を**主観的昼**，CT12〜24を**主観的夜**とよぶ。また明暗サイクルのような周期的外部刺激の位相に関しても0〜24で表示することがあり，ツァイトゲーバー時刻（Zeitgeber time; ZT）とよばれることがある。明期開始をZT0として1周期が24[ZT]である。

[*3]: 空間のうち同じ位相を持つ点の集合は**アイソクロン**（等位相面）とよばれる（図3-c）。

[*4]: 図3-bにおいてAとBは$t\to\infty$で一致するとし，AとBの位相はθ_0とする。AとBのt秒後の地点をA'とB'とすると，定義よりA'の位相は$\theta_0+t/\tau=\theta_0+\omega t$である。また$A'$と$B'$は$t\to\infty$で一致するため$B'$の位相も$\theta_0+\omega t$である。したがってリミットサイクル上でもリミットサイクル外でも位相の増加速度$\dot{\theta}$はωとなる。

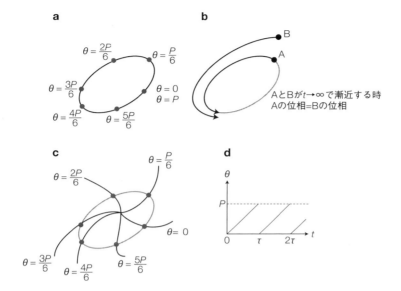

図3 位相の定義
a: リミットサイクル上を一定時間間隔で目盛りをつける。この目盛りを位相の目盛りと読み替え1周するとPとなるように値を割りつける。早く動くところは位相の変化が緩やかとなり，遅く動くところは位相の変化が急になる。**b**: リミットサイクル外の点に対しても位相を割りつける。いまAとBを初期値とする微分方程式の解を考える。無限時間経過後には同時刻で状態が全く同じになるのならば，AとBの位相は等しいとする。**c**: 位相が等しい点を結んだ線を等位相面（アイソクロン）とよぶ。同じアイソクロン上を初期値とした微分方程式の解は無限時間後にすべて重なる。この図では変数を2つとしているのでアイソクロンは曲線となる。n 個の変数をもつ微分方程式の場合でも位相は定義でき，アイソクロンは$n-1$次元の超曲面となる。**d**: 位相の時間発展。外力がない場合は傾き ω の直線となる。

ただし $\omega=1/\tau$ である（τ は**自然振動数**とよばれる）。外力のない系では位相は常に直線的に増加することに注意しよう（図3-d）。(9) 式と (10) 式を見比べてみれば，位相を使うことの利点は明らかであろう。どちらもリミットサイクル振動子を表現している式だが (10) 式は1変数の式であり，この上なくシンプルである。

システムがリミットサイクル解を持つならば (10) 式はいつでも使うことができる。すなわち生物リズムではいつでも位相を用いた議論が可能である。「はじめに」で述べた生物リズムに共通した性質はないのだろうか？という問題提起に対する1つの答えがここにある。位相を使って議論を進める限り，そのシステムがどんな生物種のリズムなのか，どんなタンパク質が関わっているのかは問題にならない。実際生理学的なレベルでリズムは観察されていても分子メカニズムがはっきりわかっていない状況はよくあることだろう。メカニズムの詳細がわからなくとも位相を

用いた議論ができることは心強いことだ。

リミットサイクル振動子に刺激が与えられたときは何が起こるだろうか。例えば，環境の温度を変えたり，光によって刺激が与えられたり，近くの細胞からシグナルを受け取ったりしてリズムが乱されるような場合である。その場合はリミットサイクル軌道から少しはずれ，位相の運行が少し乱されるだろう。位相に関するダイナミクスは，刺激が小さいときにかぎり(10)式を拡張した

$$\dot{\theta} = \omega + Z(\theta)p(t) \qquad (11)$$

で表される。ここで $p(t)$ は外部からの刺激の強さであり，$Z(\theta)$ は位相感受関数とよばれる，位相 θ における刺激の感度を表現している。より位相の運行 $\dot{\theta}$ が変化しやすい位相は Z が大きくなる。刺激を受けない（$p(t)=0$）場合は(10)式と等価である。振動子の"個性"は Z に集約されており，振動子が刺激を受けたときの振る舞いのバラエティを表現している。(11)式は1967年に Winfree によって初めて用いられた（Winfree, 1967）。(11)式の導出はここでは触れないが日本語による解説として郡（2012）や郡・森田（2011）をあげる。

位相は便利な量であるが，情報を縮約したことによる欠点もある。例えば振幅の情報を落としているので振幅に関する議論は(11)式では不可能だ。また位相と生物リズムを生み出す物質の具体的な量との関係も定かではない。例えば θ がどのように変化するか完全にモデル化できたとしても，リズムを構成しているタンパク質の量がどのように変化するかを予言することは難しい。生化学・分子生物学的解析から得られる物質の量を定量的に解釈したり予測したりするために数理モデルを使う場合は，(11)式ではなく(9)式のような詳細なモデルに立ち返る必要があるだろう。そうではなく定性的にリズムの運行を解析するような研究の場合は，位相が役立つことがある。

歴史的に見ると，位相という量を用いた生物リズムの議論は，現代の概日リズム研究の礎を築いた生理学者 Pittendrigh によって用いられ，後に Winfree や Kuramoto といった理論研究者によって精密化されていった。位相を用いた数理モデルを位相モデルと言い，現在も活発に研究がなされている（蔵本・河村, 2010）。

3. リズムはなぜ同期するのか？

位相を使って議論できるリズム現象のうち最も興味深い現象は同期（synchronization）とよばれる現象である。同期とは複数の振動子が影響を与えることによって各振動子の周期が等しく揃うことを指す。影響の与え方は一方向の場合

図4　同期現象の種類
振動子が他の振動子の運行に影響を及ぼすと同期現象が見られることがある。**a**: 振動子Aから振動子Bに影響が一方向の場合，同期現象とは，振動子Bは周期 τ を持つ外力を受け周期が τ に変化することである。特に作用が一方向であることを強調したいとき，強制同期と言われることがある。生物系では**同調**（entrainment）とよばれることも多い。**b**: 振動子A, Bが相互に作用し，2つの振動子の周期が τ' となる場合も同期の例である。相互に影響を及ぼしていることを強調して，相互同期とよばれることもある。

もあれば，相互に作用する場合もある（図4）。

　同期はまことに不思議な現象ではあるが，特に珍しい現象というわけではない。科学者による同期現象の最初の著述として，振り子時計を研究したHuygensによる観察がある。ある日病気で床に伏せていたHuygensは壁につるされた2つの振り子時計の振り子が逆位相で同期している事実を発見し「2つの時計の共感」と父への手紙に記している（Huygens, 1967）。その後の詳細な実験によって同期現象は「板の微少な振動を通じた相互作用によるものだ」と現代の視点からも正しい解釈を与えている（Huygens, 1673）。

　生物リズムにおいても，多数例が報告されている。よく知られているようにいくつかの種の雄のホタルはリズミックに発光する。ホタルが高密度で生息している地域では，しばしば発光リズムの同期が観察される（Buck, 1988）。脊椎動物の発生過程では，体節が形成される。体節の元となる未分節中胚葉の細胞集団において同期した遺伝子発現のリズムが観察される（Horikawa et al., 2006）。発現リズムの同期が体節の節を作るのに重要な役目を果たしており，細胞間相互作用を阻害する薬剤の投与によって同期は崩れ，体節のパターンが乱される（Ozbudak & Lewis, 2008）。地球の自転により我々は24時間周期で太陽からの光を浴びている。概日リズムは照射される光のリズムに同期しているので，24時間周期で毎日寝起きできる。よりマクロな例ではオペラ上演後に観客は拍手をするが，上演終了後10秒程度は非同期状態が続き，その後各人が周期を調整することで同期が達成される（Néda et al., 2000）。Strogatz（2003）やPikovskyら（2001）では同期現象の例が多数掲載されている。

　位相モデルを使うとこうした同期現象がなぜ起こるのか理解できる。最も簡単

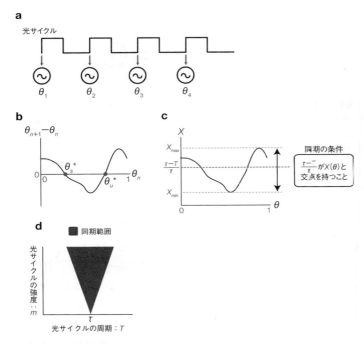

図5 位相応答曲線と同期
a: 概日リズムの運行は光サイクルに影響を受ける。光サイクルに入る瞬間の概日リズムの位相を $\theta_1, \theta_2, \theta_3, \theta_4$……とする。数列 θ_n の漸化式が (13) で与えられる。**b**: $\theta_{n+1}-\theta_n$ と θ_n の関係の例。$\theta_{n+1}-\theta_n=0$ となる位相があるならば同期が達成される。**c**: 同期が達成されるための $\frac{\tau-T}{\tau}$ の範囲。$X_{min} \leq \frac{\tau-T}{\tau} \leq X_{max}$ であれば同期する。**d**: アーノルドの舌。横軸は光サイクルの周期 T、縦軸は光の強度 m であり、同期をもたらす条件 (T, m) の集合を灰色で表す。光強度が強ければ同期をもたらす外力の周期の範囲は広くなる。

な例として明暗サイクルに照らされる概日リズムを考えてみよう。周期 τ [hour] の概日リズムを持つ生物を考える。外部刺激のない恒暗条件下では位相は 0 からスタートし、τ 時間後には 1 へと達し 0 にリセットされるので、この生物に周期 T [hour] の明暗サイクルを与える。明期と暗期の比率は後の議論には関係しないがとりあえず L 時間明期、$T-L$ 時間暗期であるとしよう。光サイクルを当て続けて n 回目の明期に入る瞬間の位相を θ_n とする（図5-a）。T 時間後の $n+1$ 回目の明期に入る瞬間の位相 θ_{n+1} を考える。もし光刺激が与えられないのであれば、T 時間後に位相は T/τ となる。L 時間光にさらされることによって位相が前後するだろう。光による影響でどのくらい位相が変化するのかは、どんな位相で光にさらされはじ

めるかによって決まる。一般にリミットサイクル振動子は同じ刺激を受けても位相によって受ける影響が違うからだ。この影響を光にさらされはじめた時の位相 θ の関数 $X(\theta)$ として表現しよう。(11) 式の位相モデルとの関係は

$$X(\theta) = \int_0^T Z(\theta) p(t) dt \qquad (12)$$

で与えられる。$X(\theta)$ は**位相応答曲線**（phase response curve）とよばれている。実験では，暗期にずっとさらした個体とある位相 θ から L 時間明期にさらした個体の位相の差として測定することができる。

以上より θ_{n+1} は次のように表される。

$$\theta_{n+1} = \theta_n + \frac{T}{\tau} + X(\theta_n) \pmod{1} \qquad (13)$$

ここで mod 1 は小数部分という意味であり，位相を 0〜1 の範囲に閉じ込めるためにある。例えば 3.45 mod 1 = 0.45 である。この式は θ の n に関する漸化式となっている。いま T 時間の間に位相がだいたい 1 サイクル進行し 1 を 1 回超える状況を想定する。mod を使わず書き直してみると，

$$\theta_{n+1} = \theta_n + \frac{T}{\tau} + X(\theta_n) - 1 \qquad (14)$$

が成り立つ。さらに，左辺に θ_n を移項し整理することによって

$$\theta_{n+1} - \theta_n = \frac{T - \tau}{\tau} + X(\theta_n) \qquad (15)$$

を得る。(15) 式は 1 回の光サイクルを受けたあとの位相の変化量 $\theta_{n+1} - \theta_n$ を与える式である。右辺は θ_n だけの関数であり，$X(\theta)$ は具体的には決まっていないが周期 1 の周期関数である。横軸に θ_n を取って縦軸に $\theta_{n+1} - \theta_n$ としたグラフは有用である。例えば**図 5-b** のようにかけるはずだ。

図 5-b において縦軸が 0 すなわち $\theta_{n+1} - \theta_n = 0$ となる位相 θ_s^* と θ_u^* がある。これらの位相は興味深い。θ_s^* と θ_u^* から光サイクルにさらされても，位相がちょうど 1 増加し，結局位相が変化しないということを意味するからだ。すなわち光サイクルが 1 回転する T 時間の間に体内時計もちょうど一回転している。よく考えてみればこの状態は外力の周期と自分の周期が等しいということである。この状態こそが同期現象に他ならない。

θ_s^* に関してはさらに面白い性質が存在する。図 5-b をみると θ_s^* のまわりでは－側が $\theta_{n+1} - \theta_n > 0$ となり，＋側が $\theta_{n+1} - \theta_n < 0$ となっている。したがって θ_s^* のまわりではもし位相が θ_s^* より小さければ次の光サイクル後に増加し，逆に位相

が θ_s^* より大きければ減少する。よって光サイクルを何度も繰り返すと位相 θ_n は初期値によらず θ_s^* に限りなく近づいていく。同期状態は光サイクルを与え続ければ自然に達成されてしまうのである。時間がたつとある点に収束する場合、吸引力のあるその点を安定平衡点とよぶ。θ_s^* は安定平衡点である。

θ_s^* が安定平衡点であるかどうかは位相応答曲線の傾き $\dfrac{dX}{d\theta}$ が鍵をにぎっている。$\dfrac{dX}{d\theta}<0$ であるならば安定平衡点であり、どんな位相からスタートしても同期状態へ近づいていく*5。$\dfrac{dX}{d\theta}>0$ であるならば（図5-aでは θ_u^*）、不安定平衡点とよばれむしろ同期状態から離れていく点である。位相応答曲線 $X(\theta)$ は連続であり周期関数であることを考えると、安定平衡点と不安定平衡点は必ずセットで現れる。したがって $\dfrac{T-\tau}{\tau}+X(\theta_n)$ が横軸と交差する限り θ_s^* となる点が存在する。以上の事実をまとめると、

同期が起こるための条件：$\dfrac{T-\tau}{\tau}+X(\theta)=0$ を満たす θ が存在すること

が言える*6。

この条件はそれほど厳しい条件ではない。X の最大値 X_{max} と最小値 X_{min} の間に $\dfrac{\tau-T}{\tau}$ が存在していれば良いからだ（図5-c）。すなわち

$$X_{min}<\frac{\tau-T}{\tau}<X_{max}$$

が成り立つような T を選択すれば同期の条件を満たすことになる。$\dfrac{\tau-T}{\tau}$ は光サイクルの周期と概日リズムの周期のずれを反映した量である。(16)式において外力の周期 T を自由継続周期 τ に近づければ $\dfrac{\tau-T}{\tau}$ は0に近づくため必ず同期条件を満たすことがわかる。逆に T があまりにも自由継続周期 τ と離れている場合には同期が難しいことがわかる。

ここまでの議論でリズムがリミットサイクル振動子であり位相が定義できることだけしか仮定していないことに注意しよう。位相応答曲線 $T(\theta)$ の形に関しても制約は設けていない。同期現象は特殊な仮定なしに導かれる現象なのだ。これが自

---

*5：正確には、$-2<\dfrac{dX}{d\theta}<0$ が安定平衡点である条件である。X の傾きが -2 以下だと収束せず振動しながら発散し $2T$ の周期を持つリズムが観察される。この現象は周期倍分岐（period doubling bifurcation）とよばれる。このコラムでは光刺激がマイルドであり位相応答曲線の傾きがそれほど急峻ではないことを暗に仮定している。実際に実験で得られる概日リズムへの光刺激の位相応答曲線の多くはこの仮定を満たしている。

*6：正確にはこの同期条件は振動子と外力の周期が等しくなる場合の条件である。他にも外力が1サイクルする間に振動子が2サイクルする場合なども考えられる。一般に外力が n サイクル回転したときに振動子がちょうど m サイクル回転するとき $n:m$ 同期という。

然界においてよく同期が観察される理由である。たとえば概日リズムの"同期分子メカニズム"というものを特別考える必要はない。概日リズムがリミットサイクル振動子であることから自然に導かれる現象だからだ。

すでに述べたように光サイクルの周期 T が概日リズムの周期 τ に近ければ必ず同期は達成される。どのような周期 T の光サイクルに同期するかは式(16)を変形することによって得られる次の式

$$\tau - \tau X_{max} < T < \tau - \tau X_{min} \tag{17}$$

が与えてくれる。また弱い刺激では位相応答曲線 X は刺激の強さにほぼ比例することが知られている。$X(\theta) = mx(\theta)$ として, m は光の強さとしよう。(17)式は

$$\tau - m\tau x_{max} < T < x - \tau m x_{min} \tag{18}$$

となる。この式から光の強さ m と同期をもたらす外力の周期 T の範囲の関係を示すと図5-dのようになる。この図は**アーノルドの舌**とよばれ, 刺激を強くすると同期をもたらす外力の周期 T の範囲が線形に増加することを示している。振動子の種類や刺激の種類によらず, 同期範囲は舌のような三角形の図となる。

4. 位相特異点：位相が定まらない状態

位相に関して同期現象以外にも面白い現象がある。2.1.節で位相の定義を示し, 空間全体に位相を割り当てる方法を示した。しかし空間のなかでどうしても位相が定まらない不思議な状態が存在する。この状態は**位相特異点**（phase singularity）とよばれている。実は丁度良いタイミングで丁度良い強さの刺激を与えると位相特異点に振動子を遷移させることができる。この現象は後で述べるように生物リズムの実際の実験でもよく確かめられているし, 数値シミュレーションでも再現することが可能である。

例としてフィッツフュー・南雲方程式にしたがいリミットサイクル上を動く振動子に刺激を与えるケースを考えよう（図6-a）。刺激は X_1 方向と X_2 方向に $-m$ だけずらすものとする。m は刺激の大きさを表す。この刺激により振動子が位相 θ から位相 θ' へと遷移するとする。この遷移を様々な (θ, m) の組み合わせによって観察するとしよう。図6-bは $\theta - m$ 平面における θ' の分布を位相の等高線で表したものである。等高線の交わるところが位相特異点 (θ^*, m^*) でありこの点では位相が定まらない。以下で何故そのような特殊な状態が存在するのか見ていこう。

θ' は刺激の大きさによって2つのパターンに分類される（図6-c）。弱い刺激の

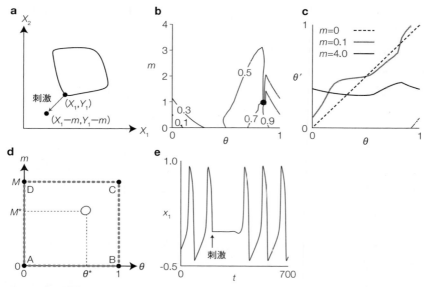

図6 位相特異点の存在

a: フィッツフュー・南雲方程式にしたがう振動子を考える。振動子がリミットサイクル軌道上 (X_1, X_2) にいるときに刺激を与えてリミットサイクル軌道外の (X_1-m, X_2-m) へとばすことを考える。m は刺激の強度を表す。(X_1, X_2) の位相を θ, (X_1-m, X_2-m) の位相を θ' とする。**b**: 平面上での θ' の分布を等高線を使って表示した。図中の数字は等高線上の θ' を表している。等高線が交わる点が存在し、この点が位相特異点である。**c**: 外力が弱いときと強いときの θ と θ' の関係の例。m が大きくなると type 1 のリセットから type 0 のリセットが起こるようになる。**d**: 外力を与えたときの位相 θ と刺激の強さ m の2次元平面 (θ, m) を考え、この平面上で破線に従い θ, m を動かし $\theta'(\theta, m)$ の変化をみる。$A(0,0) \to B(1,0) \to C(1, M) \to D(0, M) \to A(0, 0)$ というサイクルで (θ, m) を動かすと M が十分大きいときは θ' は1回転する（本文参照）。また実線のようにトータルの回転数を変えないように破線の経路を変形することができる。サイクル ABCD の内部には位相が不連続になる点が存在し、これを位相特異点とよぶ。位相特異点を与える刺激を M^* とすると、$m < M^*$ となる刺激では type 1 のリセットが起こり、$m > M^*$ では type 0 のリセットが起こる。**e**: 位相特異点に近づけるような刺激を与えたときの波形の例。位相 θ^* のときに強さ M^* の刺激を与えると一時的に振幅が低下する。図では矢印の時刻にそのような刺激を与えた。

ときは、θ' は 0〜1 の値をとる。刺激の強さが 0 のときは $\theta'=\theta$ となるので、このときももちろん 0〜1 の値をとる。十分強い刺激が与えられたときにほぼ同一の位相に移ることはよくあり、例えば強い光にさらされたときの概日リズムなどの例があげられる。リミットサイクルから遠く離れたところに飛ばされたときにこの現象はしばしば観察される。2つのパターンの違いは刺激を与える位相 θ を 0 から 1 まで動かしたときに θ' が 1 回転するのかしないのかという点である。1 回転する方

をtype 1のリセット，回転しない方をtype 0のリセットとよぶ*7。刺激が弱いときは必ずtype 1のリセットが観察される。ここで十分大きい刺激$m=M$を考えて，type 0のリセットが観察されたとする。すなわち刺激の大きさに応じてtype 0とtype 1のリセットが観察されるとしよう。このとき，ある位相θ^*で刺激を与えると位相が定義できない状態を引き起こす刺激の強さM^*が$0<m<M$の範囲に見つかることが証明されている。位相特異点の存在を指摘したWinfreeによる証明の概略を脚注*8に示す（Winfree, 2001）。

実際の生物リズムにおいて位相特異点はどのような意味を持つのであろうか。位相特異点近傍の振る舞いは位相モデルの守備範囲外である。再度フィッツフー・南雲方程式を用いて確認してみよう。図6-eは数値シミュレーションにおいて，位相がθ^*の時に強さM^*の刺激を与えた場合の振動子の振る舞いである。位相特異点は「点」であるため(θ^*, M^*)ぴったり直上へ遷移させる刺激を与えることは生物でもシミュレーションでも現実には不可能である。しかし位相特異点に近い刺激を与えることは可能だ。図6-eからわかるように観察されるのは一時的な振幅の低下である。また図6-bからわかるように特異点近傍(θ^*, M^*)はさまざまなθ'が集まっている。このためわずかに位相の異なる振動子集団に対して特異点に近い刺激

---

*7：別の言い方をすると，図6-cの平均の傾きが1のものをtype 1，平均の傾きが0のものをtype 0とよぶ。図6-cのような刺激を与えた位相θと刺激後の振動子の位相θ'の関係は位相遷移曲線（phase transition curve）とよばれている。

*8：振動子の位相がθのときに強さmの刺激を与えて位相がθ'に変化したとする。$\theta'(\theta, m)$の分布の性質について少し考えると面白いことがわかる。$\theta-m$平面上を表した図6-d中の点線にしたがって，θとmを1サイクル($A \to B \to C \to D \to A$)動かしたときの$\theta'$の変化量について観察する。ここでCとDの刺激の強さmは十分大きくtype 0のリセットであるとしよう。$A \to B$は$m=0$なので刺激を全く与えていないのと一緒だ。すなわち$\theta'=\theta$が成り立つ。したがって$A \to B$はθ'が0→1と1増加する。$B \to C$はθ'がどれくらい変化するのか分からないが，途中増加したり減少したりした結果トータルx増加するとしよう。$C \to D$はtype 0リセットと仮定したためこの区間ではθ'の変化量は0となる。$D \to A$の区間は$C \to B$と同じ経路である。なぜなら$\theta=0$と$\theta=1$は同じ意味だからだ。結局$B \to C$の逆経路であるのでθ'はトータルでx減少する。さて$A \to B \to C \to D \to A$というサイクル（灰色点線）のトータルでは$\theta'$はどれくらい変化しただろうか。足し算をしてみれば$1+x+0-x=1$なので1増加したことがわかる。

ここでこの灰色点線の経路をトータル1回転するという条件を保ちながら変形することを考える。これはθ'に不連続な点がない限り実行可能である。刺激の強さmや刺激のタイミングθをわずかに変えて実験をしてもθ'は不連続に変わることはないだろうから，どんどん変形をすることができる。しかし変形を続けていくとθ'が連続であるという仮定はかならず破綻することがわかる。なぜならば経路を限りなく小さな輪っかに変形していくと0～1の位相がぎゅっと集まった点(θ^*, M^*)が現れてしまうからだ（図6-d; 実線）。結局(θ^*, M^*)では位相θ'は不連続となり，また値が定まらない。この点が位相特異点に他ならない。

を与えると，個々の位相がばらける（脱同期とよばれる）。

　生物リズムの実験によって位相特異点の存在が報告された例はいくつかある。Winfreeはショウジョウバエに光照射量と照射時刻を様々に変え概日時計に制御される羽化タイミングを観察した。その結果type 1とtype 0を引き起こす刺激の強さを見いだし，概日リズムにおける位相特異点の存在を初めて指摘した（Winfree, 1970）。同様にアカパンカビ（Huang *et al.*, 2006），クラミドモナス（Johnson & Kondo, 1992），シマリス（Honma & Honma, 1999），マウス培養細胞（Ukai *et al.*, 2007）など様々な生物種の概日リズムでも位相特異点近傍へシステムを近づける刺激の量と刺激を与える位相が報告されている。多くの生物の概日リズムにおいては真夜中に強めの光を照射することが位相特異点への刺激となり，振幅の低下をもたらす。

おわりに

　このコラムでは位相という量の紹介を中心に生物リズムの基礎を述べた。位相は目に見えない抽象的な状態量であるがリズムを解析していくうえで有用なツールである。位相という眼鏡を通してリズムをみることによって，生物種や周期の異なる様々な生物リズムを統一的に論じた。また一見不思議な同期現象がリミットサイクル振動子の性質から自然に導かれることをみた。

　生物リズムの研究は他の生命現象と比べて難しいところがある。それはどうすればリズム現象が解明されたと宣言できるのか道しるべがはっきりとしないところに原因がありそうだ。日進月歩の分子生物学的ツールによって生物リズムの研究者が観察できる事象は増大しているが，結局何を観察すれば良いのかという問題は昔と変わらず横たわっているように思える。むしろツールが増え選択肢が増えた現代の方が問題は深刻になってきているのかもしれない。そのようなときに生物リズム研究の礎となる理論の成果を学ぶことは意味があるだろう。すでに理論的に予言されているが，生物リズムの観察の中で発見されていない現象はたくさんある。逆に実験では報告されているが理論的な裏付けを待っている現象もあるだろう。このコラムが生物リズムの分野をこれから学び楽しもうとしている方の道しるべとなれば幸いである。

　生物リズムの専門家の視点から原稿に重要なコメントを頂いた村山依子さん，上妻多紀子さんに感謝申し上げる。また生物リズム研究を始める新入生の立場から指摘を頂いた大島千明さん，櫻井利恵子さん，牧野雄一郎さんに感謝申し上げる。

参考文献

Aihara, K. & G. Matsumoto. 1986. Chaotic oscillations and bifurcations in squid giant axons. *In*: A. V. Holden (ed.), Chaos, p. 257-269. Manchester University Press.
Buck, J. 1998. Synchronous rhythmic flashing of fireflies. II. *The Quarterly review of biology* **63**: 265-289.
Goldbeter, A. 1995. A model for circadian oscillations in the *Drosophila* period protein (PER). *Proceedings of the Royal Society of London Series B: Biological Sciences* **261**: 319-324.
Honma, S. & K. Honma. 1999. Light-induced uncoupling of multioscillatory circadian system in a diurnal rodent, Asian chipmunk. *American Journal of Physiology* **276**: R1390-1396.
Horikawa, K. *et al.* 2006. Noise-resistant and synchronized oscillation of the segmentation clock. *Nature* **441**: 719-723.
Huang, G. *et al.* 2006. Molecular mechanism of suppression of circadian rhythms by a critical stimulus. *EMBO Journal* **25**: 5349-5357.
Huygens Ch. 1673. Horologium oscillatorium,. Apud F. Muguet, Parisiis, France. 〔英訳：Blackwell, R. J. 1986. The pendulum clock, Iowa State University Press, Ames〕
Huygens Ch. 1967. Oeuvres complètes de Christiaan Huygens, volume 15. Swets & Zeitlinger B. V., Amsterdam.
伊藤浩史・郡宏 2011. 生物リズムの生まれ方：数学的視点から. 細胞工学 **30**: 1248-1255.
伊理正夫・藤野和建 1985. 数値計算の常識. 共立出版.
Johnson, C. R. & T. Kondo. 1992. Light pulses induce 'singular' behavior and shorten the period of the circadian phototaxis rhythm in the CW15 strain of *Chlamydomonas*. *Journal of Biological Rhythms* **7**: 313-327.
郡宏 2012. 振動と同期の数学的思考法 II. 時間生物学 **18**: 80-88.
郡宏・森田善久 2011. 生物リズムと力学系. 共立出版.
蔵本由紀・河村洋史 2010. 同期現象の数理. 培風館.
Néda, Z. *et al.* 2000. The sound of many hands clapping. *Nature* **403**: 849-850.
Ozbudak, E. M. & J. Lewis. 2008. Notch signalling synchronizes the zebrafish segmentation clock but is not needed to create somite boundaries. *PLoS Genetics* **4**: e15.
Pikovski, A. *et al.* 2001. Synchronization: a universal comcept in nolinear sciences. Cambridge University Press 〔邦訳：徳田功（訳），2009. 同期理論の基礎と応用. 丸善〕
Strogatz. S. 2003. SYNC: The emerging science of spontaneous order Hyperion 〔邦訳：蔵本由紀（監修）長尾力（訳），2005. シンク：何故自然はシンクロしたがるのか. 早川書房〕
Ukai *et al.* 2007. Melanopsin-dependent photo-perturbation reveals desynchronization underlying the singularity of mammalian circadian clocks. *Nature Cell Biology* **9**: 1327-1334.
Winfree, A. T. 1970. Integrated view of resetting a circadian clock. *Journal of Theoretical Biology* **28**: 327-374.
Winfree, A. T. 1967. Biological rhythms and the behavior of populations of coupled oscillators. *Journal of Theoretical Biology* **16**: 15-42.
Winfree, A. T. 2001. The geometry of biological time. Springer.
矢嶋信男 1989. 常微分方程式. 岩波書店.

コラム5 実験データからどうすれば周期や位相を求められるのか

粕川 雄也（理化学研究所）

はじめに

　生物リズムを扱う研究では，研究目的に応じて，生物や細胞中の転写産物，タンパク質，代謝産物やホルモンなどの生体分子の量，細胞内に導入した蛍光や発光の強さ，生物の行動をモニターして得られる活動量など，色々な種類の現象を測定して数値化した時系列のデータから，周期的な振動の有無や振動の周期・位相といった結果を解析して求めるという場面がほぼ確実に登場する。こういったいわゆる周期解析は計算機を用いて行うが，自分のデータに対して具体的にどうやって解析していけばよいかは非常に悩ましい問題である。そこで本稿では，周期解析で使われる解析についていくつか紹介する。ただし，生物リズムを調べるための周期解析法は，得られたデータの特性や目的によって多岐にわたるため，ここで紹介する解析方法は一部であることには注意されたい。

1. データ解析方法の概要

　生物リズムの研究で，時系列データを取得するために使われる実験手法にはさまざまなものがある。例えば，DNAマイクロアレイ法や，大規模シーケンサーによるRNA-Seq法を用いた転写産物量の測定，質量分析器を用いたタンパク質量や代謝産物量の測定，顕微鏡を用いて細胞内に導入した発光量や蛍光量の測定，アクトグラムによるマウスなどの生物の行動量の測定などがある。このようなさまざまな実験によって時系列データが得られれば，次に実験結果を用いた周期解析を行うことになる。周期解析では，時系列の測定データから以下の結果やパラメータ（の一部ないし全部）を求めることが目的となる。

　(1) 周期振動性の有無
　(2) 振動周期（period）
　(3) 振動の平均値，メサー（mesor）
　(4) 振動の頂値位相（acrophase）
　(5) 振動の振幅（amplitude）

実際に周期解析を行う場合に通常は，(1) データの前処理，(2) 振動に関するパラメータ（周期，メサー，頂値位相，振幅）などの計算，(3) 振動の有無についての検定，といった処理を順次行う必要がある。そこでこれらについて代表的な解析手法について以下説明する。

2. データの前処理

生の測定データには，測定環境に依存した測定誤差や測定間のばらつきなどさまざまなノイズが含まれていたり，測定対象自体に注目する周期性以外の情報が含まれていたりするのが通常である。そのため，生データに対して通常の周期解析を行うと，ノイズなどの影響を受けて本来見たい情報が得られないことがある。そこで，本来解析したい対象以外のものによる影響をできるだけ減らすために，データの前処理を行うのが必要不可欠である。ここでは，前処理としてよく用いられる，正規化，移動平均，デトレンドについて紹介する。

2.1. 正規化

例えば，DNAマイクロアレイやRNA-Seqにより測定した時系列の遺伝子発現プロファイルや，質量分析器により測定した代謝産物量など，時系列の各時点で独立に測定した結果を使って周期解析を行う場合には，各測定間の誤差がその後の周期解析に影響を与える可能性がある。そこで，特に全転写産物や多くの代謝産物を対象とした測定結果を用いる場合には，正規化（normalization）という処理を行い，測定データから測定間の誤差をできるだけ取り除くことを試みることが多い (Kohane et al., 2004)。正規化には色々な方法が提案されており，代表的なものとして以下のようなものがある（図1）。

(1) 内部標準（internal standard）を用いて測定間の誤差を取り除く方法（図1-a）。例えば，遺伝子発現量の周期解析であれば，発現量がほとんど変化しないような，いわゆるハウスキーピング遺伝子（細胞を維持するために定常的に発現している遺伝子）の発現量が同じ値となるように測定間の発現量を補正するようなケースである。もしくは，あらかじめ量がわかっている，別の生物種特異的な転写産物を測定前に添加し，この転写産物の測定値が同じ値となるように測定間の発現量を補正するようなケースもある。補正方法としては，測定点ごとに，測定値全体に同じ値を足したり（shifting），掛けたり（scaling），それらを組み合わせたりする方法などがある。

(2) 代表値を用いて測定間の差を取り除く方法（図1-b）。転写産物や代謝産物な

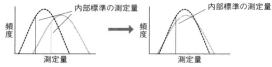

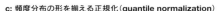
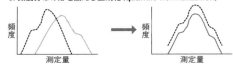

図1　3種類の正規化法
代表的な3種類の正規化法として，ハウスキーピング遺伝子の発現量などの内部標準を用いた正規化法（**a**），平均値や中央値などの代表値を用いた正規化法（**b**），頻度分布を平均化して，その分布に合うように測定値を補正する正規化法（**c**）を示した．それぞれの図は正規化前の頻度分布（左）と正規化後の頻度分布（右）を示した．

ど，測定対象が大量にあるときに使うことのできる方法である．例えば，平均値スケーリング法やメディアンスケーリング法では，各時点ごとに測定データ全体の平均値や中央値（メディアン）を計算し，この値が同じになるように，各時点の測定データを補正する．また，Lowess正規化（Cleveland, 1981）など，測定量の大きさによって補正量を変化させるような正規化もある．

(3) 測定点ごとの頻度分布の形が同じになるように補正する方法（図1-c）．これも(2)と同様に，測定対象が大量にあるときに使うことのできる正規化法である．例えば，quantile normalization（分位点正規化）と呼ばれる方法（Bolstad et al., 2003）で，各測定点でn番目に大きかった測定量を，全測定点のn番目の測定量の平均値に置き換えることで補正する．

2.2. 移動平均

例えば，血中のホルモン量を測定する場合など，測定方法によっては，測定精度や再現性の問題により各測定時点での測定結果にノイズが乗りやすい場合や，ばらつきが大きくなりやすい場合がある．そういったノイズを取り除く補正方法の1つに移動平均（moving average）を使う方法がある（図2）．移動平均による補正では，測定データに対して，各時点ごとに，その点を中心に前後数時点分の範囲（この範囲をウィンドウと呼ぶ）に含まれる測定値の平均値を計算し，その値を補正後の測定値とする．例えば，1時間おきの時系列データがあるときに，5時間幅のウィンドウで移動平均による補正を行う場合，各時点について前後2時間分の5点の測

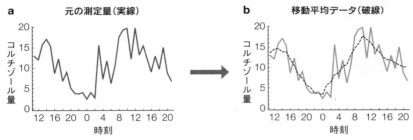

図2 移動平均による前処理
ヒトの血液中のコルチゾール量のデータに対して移動平均による前処理を行った。**a**：補正前の元の測定値の時系列変化を示した図，**b**：移動平均による補正後の時系列変化を示した図。補正は±2時間ウィンドウの平均値による移動平均の値への置き換えにより行った。

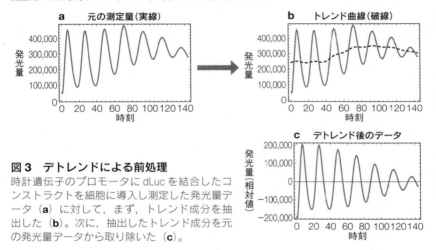

図3 デトレンドによる前処理
時計遺伝子のプロモータにdLucを結合したコンストラクトを細胞に導入し測定した発光量データ（**a**）に対して，まず，トレンド成分を抽出した（**b**）。次に，抽出したトレンド成分を元の発光量データから取り除いた（**c**）。

定値の平均値を補正後の値とする。単純な平均値の代わりに，中央の重みを高く，中央から離れた点の重みを低くする加重平均を用いる場合がある。

2.3. デトレンド

　細胞内に導入した蛍光の強さを時系列で測定しデータを取得したときに，測定値の変化自体は周期的な振動をする一方，平均的な蛍光量が徐々に増加したり，減少したりといったデータが得られるようなことがある。このようなデータに対して周期解析を行う場合，注目している周期変動とは異なる，全体的な増加や減少の傾向（トレンド）を事前に除去してから周期解析を行ったほうが精度のよい結果が得られる場合が多い。そのために行う前処理方法がデトレンド（detrend）である（図

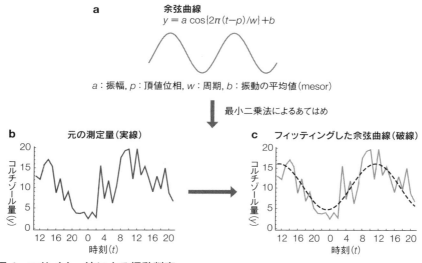

図4 コサイナー法による振動判定
ヒトの血中コルチゾール量データ（**b**）に対して余弦曲線をフィッティングさせた（**c**）。フィッティングさせた余弦曲線のパラメータから振幅，頂値位相，メサーを求められる。

3)。デトレンドとは文字通りトレンド（trend）を取り除く（de-）という意味であり，データから対象とする注目する周期変動とは異なる変動（トレンド）を取り出し，このトレンド成分を測定データから取り除く。トレンドを推定する方法としては，測定値に線形関数をあてはめる方法や，平準化スプラインを用いる方法などがある。

3. 振動に関するパラメータの抽出

　データの前処理を経て補正された測定データに対して，振動性の判定や振動に関するパラメータの決定を行う。まず，周期や位相などの振動に関するパラメータを決めるために使われる方法として，コサイナー法，自己相関法，さらに，DLMO（Dim Light Melatonin Onset，メラトニン分泌開始時間）の決定に使われる方法について説明する。

3.1. コサイナー法

　コサイナー法（cosinor method；コサインフィッティング法（cosine fitting method）ともいう）は，時系列データに対して余弦曲線のあてはめ（フィッティング）を行い，周期，メサー，頂値位相，振幅を求める方法である（図4；Smolensky et al., 1976; Yamada et al., 2007）。余弦曲線のフィッティングは最小二乗法と呼ばれる

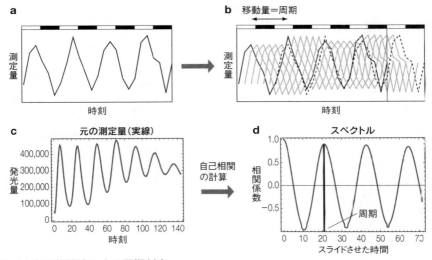

図5 自己相関法による周期判定
自己相関法では，ある測定量データ（**a**）に対して，時間方向に徐々にスライドさせながら（**b**），元のデータと相関が最も高くなるところを求める．図3のデータ（**c**）に対して自己相関を計算した．**d** は，スライドさせた時間と相関係数を示した図で，相関係数が極大となるときのスライド量を周期と判定する．

統計手法を用いて余弦関数のパラメータを決定する．後述するようにフィッティングの際の適合度や相関係数を用いて検定することで，振動性の有無を判断できる．この方法は，1〜2周期程度の時系列データがあれば十分な精度で周期判定できる．また，コサイナー法は周期振動が余弦曲線のような形状の場合に適用することができるが，余弦曲線とは異なる形状の振動パターン，例えば，データ自体が時間とともに減衰するパターンや，メラトニン量のように特定の時間帯にのみ量が増えるようなパターンに対する周期振動判定には適さないという特徴がある．

3.2. 自己相関法

自己相関（autocorrelation）法は，時系列データを時間方向に徐々にスライドさせながら元の自分自身の時系列データとの相関を計算し，振動の周期を判定する方法である（Box *et al*., 1994; Sato *et al*., 2006）．ある時系列データが周期性をもつ場合，その時系列データのグラフと周期分スライドさせたグラフを重ねると非常によく重なるという性質を利用した周期の判定方法である（図5）．自己相関法を用いるとデータに含まれる複数の周期成分を発見することができる．このようにデータからさまざまな周期成分を取り出すことで，データの周期を判定するような解析はス

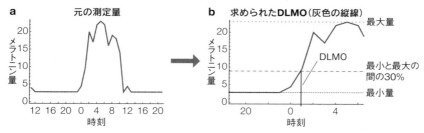

図6　DLMOの計算
ヒトの血中のメラトニン量の測定データ（a）に対して，DLMOを求めた（b）。

ペクトル解析と呼ばれ，自己相関法以外にも，フーリエ変換（fourier transform）を用いる方法や，自己回帰（autoregressive; AR）モデルを用いる方法（Yang & Su, 2010）などがある。なお，スペクトル解析では周期を求めることはできるが，頂値時刻や振幅を直接求めることはできない。そのため，自己相関法で決定した周期の値を用いて，コサイナー法など別の方法を用いて頂値時刻[*1]や振幅を別途求める必要がある。また，自己相関法での検出には，ある程度長い期間（概日振動では1週間程度）の時系列データが必要となる。

3.3. DLMO決定法（オンセット時刻判定法）

DLMOとは，血中へのメラトニン[*2]の分泌開始時刻のことで，体内時刻を測定するときに使われる指標である（Lewy & Sack, 1989）。血中メラトニン量は夜に高くなるが，日中は低くなりほとんど検出できない。つまり，量の変化が余弦曲線パターンではないため，コサイナー法のような余弦曲線のフィッティングによる方法はメラトニンの振動パターンの解析には不向きである。そのため，メラトニン量の概日振動解析では，基本的に，メラトニン量が，ある基準値（最少量と最大量の間の15～30%といった値が用いられる）を超えるときの時刻を計算し，DLMOを求める（図6）。最少量と最大量の決め方には単純に測定値の最大値や最小値を使う場合や，測定値の上位ないし下位の何番目かまでの平均値を使うような場合がある。また，詳細な時刻を決定するために，測定時刻と次の測定時刻の間のメラトニン量を線形関数や3次元関数で補間することも多い。DLMOはメラトニンの時刻

＊1：ピークが最大になる時刻のこと。
＊2：血中でその存在量が約1日周期で変動することが知られている体内ホルモンの1つ。ヒトでは夜に上昇し，昼間はほとんど存在しない。生理作用の1つとして睡眠に関係すると言われている。

に対する用語ではあるが，この方法自体はメラトニン以外の物質の分泌開始（オンセット）時刻の抽出に応用できる。

4. 振動の有無の判定

前述の方法を使えば，周期，振幅，頂値位相などのパラメータを決定することはできるが，有意な周期振動があるかどうかを判定するためには，別途検定を行う必要がある。ここでは，ブートストラップ法(Efron, 1979)による検定方法を紹介する。また，DNA マイクロアレイや RNA-Seq を用いた遺伝子発現量による振動判定を検定する場合は，多重検定の問題が起こるため，これを補正する方法についても紹介する。

4.1. 一般的な検定方法

例えば，コサイナー法による余弦曲線へのフィッティング（本稿3.1節参照）では，どの程度余弦曲線にフィッティングされるかにより振動の有無を判定できる。フィッティングの度合いは適合度や相関係数により示すことができるため，この値が有意であるかどうかを検定することで，振動の有無を判定できる。一般的に，ある統計量（ここでは相関係数）を用いて検定を行うためには次の処理を行う。(1) もし無作為なデータであれば，その統計量がどのような頻度分布（これを帰無分布と呼ぶ）に従うかを調べる。(2) 検定したい対象の統計量がこの帰無分布上でどの位置にあるかを調べ，P 値を求める。P 値とは帰無分布上で対象の統計量の位置が外側からどのぐらいの位置にいるのか（対象の統計量の位置より外側にある点が全体に対してどの割合あるのか）を示す値である。P 値が 0.05 以下であれば，5%有意検定で有意な結果であった（ここでは有意な振動が見られた）ということになる。

4.2. ブートストラップ法による検定

帰無分布が正規分布や t 分布など，よく知られている分布に従うことが分かっている場合はその分布を使って検定できるが，帰無分布が分からないときには分布を推定する必要があり，その方法の1つがブートストラップ法である（図7）。ブートストラップ法では，実データから無作為抽出して統計量の計算を行う処理を何回も繰り返し，頻度分布から帰無分布を推定する。次に，最初の実データに対して計算した統計量の位置を帰無分布上で調べれば，P 値が求められる。

4.3. 多重検定の補正

例えば，全遺伝子から発現量が周期振動しているものを抽出する場合，それぞ

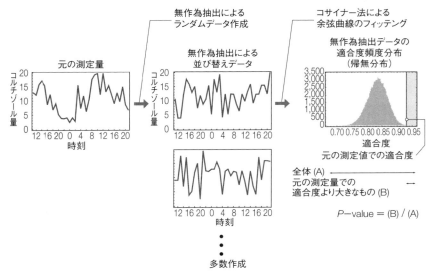

図7 ブートストラップ法による振動の有意性の検定
測定した時系列データに対して，ランダムに並び替えた時系列データを多数作成する．次に，これらのランダムな時系列データすべてに対してコサイナー法で余弦曲線のフィッティングを行い，適合度を計算する．最後に，元の時系列データに対する適合度よりも大きな適合度を持つランダムデータがどの程度あったかを計算して P 値を求める．

れの遺伝子に対して周期振動の判定を行い，ある P 値以下となった遺伝子を抽出するが，5％有意性として，全部の結果から P 値が0.05以下のものを抽出しただけでは問題がある．P 値が0.05以下とは偽陽性（false positive）を選ぶ確率が5％以下という意味であるため，有意水準5％で20,000遺伝子分検定を繰り返すと，仮に真に有意な遺伝子が1つもない場合でも1000遺伝子程度が有意と判定されてしまうことを意味する．そのため，仮に P 値が0.05以下のものが2,000個あったとしても，1000/2000＝50％の偽陽性が含まれてしまう可能性がある．これを多重検定の問題という．この問題を回避するため，偽陽性の割合を制御する方法がいくつか考案されており，その中の1つにFDR（false discovery rate）を用いる方法がある（Benjamini & Hochberg, 1995）．FDRは各 P 値に対して求められる値で，その P 値以下のものを選んだときにその中に含まれる疑陽性の割合を示す．FDRの計算は対象とするすべての P 値を用いて計算でき，ある P 値に対するFDRは基本的に「偽陽性の個数 ＝ P 値 × 全数」を「その P 値以下のものの個数」で割った値となるが，偽陽性の個数の見積もり方法にいくつかのバリエーションもある．最終的にFDRが0.05以下のものを抽出すれば，その中に含まれる偽陽性の割合は5％

以下であると期待されるため，抽出したセット自体の有意性を示すことができる．

おわりに

　本稿では代表的な周期解析の方法やその前処理，検定の方法について説明してきた．生物リズムの研究において周期解析は非常に重要で，避けて通ることはほぼ困難だろう．ただし，実際の実験の場面では，幸いにして周期解析に詳しい人を見つけることができれば，頼むことで周期解析自体を自分で行わなくても解決できるかもしれないし，自分で行うにしても何らかのソフトウェアを走らせるだけで結果が得られるかもしれない．しかし，周期解析の手法の内容についてよく知っておかないと，適切な実験計画に失敗するかもしれないし，解析結果の解釈を間違えてしまうかもしれない．そういった事が起こらないようにするために，周期解析の手法について知っておくことは，生物リズムの研究者を目指すのであれば必要不可欠であり重要である．本稿がそのための一助になれば幸いである．

参考文献

Benjamini, Y. & Y. Hochberg. 1995. Controling the false discovery rate: a pratical and powerful approach to multiple testing. *Journal of the Royal Statistical Society Series B: Biological Sciences* **57**: 298-300.

Bolstad, B. M. *et al.* 2003. A comparison of normalization methods for high density oligonucleotide array data based on variance and bias. *Bioinformatics* **19**: 185-193.

Box, G. E. P. *et al.* 1994. Time series analysis: forecasting and control, 3rd Edition, Holde-Day.

Cleveland, W. S. 1981. LOWESS: A program for smoothing scatterplots by robust locally weighted regression. *The American Statistician* **35**: 54.

Efron, B. 1979. Bootstrap methods: another look at the Jackknife. *Annals of Statistics* **7**: 1-26.

コハネ，I. S. ら（星田有人訳）　2004．統合ゲノミクスのためのマイクロアレイデータアナリシス．シュプリンガー・ジャパン株式会社．

Lewy, A. J. & R. L. Sack. 1989. The dim light melatonin onset as a marker for circadian phase position. *Chronobiology International* **6**: 93-102.

Sato, T. K. *et al.* 2006. Feedback repression is required for mammalian circadian clock function. *Nature Genetics* **38**: 312-319.

Smolensky, M. H. *et al.* 1976. Circadian rhythmic aspects of human cardiovascular function: a review by chronobiologic statistical methods. *Chronobiologia* **3**: 337-371.

Yamada, R. *et al.* 2007. Microarrays: statistical methods for circadian rhythms. *Methods in Molecular Biology* **362**: 245-264.

Yang. R & Z. Su. 2010. Analyzing circadian expression data by harmonic regression based on autoregressive spectral estimation. *Bioinformatics* **26**: i168-174.

執筆者一覧
(五十音順)

井澤 毅（いざわ　たけし） 第 7 章

国立研究開発法人農業生物資源研究所 上級研究員。イネを対象とした分子生物学的研究が専門。主たる研究テーマは，イネを短日植物のモデルとしての光周性の分子機構の解明（Itoh et al. *Nat Genet* (2010) etc）。加えて，DNA の変化でのイネの栽培化過程解明（Shomura et al. *Nat Genet* (2008) etc）や，変動する自然環境下で育つイネのトランスクリプトームデータの統計モデリング（Nagano et al. *Cell* (2012) etc）等，多岐にわたる研究スタイルでも知られる。『光周性の分子生物学』（共編著，シュプリンガー・ジャパン）など。

市栄 智明（いちえ　ともあき） コラム 1

高知大学農学部 准教授。専門は樹木生理生態学。マレーシアやタイ，シンガポールの熱帯林や日本の森林において，樹木の成長や繁殖特性，環境ストレス応答などに関する幅広い研究を行っている。主著『森の物語』（共著, 高知新聞社），『森林の生態学』（共著，文一総合出版）など。

伊藤 浩史（いとう　ひろし） コラム 4

九州大学芸術工学研究院 助教。生物のリズム現象に関心をもつ。バクテリア概日リズムから頭足類色素胞の収縮リズムまで生物リズムに共通する性質について，力学系の知識を背景に研究をすすめている。

粕川 雄也（かすかわ　たけや） コラム 5

理化学研究所 CDB 専門職研究員（現 理化学研究所 CLST ユニットリーダー）。専門は計算機を用いた遺伝子発現解析，遺伝子機能情報などのアノテーションや生命科学データベースの構築。現在は大規模生命科学データを対象としたデータ解析方法やデータベースの開発に関する研究をすすめている。

工藤 岳（くどう　がく） コラム 2

北海道大学地球環境科学研究院 准教授。植物の繁殖生態学，送粉系相互作用，気候変動の生態系応答などの研究が専門。高山生態系（大雪山系）での長期モニタリングはライフワーク。主著『大雪山のお花畑が語ること－高山植物と雪渓の生態学』（京都大学学術出版会），『Ecology and Evolution of Flowers』（分担執筆, Oxford University Press）など。

工藤 洋（くどう　ひろし） 第 8 章

京都大学生態学研究センター 教授。植物を対象とした分子生態学的研究が専門。特に，遺伝子発現やエピジェネティック制御の分子フェノロジー研究など，分子生物学の手法を駆使して自然生育地における遺伝子の機能を明らかにする研究を推進している。主著『エコゲノミクス－遺伝子から見た適応－』（編著，共立出版）など。

佐竹 暁子 (さたけ あきこ)　　　　　　　　　　　　　　　　　　　　　コラム1，第11章

九州大学理学研究院 准教授。植物の季節応答の分子メカニズム，熱帯雨林で見られる一斉開花，人間や動物の意思決定機構などを，非線形力学・格子モデル・ゲーム理論・学習理論と野外実験・分子生物学的実験を合わせた統合的アプローチによって研究している。主著『生態学と社会科学の接点』（編著，共立出版），『Temporal Dynamics and Ecological Process』（共著，Cambridge University Press）など。

佐藤 綾 (さとう あや)　　　　　　　　　　　　　　　　　　　　　　　　　第3章

琉球大学理学部 助教を経て，現在は総合研究大学院大学 特別研究員。昆虫を対象とした行動学的，生態学的研究が専門。マングローブスズと出会ってからは，時間生物学分野に関心がある。主著『時間生物学』（分担執筆，化学同人），『森と水辺の甲虫誌』（分担執筆，東海大学出版会），『Annual, Lunar, and Tidal Clocks: Patterns and Mechanisms of Nature's Enigmatic Rhythms』（分担執筆，Springer）など。

角（本田）恵理 (すみ（ほんだ）えり)　　　　　　　　　　　　　　　　　コラム3

京都大学大学院理学研究科修了。博士（理学）。動物の音声コミュニケーションに関する研究が専門。コオロギやキリギリスなどの直翅類昆虫の音声を中心に，カエル類，鳥類，魚類，哺乳類の音声研究を経験。主著『昆虫の発音によるコミュニケーション』（分担執筆，北隆館），『生態学』（分担翻訳，京都大学出版会）など。

陶山 佳久 (すやま よしひさ)　　　　　　　　　　　　　　　　　　責任編集・第1章

東北大学大学院農学研究科 准教授。森林植物を対象とした分子生態学的研究が専門。DNA分析技術を使った植物の繁殖生態・進化に関する研究のほか，絶滅危惧植物の保全遺伝学，植物古代DNAの分析，生物多様性保全やその応用技術に関する研究など，国内外で多彩な研究を推進。主著『生態学者が書いたDNAの本』（共著，文一総合出版），『地図でわかる樹木の種苗移動ガイドライン』（共編著，文一総合出版），『森の分子生態学2』（共編著，文一総合出版），『Single-Pollen Genotyping』（共編著，Springer）など。

谷 尚樹 (たに なおき)　　　　　　　　　　　　　　　　　　　　　　　　コラム1

国際農林水産業研究センター林業領域 主任研究員。分子生態学的アプローチによる林業研究が専門。現在はマレーシア森林研究所にも在籍し，東南アジア熱帯雨林の主要構成樹種であるフタバガキ科樹種について，分子生態学，分子生物学的手法を駆使して，フタバガキ科植物の繁殖特性の解明を目指している。主著『森の分子生態学2』（共著，文一総合出版），『地図でわかる樹木の種苗移動ガイドライン』（共著，文一総合出版）など。

永野 惇 (ながの あつし)　　　　　　　　　　　　　　　　　　　　　　　第8章

龍谷大学農学部植物生命科学科 講師，科学技術振興機構 さきがけ研究者，京都大学生態学研究センター 連携研究員。専門は植物分子生物学，情報生物学。主著『ゲノム

が拓く生態学』(責任編集, 文一総合出版), 『Photobook 植物細胞の知られざる世界』(共著, 化学同人) など。

新田 梢 (にった こずえ) 責任編集
横浜国立大学男女共同参画推進センター みはるかす研究員 (非常勤教職員) 兼 東京大学大学院総合文化研究科 学術研究員。九州大学にて博士 (理学) を取得。専門は野生植物の形質の進化に着目した進化生態学, 送粉生態学, 遺伝学。現在は, 遺伝学的手法を用いて開花時間や花色などの花形質の研究を進めている。

沼田 真也 (ぬまた しんや) コラム1
首都大学東京大学院都市環境科学研究科 准教授。東南アジアの熱帯雨林や都市生態系をフィールドに様々なアプローチによる生態学的研究を行っているほか, エコツーリズムなど自然環境を利用する観光の研究も進めている。主著『Pasoh: Ecology and Natural History of a Southeast Asian lowland Tropical Rainforest』(分担執筆, Springer), 『熱帯雨林の自然史』(共著, 東海大学出版会), 『よく分かる観光学シリーズ2 自然ツーリズム学』(分担執筆, 朝倉書店) など。

原野 智広 (はらの ともひろ) 第5章
総合研究大学院大学先導科学研究科 特別研究員。動物を対象にした進化生態学および行動生態学が専門。飼育生物を使った実験や, 系統樹と形質のデータを利用した種間比較分析によって, さまざまな行動, 形態および生態的形質の進化を研究している。

福田 弘和 (ふくだ ひろかず) 第6章
大阪府立大学大学院工学研究科 准教授。概日時計を中心とした数理生物学が専門。非線形動力学をバックグラウンドに, 植物代謝の数理モデリング, 植物工場における概日時計制御の技術開発, 植物生産における非線形性・不安定性の解明, 植物工場におけるオミクス解析について研究を推進している。

渕側 太郎 (ふちかわ たろう) 第4章
京都大学大学院農学研究科昆虫生態学研究室 博士研究員。京都大学で博士 (理学) を取得後, 岡山大学進化生態学研究室 (宮竹研) 博士研究員, 日本学術振興会 特別研究員PD (イスラエル国, ヘブライ大 Guy Bloch 研究室) を経て, 現所属。社会性昆虫を中心とする昆虫類を材料に, 生物リズムが野外の環境に適応し柔軟に変化する機構を明らかにしたい。

松本 知高 (まつもと ともたか) 第10章
九州大学進化遺伝学研究室(現在は国立遺伝学研究所進化遺伝研究部門 特任研究員)。生物の適応進化に興味を持ち, 九州大学において集団遺伝学に基づいた遺伝子レベルでの進化を対象とした理論的研究を行う。学位取得後国立遺伝学研究所に移り, 現在まで生物進化のしくみを理論的な手法を用いて解決することを目的に研究を行っている。

山本 哲史（やまもと さとし） 第9章

神戸大学大学院人間発達環境学研究科 学術研究員。高校生の時に進化生物学や生態学に興味を持つ。信州大学理学部時代に生き物の自然誌研究の面白さに目覚める。京都大学大学院にてフユシャク類の系統進化・種分化の研究で博士号を取得。現在は昆虫類の進化生態学的研究に限らず，メタバーコーディング解析を用いた生物群集の研究なども行っている。

山本 誉士（やまもと たかし） 第2章

名古屋大学大学院環境学研究科（日本学術振興会特別研究員PD）。動物の行動生態学が専門。特に，環境適応に興味があり，鳥類の非繁殖期の渡り行動や，生息環境による行動的・形態的特徴の差異の解明に取り組んでいる。バイオロギング，衛星リモートセンシングデータ解析，化学分析，統計モデルなど，分野横断的に様々な手法を組み合わせて研究を推進している。
HP：https://sites.google.com/site/takasocegle/home-1

生物名索引

Anurida maritima 51
Arabis alpina 164
Drosophila littoralis 85, 90
Excirolana chiltoni 56
Hipposideros speoris 69, 70
Melocanna bambusoides → メロカンナ
Shorea
  beccariana 109
  curtisii 109
  leprosula 109
Teleogryllus
  oceanicus 227
  commodus 227
Thalassotrechus barbarae 51
アオノツガザクラ（*Phyllodoce aleutica*） 214
アカパンカビ（*Neurospora crassa*） 85
アズキ（*Vigna angularis*） 87, 88
アズキゾウムシ（*Callosobruchus chinensis*） 83, 85-88, 90, 91, 93, 95-97
アナナスショウジョウバエ（*Drosophila ananassae*） 85
イネ 108
ウェッデルアザラシ（*Leptonychotes weddellii*） 31
ウスバフユシャク 176
ウスモンナギサスズ（*Caconemobius takarai*） 51
ウリミバエ（*Bactrocera cucurbitae*） 84, 94, 95, 96, 97
エゾエンゴサク（*Corydalis ambigua*） 215
エゾエンマコオロギ（*Teleogryllus infernalis*） 222, 223, 226, 228-230
エンマコオロギ（*Teleogryllus emma*） 222, 223, 226-230

オオセグロカモメ（*Larus schistisagus*） 30
オオミズナギドリ（*Calonectris leucomelas*） 32, 34-43
オキナワシロヘリハンミョウ（*Callytron yuasai okinawense*） 52
オヒルギ（*Bruguiera gymnorrhiza*） 47
カタクチイワシ 32
ガラパゴスオットセイ（*Arctocephalus galapagoensis*） 40
キイロショウジョウバエ（*Drosophila melanogaster*） 69, 85, 95, 96
キオビハラナガノメイガ（*Tatobotys aurantialis*） 50, 51
キスゲ（*Hemerocallis citrina*） 194, 195, 201, 202, 203, 205, 206
キバナシャクナゲ（*Rhododendron aureum*） 213
クラミドモナス（*Chlamydomonas reinhardi*） 85
クロテンフユシャク 171, 172, 174-185, 187, 188
クロトゲアリ（*Polyrhachis dives*） 78
  幼虫 78
ゴールデンハムスター（*Mesocricetus auratus*） 85
コケモドキ（*Bostrychia tenella*） 50, 51
コシジロウミツバメ（*Oceanodroma leucorhoa*） 30
コムギ 165
ササゲ（*Vigna unguiculata*） 87, 88
サンザシ（*Crataegus* spp.） 173, 174
シアノバクテリア（*Synechococcus* sp.） 85
シカネズミ（*Peromyscus maniculatus*） 69
シジュウカラ（*Parus major*） 100
シロイヌナズナ（*Arabidopsis thaliana*）

85, 108, 109, 120, 122, 159, 160, 163, 165, 166, 237, 238
セイヨウミツバチ（*Apis mellifera*）63
  交尾済み女王 76
  女王バチ 76
  未交尾女王 76
  幼虫 74, 76
タイワンエンマコオロギ（*Teleogryllus occipitalis*）222, 223, 226- 230
チュウゴクザサ（*Sasa veitchii* var. *hirsuta*）20
トウヨウサザナミクーマ（*Dimorphostylis asiatica*）55
ニカメイガ（*Chilo suppressalis*）88
ハクサンハタザオ（*Arabidopsis halleri* subsp. *gemmifera*）163-165
ハマカンゾウ（*Hemerocallis fulva*）194, 195, 201-206
ホソウスバフユシャク 176, 177

マウス（*Mus musculus domesticus*）85
マダラスズ（*Dianemobius nigrofasciatus*）53
マングローブスズ（*Apteronemobius asahinai*）49, 51-55, 57
ミヤマキンバイ（*Potentilla matsumurae*）217
メヒルギ（*Kandelia obovata*）47
メロカンナ（*Melocanna baccifera*）11, 14
ヤエヤマヒルギ（*Rhizophora stylosa*）47
ヨーロッパアワノメイガ 174
ヨドシロヘリハンミョウ（*Callytron inspecularis*）51
リョクトウ（*Vigna radiata*）87
リンゴ（*Malus pumila*）173, 174
リンゴミバエ（*Rhagoletis pomonella*）173, 174

事項索引

【英数字】

AFLP → 増幅断片長多型
Belousov-Zhabotinsky 反応（BZ 反応）118
BZ 反応 → Belousov-Zhabotinsky 反応
calling song（呼び鳴き）222
CCA1 → 時計遺伝子
cytochrome oxidase subunit I（COI）181
DLMO 275
F_1 雑種 91, 197
F_2 雑種 91, 197
FDR（false discovery rate）277
FLOWERING LOCUS C（*FLC*）159
FT（*FLOWERING LOCUS T*）110, 160
H3K27me3 162
in natura 167

mRNA 73, 76
period → 時計遺伝子
quantile normalization 271
RNAi（RNA 干渉）142
RNA 干渉 → RNAi
S/N 比 → シグナル - ノイズ比

【ア行】

アイソクロン（等位相面）256
アクトグラフ（活動記録装置）88
アクトグラム（actogram）89

位相 59, 238, 255
位相応答曲線 261
位相特異点 118, 263
位相波 118
一斉開花 12, 106, 211
遺伝子浸透 186
遺伝子流動 213
遺伝相関（genetic correlation）94
遺伝的浮動 201
移動平均（moving average）155, 271
隠蔽的自家不和合 214

音声 221
音声プレイバック実験 223

【カ行】

開花時期 105, 211
開花フェノロジー 211
カイ二乗ピリオドグラム 54, 88
概日時計（circadian clock）50, 83, 124
概日リズム（circadian rhythm，サーカディアンリズム）83, 115
概潮汐リズム 50
花芽形成 108
隔離機構 → 生殖隔離機構
花成 109, 159
花成経路統合遺伝子（Floral pathway integrators）109
花成ホルモン → フロリゲン
活動記録装置 → アクトグラフ
活動リズム 49, 192
花粉制限 213
花粉媒介者 → ポリネーター
頑健性 151

気温 153
季節消長 178
嗅覚 71
偽陽性（false positive）277

系統地理解析 183
ゲート（門）効果 137
結実率 213

光周性 129
交配前隔離 → 生殖（的）隔離（reproductive isolation）
コサイナー法（cosinor method，コサインフィッテイング法）

273
コロニー 63

【サ行】

サーカディアンリズム（circadian rhythm → 概日リズム
採餌トリップ 30
雑種強勢 → ヘテロシス
酸素消費 65

ジオロケータ 36
時間的な生殖隔離 → 生殖隔離機構
時間特性 221
シグナル・ノイズ比（signal-noise ratio, S/N比）157
時系列解析 164
資源収支モデル 108
自己相関（autocorrelation）法 274
自然振動数 257
自然選択（natural selection）84, 173, 191
社会的影響 64
主遺伝子 → メジャージーン
周期（period）269
周期分析（解析）38, 54
自由継続周期（free-running period）54, 254
集団サイズ 193
周波数特性 221
主観的昼 256
主観的夜 256
主働遺伝子 → メジャージーン
種分化 172, 191
順位行動 70
春化 → バーナリゼーション
女王 67
植物季節 152
触角 74
人為選択（artificial selection）84
進化（evolution）84, 173, 217
浸透性交雑（introgressive hybridization）186

数学モデル 235
ストライプ波 122
スパイラルパターン 118

正規化（normalization）270
生殖（的）隔離（reproductive isolation）192, 217
生殖隔離機構 172
　交配前隔離 223
　時間的── 174
　地理的隔離 173
生物季節 → フェノロジー
赤外線センサー 53, 89
雪田 213
全遺伝子発現（トランスクリプトーム）141

送受粉 → ポリネーション
増幅断片長多型（AFLP）181

【タ行】

ターゲットパターン 118
体内時計 50, 83, 238
体内リズム 238
多重検定 277
ダブルプロット 54, 66, 89
多面発現（pleiotropy）94
短日植物（short-day plant）129
　条件的──（facultative ──, quantitative ──）132
　絶対的──（absolute ──, qualitative ──, obligatory ──）132

チャープ 221
潮間帯 50
潮汐サイクル 48
頂値位相（acrophase）269

月周期 30, 39
月の満ち欠け 29

データロガー 31
適応度 203
デトレンド（detrend）272
デンプン代謝 238
デンプンマネジメント 238

等位相面 → アイソクロン
同期 66, 258
　──が起こるための条件

事項索引　287

262
同調（entrainment）55, 106, 259
同調因子 55
時計遺伝子
　CIRCADIAN CLOCK ASSOCIATED 1 (CCA1) 120, 238
　period 72, 77
トランスクリプトーム
　→ 全遺伝子発現

【ナ行】

内因性 50
なり年 105

日周性 237
日長 129, 153

ヌクレオソーム 160

熱帯雨林 106

ノンコーディングRNA 161

【ハ行】

バーナリゼーション（春化）159
バイオロギング 31
配偶者選択 221
発育期間 84
ハプロタイプネットワーク 184
パルス 221

パルスペリオド 221
繁殖地 30
繁殖リズム 105

ヒストン修飾 160
非線形振動子 235
微分方程式 250

フィードバック機構 238
フィッティング 273
風衝地 218
ブートストラップ法 276
フェノロジー（生物季節）174, 211
フェノロジカルエスケープ 215
フェノロジカルミスマッチ 215
振幅（amplitude）269
フロリゲン（花成ホルモン）110, 136, 159
分業 72

平行進化 182
ヘテロクロマチン 161
ヘテロシス（heterosis, 雑種強勢）96

豊凶 105
歩行活動リズム 54
ポリコームタンパク質複合体 161
ポリジーン 92
ポリネーション（送受粉）213

ポリネーター（花粉媒介者）152, 194, 213

【マ行】

マスティング（masting）105

明暗サイクル 241
メサー（mesor）269
メジャージーン（主遺伝子，主働遺伝子）92

門効果 → ゲート効果

【ヤ｜行】

優位周波数（dominant frequency）221
ユークロマチン 160
優性 198

余弦関数 239
呼び鳴き → calling song

【ラ行】

リミットサイクル 235, 254

ルシフェラーゼ 116

劣性 198
連鎖不平衡（linkage disequilibrium）94

ロングチャープ長 222

種生物学会（The Society for the Study of Species Biology）

植物実験分類学シンポジウム準備会として発足。1968年に「生物科学第1回春の学校」を開催。1980年，種生物学会に移行し現在に至る。植物の集団生物学・進化生物学に関心を持つ，分類学，生態学，遺伝学，育種学，雑草学，林学，保全生物学など，さまざまな関連分野の研究者が，分野の枠を越えて交流・議論する場となっている。「種生物学シンポジウム」（年1回，3日間）の開催および学会誌の発行を主要な活動とする。

● 運営体制（2013～2015年）
- 会　　　長：川窪 伸光（岐阜大学）
- 副 会 長：大原 雅（北海道大学）
- 庶務幹事：渡邊 幹男（愛知教育大学）
- 会計幹事：常木 静河（愛知教育大学）
- 学 会 誌：英文誌　Plant Species Biology（発行所：Wiley）
  - 編集委員長／大原 雅（北海道大学）
  - 和文誌　種生物学研究（発行所：文一総合出版，本書）
  - 編集委員長／陶山 佳久（東北大学）
- 学会HP：http://www.speciesbiology.org/

生物時計の生態学
リズムを刻む生物の世界

2015年12月20日　初版第1刷発行

編● 種生物学会
責任編集● 新田 梢・陶山 佳久
©The Society for the Study of Species Biology 2015

カバー・表紙デザイン● 村上美咲

発行者● 斉藤 博
発行所● 株式会社　文一総合出版
〒162-0812　東京都新宿区西五軒町2-5
電話● 03-3235-7341
ファクシミリ● 03-3269-1402
郵便振替● 00120-5-42149
印刷・製本● 奥村印刷株式会社

定価はカバーに表示してあります。
乱丁，落丁はお取り替えいたします。
ISBN978-4-8299-6206-0　Printed in Japan